职业教育焊接技术与自动化专业
教学资源库建设项目规划教材

焊接自动化技术

主　编　冒心远
副主编　凌人蛟　兰　虎
参　编　林德攀　王滨滨
主　审　吕世雄　徐林刚

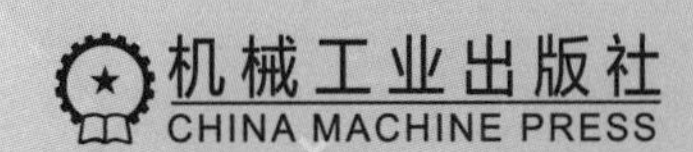

本书为职业教育焊接技术与自动化专业教学资源库建设项目规划教材，是基于生产实际中焊接机器人生产的内容编写的。本书按照企业对焊接一线焊接机器人操作人员的要求，根据机器人在线操作和离线操作的特点，有针对性地选择了编写内容。

本书选择项目－任务式编写体例，以源于生产实际的工作项目为引领，包含了国际主流品牌机器人的操纵、焊接、与外围设备协调作业、离线编程等相关内容。

本书采用双色印刷，并将相关的微课和模拟动画等以二维码的形式植入书中，以方便读者学习使用。为便于教学，本书配套有电子教案、助教课件、教学动画及教学视频等教学资源，读者可登录焊接资源库网站 http://hjzyk.36ve.com:8103/访问。

本书可作为焊接技术与自动化专业、机械制造与自动化等相关专业的教材，也可作为成人教育和继续的教材，同时也可供社会相关从业人员参考。

图书在版编目（CIP）数据

焊接自动化技术／冒心远主编. —北京：机械工业出版社，2018.5
职业教育焊接技术与自动化专业教学资源库建设项目规划教材
ISBN 978-7-111-59557-1

Ⅰ.①焊…　Ⅱ.①冒…　Ⅲ.①焊接－自动化技术－职业教育－教材
Ⅳ.①TG409

中国版本图书馆 CIP 数据核字（2018）第 056310 号

机械工业出版社（北京市百万庄大街 22 号　邮政编码 100037）
策划编辑：王海峰　于奇慧　　责任编辑：王海峰
责任校对：杜雨霏　　封面设计：鞠　杨
责任印制：孙　炜
天津嘉恒印务有限公司印刷
2020 年 1 月第 1 版第 1 次印刷
184mm×260mm · 14印张 · 322千字
0001—1900 册
标准书号：ISBN 978-7-111-59557-1
定价：45.00 元

电话服务
客服电话：010－88361066
010－88379833
010－68326294

网络服务
机　工　官　网：www.cmpbook.com
机　工　官　博：weibo.com/cmp1952
金　书　网：www.golden-book.com
机工教育服务网：www.cmpedu.com

封底无防伪标均为盗版

职业教育焊接技术与自动化专业
教学资源库建设项目规划教材编审委员会

主　任：王长文　吴访升　杨　跃

副主任：陈炳和　孙百鸣　戴建树　陈保国　曹朝霞

委　员：史维琴　杨淼森　姜泽东　侯　勇　吴叶军　吴静然
冯菁菁　冒心远　王滨滨　邓洪军　崔元彪　许小平
易传佩　曹润平　任卫东　张　发

总策划：王海峰

总序

跨入21世纪，我国的职业教育经历了职教发展史上的黄金时期。经过了“百所示范院校”和“百所骨干院校”，涌现出一批优秀教师和优秀的教学成果。而与此同时，以互联网技术为代表的各类信息技术飞速发展，它带动其他技术的发展，改变了世界的形态，甚至人们的生活习惯。网络学习，成为了一种新的学习形态。职业教育专业教学资源库的出现，是适应技术与发展需要的结果。通过职业教育专业资源库建设，借助信息技术手段，实现全国甚至是世界范围内的教学资源共享。更重要的是，以资源库建设为抓手，适应时代发展，促进教育教学改革，提高教学效果，实现教师队伍教育教学能力的提升。

2015年，职业教育国家级焊接技术与自动化专业资源库建设项目通过教育部审批立项。全国的焊接专业从此有了一个统一的教学资源平台。焊接技术与自动化专业资源库由哈尔滨职业技术学院，常州工程职业技术学院和四川工程职业技术学院三所院校牵头建设，在此基础上，项目组联合了48所大专院校，其中有国家示范（骨干）高职院校23所，绝大多数院校均有主持或参与前期专业资源库建设和国家精品资源课及精品共享课程建设的经验。参与建设的行业、企业在我国相关领域均具有重要影响力。这些院校和企业遍布于我国东北地区、西北地区、华北地区、西南地区、华南地区、华东地区、华中地区和台湾省的26个省、自治区、直辖市。对全国省、自治区、直辖市的覆盖程度达到81.2%。三所牵头院校与联盟院校包头职业技术学院，承德石油高等专科学校，渤海船舶职业学院作为核心建设单位，共同承担了12门焊接专业核心课程的开发与建设工作。

焊接技术与自动化专业资源库建设了“焊条电弧焊”“金属材料焊接工艺”“熔化极气体保护焊”“焊接无损检测”“焊接结构生产”“特种焊接技术”“焊接自动化技术”“焊接生产管理”“先进焊接与连接”“非熔化极气体保护焊”“焊接工艺评定”“切割技术”共12门专业核心课程。课程资源包括课程标准、教学设计、教材、教学课件、教学录像、习题与试题库、任务工单、课程评价方案、技术资料和参考资料、图片、文档、音频、视频、动画、虚拟仿真、企业案例及其他资源等。其中，新型立体化教材是其中重要的建设成果。与传统教材相比，本套教材采用了全新的课程体系，加入了焊接技术最新的发展成果。

焊接行业、企业及学校三方联动，针对“书是书、网是网”，课本与资源库毫无关联的情况，开发互联网+资源库的特色教材，为教材设计相应的动态及虚拟互动资源，弥补纸质教材图文呈现方式的不足，进行互动测验的个性化学习，不仅使学生提高了学习兴趣，而且拓展了学习途径。在专业课程体系及核心课程建设小组指导下，由行业专家、企业技术人员和专业教师共同组建核心课程资源开发团队，融入国际标准、国家标准和焊接行业标准，共同开发课程标准，与机械工业出版社共同统筹规划了特色教材和相关课程资源。本套新型的焊接专业课程教材，充分利用了互联网平台技术，教师使用本套教材，结合焊接技术与自动化网络平台，可以掌握学生的学习进程、效果与反馈，及时调整教学进程，显著提升教学效果。

教学资源库正在改变当前职业教育的教学形式，并且还将继续改变职业教育的未来。随着信息技术和教学手段不断发展完善，教学资源库将会以全新的形态呈现在广大学习者面前，本套教材也会随着资源库的建设发展而不断完善。

教学资源库建设项目规划教材编审委员会

2017年10月

前言

本书为职业教育焊接技术与自动化专业教学资源库建设项目规划教材。目前，我国正处于产业转型升级的关键时期，传统的手工焊接已不能满足现代高技术产品制造的质量、数量要求，现代焊接加工正在向着机械化、自动化的方向迅速发展。焊接自动化在实际工程中的应用快速发展，已经成为先进制造技术的重要组成部分。为了适应企业对焊接人才的需求，本书编者结合课程改革成果，在总结高职教育教学经验的基础上，融入了国家及行业标准，编写了这本具有鲜明高职教育特色的教材。

本书严格按照行业与职业要求，以工作过程为导向，以典型焊接机器人为载体，将自动化技术与焊接技术有机结合，真正体现焊接自动化的理念。

本书的特色是：

1. 采用项目 - 任务式编写体例，便于项目化教学

在编写模式上，采用了项目 - 任务式的编写体例，以适应行动导向教学改革的需要。

2. 以主流品牌焊接机器人为载体组织教学内容

以主流品牌焊接机器人为载体，将专业知识的内容融入不同载体中，创设相应的学习任务。按照焊接技术与自动化专业的职业岗位，根据典型焊接任务，设置学习项目的工作任务，使本书更加贴近生产实际，具有鲜明的职业教育特色。

本书贯彻最新的国家及行业标准，体现了焊接行业国内外的最新技术及发展，以培养具有先进视野的职业教育人才。

3. 本书由具有机器人行业丰富经验的教材编写团队编写

本书编写团队由教师及企业专家组成，其中企业人员均具有机器人行业的丰富经验，编写人员均具有国际焊接工程师资质且教学经验丰富，熟悉实际的焊接生产。

4. 构建过程考核和多元评价体系

课程考核贯穿于所有的工作任务，学生在学习情境中完成工作的每一步表现都计入考核范围，这样能综合反映学生的整体成绩。评价以多元评价为主，采用教师评价、企业专家评价、学生互评、过程评价。

本课程建议学时数为 96 学时，可以弹性调整为 90 ~ 112 学时，具体学时分配可以参考每个项目中的任务单。本课程建议在“教学做一体化”实训基地中进行，实训基地中应具有教学区、实训区和资料区等，能够满足学生自主学习和完成工作任务的需要。

本书由冒心远任主编，凌人蛟和兰虎任副主编，参加编写的还有林德攀、王滨滨。具体分工如下：项目一、项目二由冒心远编写；项目三、项目四中的任务 1 和项目五中的任务 1 由凌人蛟编写；项目四中的任务 2 由兰虎编写；项目六中的任务 1 由林德攀编写；项目五中的任务 2 和项目六中的任务 2 由

王滨滨编写。全书由冒心远负责统稿，本书由哈尔滨工业大学吕世雄教授、机械工业哈尔滨焊接技术培训中心徐林刚担任主审。

本书在编写过程中，与有关企业进行合作，得到了企业专家和专业技术人员的大力支持，机械工业哈尔滨焊接技术培训中心张岩、哈尔滨焊接研究所吴家林等对本书提出了许多宝贵意见和建议，在此特向上述人员表示衷心的感谢。

由于编者水平所限，书中不妥之处在所难免，恳请广大读者提出宝贵意见，我们将及时调整和改进，并表示诚挚的感谢！

编 者

目录

项目一

手动操纵机器人

项目概述

工厂中生产线在正式自动生产产品之前，要首先对机器人进行“示教和再现”，也就是教会机器人如何焊接一件产品，并能不断重复进行焊接。机器人自动运行的程序一般是通过手动操纵机器人来创建和修改的，而手动移动机器人是操纵机器人的基础，是完成机器人作业“示教－再现”的前提。对于焊接机器人而言，操作者可以通过示教器来控制机器人各个关节（轴）的动作，也可以通过运行已有示教程序实现机器人的自动运转。本项目以典型品牌机器人为例，通过手动操纵方式，实现机器人精确定点运动和连续移动，为下一步实现机器人焊接作业做准备，旨在让读者掌握手动操纵焊接机器人的方法，并加深操作者对机器人常用坐标系、不同坐标系下各运动轴运动的理解。

学习目标

1）熟悉机器人的技术指标和机械结构。

2）熟悉机器人的安全操作规程。

3）熟悉示教器按键及其功能。

4）熟悉机器人坐标系和运动方式。

5）能够正确打开与关闭机器人伺服电源。

6）能够手动操作示教器移动机器人到指定位置并调整工具姿态。

7）能够收集和筛选信息。

8）能够制订工作计划、独立决策和实施。

9）能够团队协作、合作学习。

10）具备工作责任心和认真、严谨的工作作风。

项目实施

任务1　手动操纵ABB机器人

任务解析

通过查阅有关ABB机器人的相关资料，了解ABB机器人系统组成、示教器的按键和操作，了解ABB的坐标系和运动轴。然后打开机器人系统，在不同的坐标系下手动操作示教器移动机器人到达指定的位置，并调整好焊枪的姿态。

具体的焊枪位置和姿态见表1-1（也可以由老师自行确定）。

表1-1　焊枪位置和姿态

TCP位置（参考在基坐标系下）		姿态（参考在基坐标系下）	
X	1200mm	X角度值	120°
Y	500mm	Y角度值	30°
Z	900mm	Z角度值	45°

必备知识

一、认识工业机器人

1. 工业机器人的概念

工业机器人是一种在计算机控制下的可编程的自动机器，它具有四个基本特征：①具有特定的机械机构，其动作具有类似于人或其他生物的某些器官的功能；②具有通用性，可从事多种工作，可灵活改变动作程序；③具有不同程度的智能，如记忆、感知、推理、决策、学习等；④具有独立性，完整的机器人系统在工作中可以不依赖于人的干预。

2. 工业机器人的发展历史

（1）从时间轴上看　机器人主要经历了以下几个阶段：

1）机器人的诞生阶段。公认的机器人时代开始于1954年，在这一年，世界上有了第一台可编程的自动机械臂。1959年，美国发明家英格伯格与德沃尔造出了世界上第一台工业机器人（如图1-1所示），取名为“尤尼梅特（Unimate）”，机器人的历史才真正开始。

图1-1　世界上第一台工业机器人“Unimate”

这台机器人的控制方式与数控机床大致相似，但外形类似人类的手臂，与数控机床迥异，可实现回转、伸缩、俯仰等动作，它可以称为现代机器人的开端。之后，不同功能的机器人也相继出现并且活跃在不同领域。

2）机器人的缓慢发展阶段。从机器人诞生到20世纪80年代初，机器人技术经历了一个长期缓慢的发展过程。

3）机器人的快速发展阶段。到了20世纪90年代，随着计算机技术、微电子技术及网络技术等的快速发展，机器人技术得到了飞速发展。这之后，工业机器人的制造水平、控制速度和控制精度、可靠性等不断提高，而机器人的制造成本和价格却在不断下降。

（2）从功能完善程度上看　工业机器人的发展经历了三个阶段，形成了通常所说的三代机器人：

1）第一代示教再现型机器人（Teaching and Playback Robot）。这类机器人在实现动作之前，必须由人工示教运动轨迹，然后将轨迹程序存储在记忆装置中。当机器人工作时，需要从记忆介质中读取程序，按照预先示教好的轨迹与参数机械地重复动作。这类机器人不具有外界信息的反馈能力，很难适应环境的变化。目前国际上商品化、实用化的工业机器人基本上都属于这种类型。

2）第二代感知型机器人（Robot with Sensors）。这类机器人配备有相应的感觉传感器（如视觉、触觉、力觉传感器等），对外界环境有一定感知能力，能取得作业环境、作业对象等简单的信息，并由机器人体内的计算机进行分析、处理，控制机器人的动作。机器人工作时，根据感觉器官（传感器）获得的信息灵活调整自己的工作状态，保证在适应环境的情况下完成工作。虽然第二代工业机器人具有一些初级的智能，但还是需要技术人员的协调工作。这类工业机器人目前已得到了少数的应用。

3）第三代智能机器人（Intelligent Robot）。这类机器人以感觉为基础，以人工智能为特征，不仅具有比第二代机器人更加完善的环境感知能力，而且还具有逻辑思维、判断和决策能力，可根据作业要求与环境信息自主地规划操作顺序以完成赋予的任务，更接近人的某些智能行为。目前研制的智能机器人大都只具有部分智能，和真正意义上的智能机器人还差得很远，有很多技术问题有待解决，尤其在非结构性环境下机器人的自主作业能力还十分有限，正处于探索阶段。

3. 工业机器人的主流品牌

目前，国际上的工业机器人主要分为日系和欧系。日系中主要有安川（YASKAWA）、欧地希（OTC）、松下（Panasonic）、发那科（FANUC）、那智不二越（NACHI）及川崎（Kawasaki）等公司的产品。欧系中主要有德国库卡（KUKA）、克鲁斯（CLOOS），瑞士ABB，意大利柯马（COMAU）等公司的产品。国内也涌现了一批工业机器人厂商，这些厂商中既有像沈阳新松这样的国内机器人技术的引领者，也有像南京埃斯顿、广州数控这些伺服和数控系统厂商。

使用工业机器人可以降低废品率和产品成本。工业机器人带来的一系列效益也是十分明显的，如减少人工用量、减少机床损耗、加快技术创新速度、提高企业竞争力等。机器人具有执行各种任务特别是高危任务的能力，平均故障间隔期达60000h以上，比传统的自动化工艺更加先进。

4. 工业机器人的分类及应用

机器人的分类，有的按控制方式分，有的按自由度分，有的按结构分，有的按应用领域分，国际上没有统一的规定。这里仅仅按照作业任务对应用较多的搬运、装配、喷涂及焊接机器人进行介绍。

（1）装配机器人及应用　装配机器人（如图 1-2 所示）是柔性自动化系统的核心设备，其末端执行器为适应不同的装配对象而设计成各种“手爪”。传感系统用于接收装配机器人与环境和装配对象之间相互作用的信息。与一般工业机器人相比，装配机器人具有精度高、柔顺性好、工作范围小、能与其他系统配套使用等特点，主要应用于各种电器的制造行业及流水线产品的组装作业，具有高效、精确、可不间断工作的特点。

（2）搬运机器人及应用　搬运机器人是可以进行自动化搬运作业的工业机器人。搬运作业是指用一种工具握持工件，将其从一个加工位置移动到另一个加工位置，如图 1-3 所示。搬运机器人可以安装不同的末端执行器，以完成各种不同形状和状态的工件搬运工作。一般来说，对搬运机器人的位置定位精度要求不是很高。目前世界上使用的搬运机器人逾 10 万台，被广泛应用于机床上、下料，冲压机自动化生产线，自动装配流水线，码垛搬运，集装箱等的自动搬运，大大减轻了人类繁重的体力劳动。

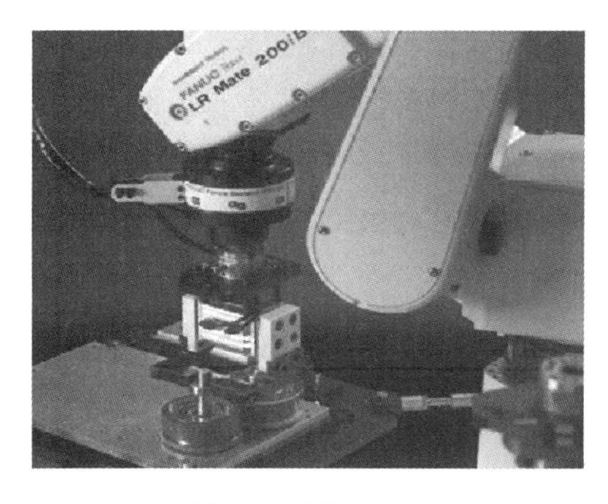

图 1-2　装配机器人

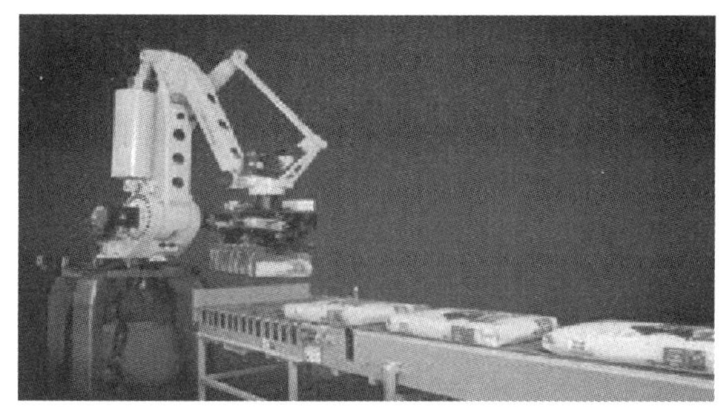

图 1-3　搬运机器人

（3）喷涂机器人及应用　喷涂机器人是可进行喷涂作业的工业机器人。喷涂机器人多采用五轴或六轴关节式结构，其手臂有较大的运动空间，并可做复杂的轨迹运动；其腕部一般有 2~3 个自由度，可灵活运动，如图 1-4 所示。

（4）焊接机器人及应用　焊接机器人是具有三个或三个以上可自由编程的轴，并能将焊接工具按要求送到预定空间位置，按要求轨迹及速度移动焊接工具的工业机器人。它能在恶劣的环境下连续工作并能提供稳定的焊接质量。焊接机器人不但提高了工作效率，还减轻了工人的劳动强度。采用机器人焊接，突破了焊接刚性自动化（即焊接专机）的传统方式，开拓了一种柔性的自动化生产方式。

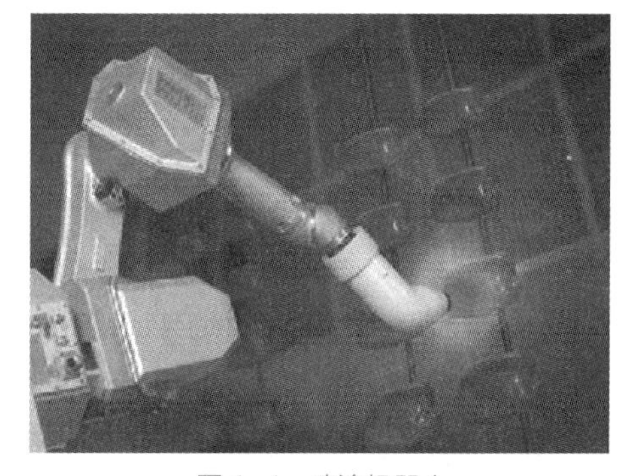

图 1-4　喷涂机器人

实际上，工业机器人在焊接领域的应用最早是从汽车装配生产线上的点焊机器人开始的，如图 1-5 所示。点焊的过程相对比较简单，控制方便，且不需要焊缝轨迹跟踪，对机器人的精度和重复精度的控制要求比较低。后来，伴随着电弧传感器的开发及其在机器人焊接中的应用，机器人电弧焊的焊缝轨迹跟踪和控制问题在一定程度上得到了较好的解决，于是机器人焊接在汽车制造中的应用从原来比较单一的汽车装配点焊很快发展为汽车零部件和装配过程中的电弧焊。弧焊机器人如图 1-6 所示。此外，机器人电弧焊还被用于涉及电弧焊的其他制造业，如造船、机车车辆、锅炉等重型机械领域。

图 1-5　点焊机器人

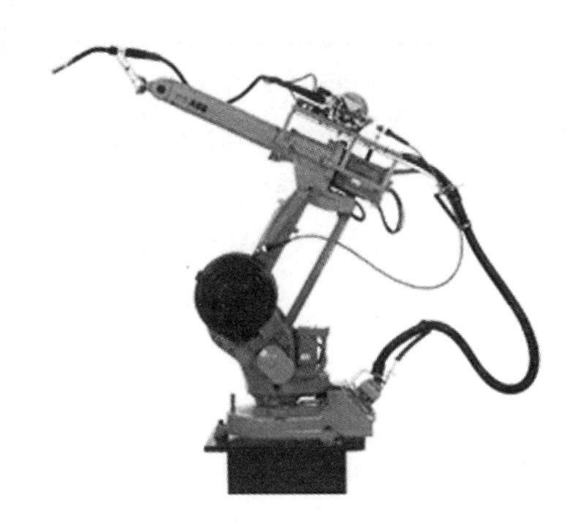

图 1-6　弧焊机器人

5. 工业机器人的主要技术指标

工业机器人的技术指标反映了机器人的适用范围和工作性能，是选择、使用机器人必须考虑的关键问题。

（1）自由度　自由度是描述物体运动所需要的独立坐标数。如果机器人是一个开式连杆系，而每个关节运动副又只有一个自由度，那么机器人的自由度数就等于它的关节数。机器人的自由度数越多，它的功能就越强大，应用范围也就越广泛。目前，生产中应用的机器人通常具有 4~6 个自由度，本书中所涉及的工业机器人均为 6 自由度机器人，也就是 6 轴机器人。计算机器人的自由度时，末端执行器的运动自由度和工具（如钻头）的运动自由度不计算在内。

（2）工作范围　机器人的工作范围是指机器人手臂末端或手腕中心运动时所能到达的所有点的集合。由于机器人的用途很多，末端执行器的形状和尺寸也是多种多样的，为了能真实反映机器人的特征参数，工作范围一般指不安装末端执行器时可以到达的区域。由于工作范围的形状和大小反映了机器人工作能力的大小，因而它对于机器人的应用是十分重要的。工作范围不仅与机器人各连杆的尺寸有关，还与机器人的总体结构有关。

以 ABB 机器人为例，其工作范围如图 1-7 所示，图示阴影部分为机器人手臂可以到达的区域。

（3）最大工作速度　机器人的最大工作速度是指机器人主要关节上最大的稳定速度或手臂末端最大的合成速度，因生产厂家不同而标注不同，一般都会在技术参数中加以说明。很明显，最大工作速度越高，生产效率也就越高；然而，工作速度越高，对机器人的最大加速度的要求也就越高。

（4）负载能力　工业机器人的负载能力又称为有效负载，它是指机器人在工作时臂端可能搬运的物体质量或所能承受的力。当关节型机器人的臂杆处于不同位姿时，其负载能力是不同的。因此，机器人的额定负载能力是指其臂杆在工作空间中任意位姿时腕关节端部所能搬运的最大质量。除了用可搬运质量标示机器人负载能力外，由于负载能力还和被搬运物体的形状、尺寸及其质心到手腕法兰之间的距离有关，因此，负载能力也可用手腕法兰处的输出转矩来表示。

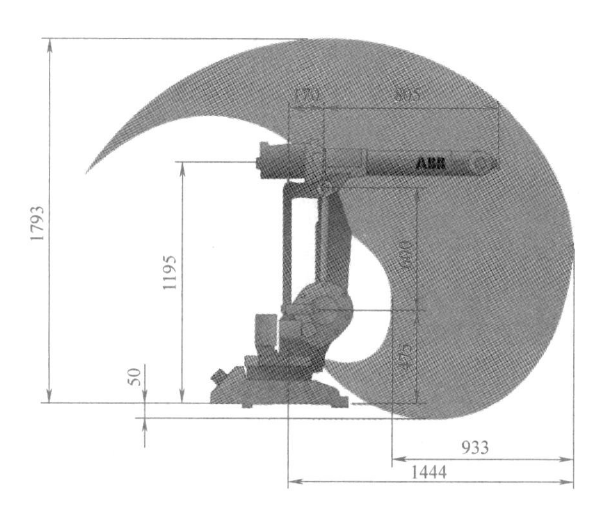

图 1-7　机器人工作范围示意图

（5）定位精度和重复定位精度　工业机器人的运动精度主要包括定位精度和重复定位精度。定位精度是指工业机器人的末端执行器的实际到达位置与目标位置之间的偏差。重复定位精度（又称为重复精度）是指在同一环境、同一条件、同一目标动作及同一条指令下，工业机器人连续运动若干次重复定位至同一目标位置的能力。工业机器人具有绝对精度较低，重复精度较高的特点。一般情况下，其绝对精度比重复精度低一到两个数量级，且重复精度不受工作载荷变化的影响，故通常用重复精度作为衡量示教再现型机器人精度的重要指标。当点位控制机器人的位置精度不够时，会造成实际到达位置与目标位置之间有较大的偏差。若连续轨迹控制型机器人的位置精度不够，则会造成实际工作路径与示教路径或离线编程路径之间的偏差。

6. 工业机器人的系统组成及应用

工业机器人主要由以下几部分组成：操作机、控制器和示教器。

（1）操作机　操作机是工业机器人的机械主体，是用来完成各种作业的执行机械，主要由驱动装置、传动单元和执行机构组成。驱动装置的受控运动通过传动单元带动执行机构，从而精确地保证末端执行器所要求的位置、姿态和实现其运动。为了适应不同的用途，机器人操作机最后一个轴的机械接口通常是一个连接法兰，可接装不同的机械操作装置（习惯上称为末端执行器），如夹紧爪、吸盘、焊枪等。

（2）控制器　控制器是工业机器人的“大脑”，它是决定机器人功能和水平的关键部分，也是机器人系统中更新和发展最快的部分。它通过各种控制电路硬件和软件的结合来操纵机器人，并协调机器人与周边设备的关系。控制器的功能可分为两大部分：人机界面部分和运动控制部分。相应于人机界面的功能有显示、通信、作业条件等，而相应于运动控制的功能有运动演算、伺服控制、输入输出控制（相当于 PLC 功能）、外部轴控制、传感器控制等。

（3）示教器 示教器是人与机器人的交互接口，可由操作者手持移动，使操作者能够方便地接近工作环境进行示教编程。它的主要工作部分是操作键与显示屏。实际操作时，示教器控制电路的主要功能是对操作键进行扫描并将按键信息送至控制器，同时将控制器产生的各种信息在显示屏上进行显示。因此，示教器实质上是一个专用的智能终端。

二、ABB 机器人系统组成及功能

ABB 机器人由本体、控制柜及示教器等组成，如图 1-8 所示。

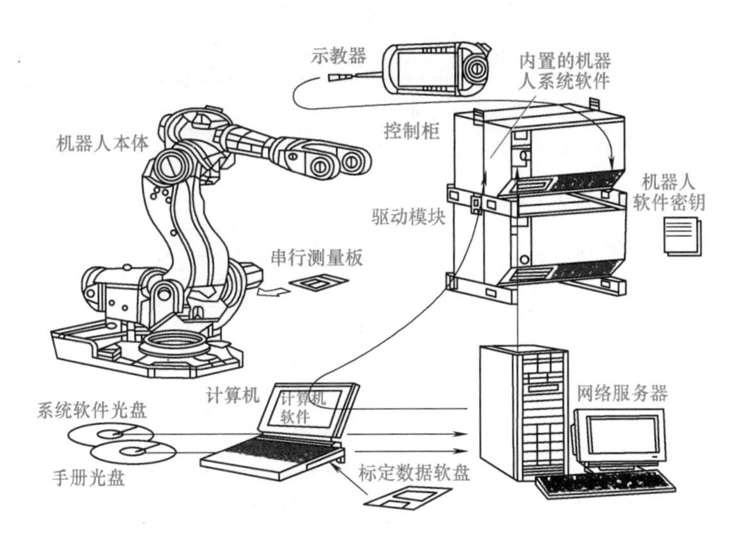

图 1-8 ABB 机器人系统的组成

（1）机器人本体 机器人本体是用于完成各种作业的执行机构，如同机器人的“肢体”，可搬运工件和夹持焊枪。本体形态可参照图 1-8 中的机器人本体。

（2）控制柜 控制柜是硬件和软件的结合，用于安装各种控制单元，进行数据处理及存储、执行程序等，如同机器人的“大脑”。ABB 机器人控制柜及其按钮如图 1-9 所示。

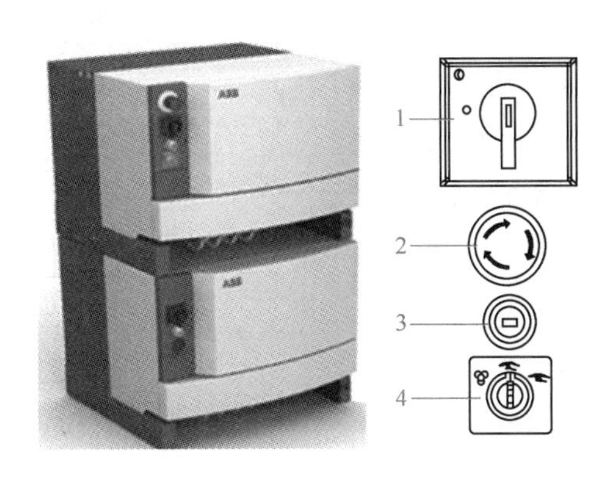

图 1-9 控制柜及其按钮

1—主电源开关 2—紧急停止按钮 3—电动机上电 / 失电按钮 4—模式选择旋钮

1）主电源开关。主电源开关是机器人系统的总开关。

2）紧急停止按钮。在任何模式下，按下紧急停止按钮，机器人立即停止动作。要使机器人重新动作，必须释放该按钮。释放紧急停止按钮时，按照紧急停止按钮上标识的箭头方向旋转紧急停止按钮，就可以释放紧急停止状态了。

3）电动机上电/失电按钮。此按钮表示机器人电动机的工作状态。按键灯常亮，表示上电状态，机器人的电动机被激活，已准备好执行程序；按键灯快闪，表示机器人未同步，但电动机已被激活；按键灯慢闪，表示至少有一种安全停止生效，电动机未被激活。

4）模式选择旋钮。模式一般有两种或三种，如图 1-10 所示。

A：自动模式。机器人运行时使用，在此状态下，操纵摇杆不能使用。

B：手动减速模式。相应状态为手动状态，机器人只能以低速、手动控制运行，必须按住使能键才能激活电动机。手动减速模式常用于创建或调试程序。

C：手动全速模式。手动减速模式只提供低速运行方式，在与实际情况相近的情况下，调试程序就要使用手动全速模式。例如，在此模式下可测试机器人与传送带或其他外部设备是否同步运行。手动全速模式用于测试和编辑程序。

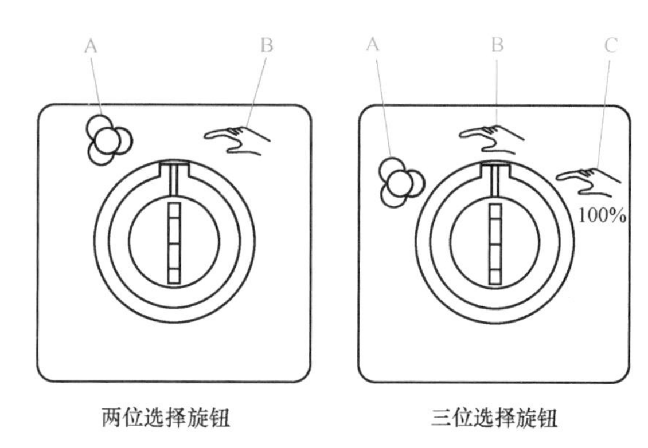

图 1-10　模式选择旋钮

（3）示教器　示教器包含多种功能，如手动移动机器人、编辑程序、运行程序等，它与控制柜通过一根电缆连接，其结构如图 1-11 所示。

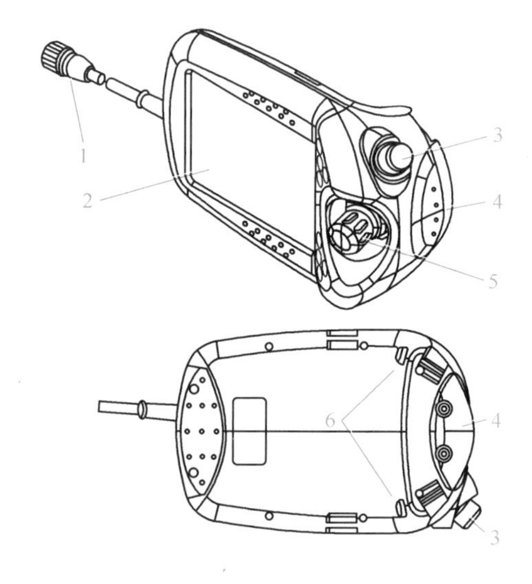

图 1-11　示教器组成结构

1—插头　2—触摸屏　3—急停按钮
4—手动上电按键（使能键）　5—操纵摇杆
6—全速运行保持键

注意：

自动模式下，手动上电按键（使能键）不起作用。手动模式下，该键有三个位置，即

1）不按（释放状态）：机器人电动机不上电，机器人不能动作。

2）轻轻按下：机器人电动机上电，机器人可以按指令或摇杆操纵方向移动。

3）用力按下：机器人电动机失电，机器人停止运动。

由此可见，如果想给机器人上电，必须保持使能键轻轻按下，既不能按到底，也不能松开。

（4）示教器菜单及窗口　主要包括：

1）菜单。系统应用从主菜单开始，每项应用都需在该菜单中以供选择。按系统菜单键可以显示系统主菜单，如图 1-12 所示。

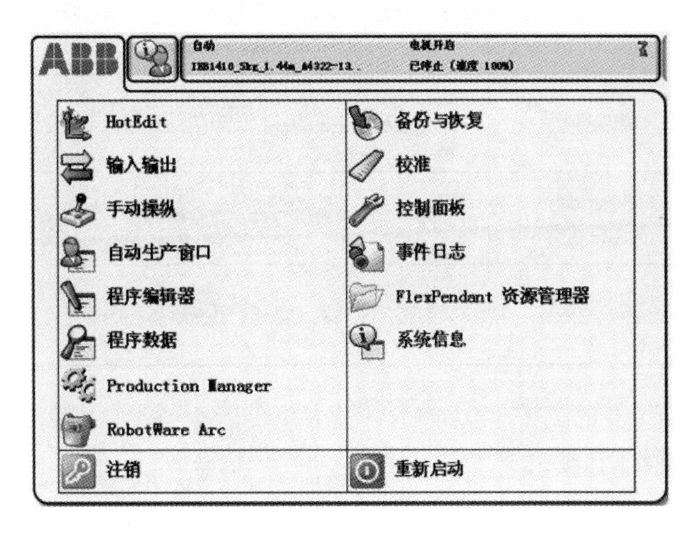

图 1-12　系统主菜单

主菜单功能见表 1-2。

表 1-2　ABB 机器人主菜单功能

图标	名称	功能
	输入输出（I/O）	查看输入输出信号
	手动操纵	手动移动机器人时，通过该选项选择需要控制的单元，如机器人或变位机等
	自动生产窗口	由手动模式切换到自动模式时，窗口自动跳出。自动运行中可观察程序运行状况
	程序编辑器	设置数据类型，即设置应用程序中不同指令所需的不同类型的数据
	程序数据	用于建立程序、修改指令及程序的复制、粘贴等
	备份与恢复	备份程序、系统参数等
	校准	输入、偏移量、零位等校准

（续）

图标	名称	功能
	控制面板	参数设定、I/O单元设定、弧焊设备设定、自定义键设定及语言选择等。例如，示教器中英文界面选择方法：ABB→控制面板→语言→Control Panel →Language → Chinese
	事件日志	记录系统发生的事件，如电动机上电/失电、出现操作错误等各种过程
	FlexPendant 资源管理器	新建、查看、删除文件夹或文件等
	系统信息	查看整个控制器的型号、系统版本和内存等

2）窗口。选择菜单中的任意一项功能后，任务栏中会显示一个窗口按键，可以按此按键切换当前的任务窗口，如图 1-13 所示。

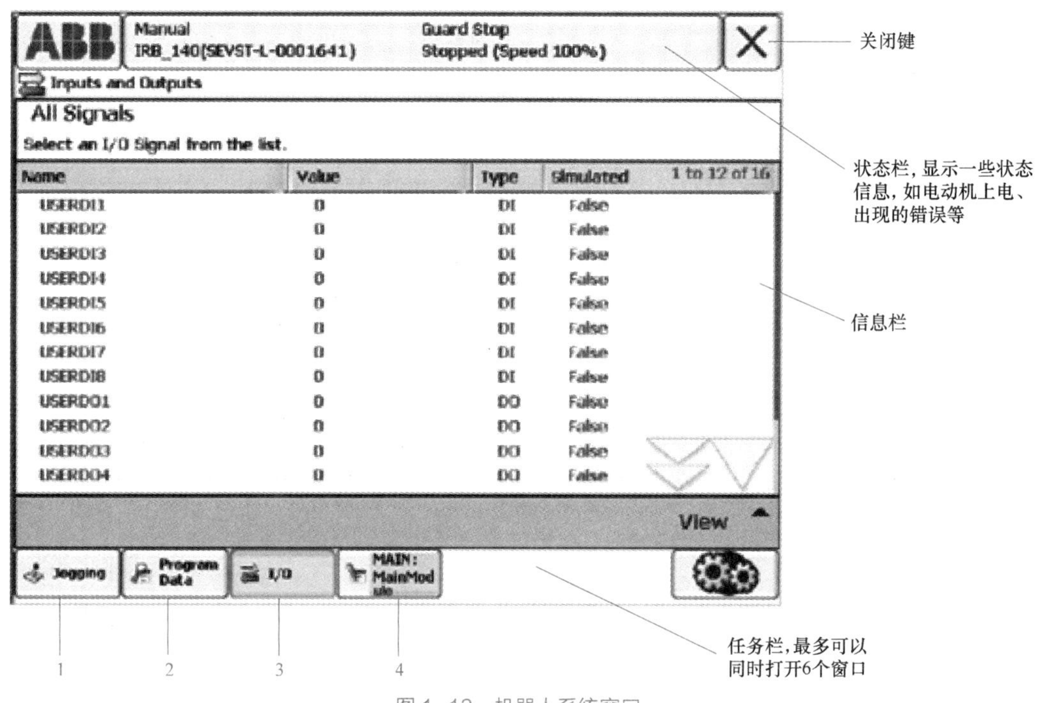

图 1-13　机器人系统窗口

1—手动操纵窗口　2—程序数据窗口　3—输入 / 输出窗口　4—编程窗口

3）快捷菜单。快捷菜单提供比操作窗口更快捷的操作按键，每项菜单使用一个图标显示当前的运行模式或进行设定，如图 1-14 所示。快捷菜单的功能见表 1-3。

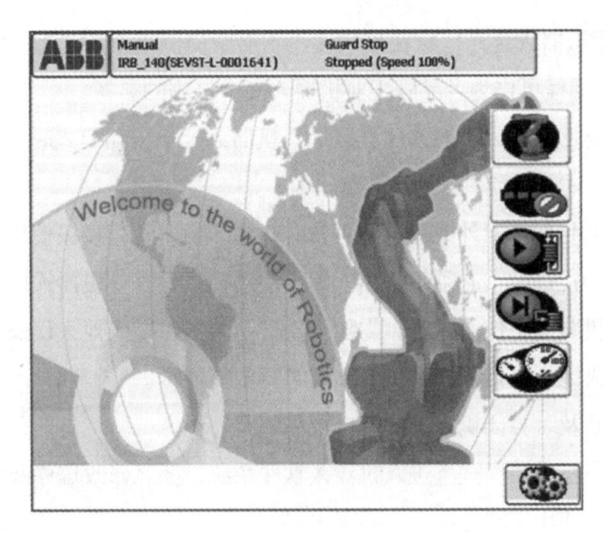

图 1–14　机器人系统快捷菜单

表 1–3　ABB 机器人系统快捷菜单功能

图　标	名　称	功　能
	快捷键	快速显示常用选项
	机械单元	工件与工具坐标系的改变
	步长	手动操纵机器人的运动速度调节
	运行模式	有连续和单周运行两种
	步进运行	不常用
	速度模式	运行程序时使用，调节运行速度的百分率

三、工业机器人安全操作规程

工业机器人工作时手臂的动量很大，碰到人势必会将人打伤，因此，必须注意安全。任何人员无论什么时候进入工业机器人的工作范围，都有可能发生事故，所以只有经过专门培训的人员才可以进入工作区域，这是必须遵守的一条重要原则。

有些国家已经颁布了工业机器人安全法规和相应的操作规程，国际标准化协会也制定了工业机器人安全规范。工业机器人生产厂家在用户使用手册中提供了设备参数，以及使用、维护设备的注意事项。以下操作规程可作为各品牌工业机器人安全措施的参考。

1）未经许可，不能擅自进入机器人工作区域；机器人处于自动模式时，不允许进入其运动所及区域。

2）机器人运行中发生任何意外或运行不正常时，立即使用急停按钮使机器人停止运行。

3）在编程、测试和检修时，必须将机器人置于手动模式，并使机器人以低速运行。

4）调试人员进入机器人工作区域时，需随身携带示教器，以防他人误操作。

5）在不移动机器人或不运行程序时，必须及时释放使能键。

6）突然停电后，要及时关闭机器人的主电源和气源。

7）严禁非授权人员在手动模式下进入机器人软件系统，随意修改程序及参数。

8）发生火灾时，应使用二氧化碳灭火器灭火。

9）机器人停止运动时，手臂上不能夹持工件或任何物品。

10）任何相关检修前都必须切断气源。

11）维修人员必须保管好机器人钥匙，严禁非授权人员使用机器人。

可扫描码 1-1 观看工业机器人安全操作规程动画。

码 1-1　工业机器人安全操作规程

四、打开和关闭机器人系统

1. 机器人系统的启动

在确认机器人工作范围内无人后，合上机器人控制柜上的电源主开关，系统自动检查硬件。检查完成后若没有发现故障，系统将在示教器显示初始界面。

正常启动后，机器人系统通常保持最后一次关闭电源时的状态，且程序指引位置保持不变，全部数字输出都保持断电以前的值或者置为系统参数指定的值，原有程序可以立即执行。

2. 机器人系统的关闭

关闭机器人系统需要关闭控制柜上的主电源开关。当机器人系统关闭时，所有数字输出都被置为 0，这会影响到机器人的手爪和外围设备。因此，在关闭机器人系统之前，首先要检查是否有人处于工作区域内，以及设备是否运行，以免发生意外。如果有程序正在运行或者手爪握有工件，则要先用示教器上的急停按钮使程序停止运行并使手爪释放工件，然后关闭主电源开关。

可扫描码 1-2 观看 ABB 机器人系统启动和关闭操作视频。

五、机器人的坐标系

码 1-2　ABB 机器人系统启动和关闭

机器人进行示教操作时，其运动方式是在不同的坐标系下进行的。在大部分商用焊接机器人系统中，坐标系包含世界坐标系（绝对坐标系）、机座坐标系、工具坐标系及用户坐标系（如工件坐标系等），其相互关系如图 1-15 所示。除了这几个坐标系外，还有关节坐标系。由于关节坐标系和机器人的关节轴是一致的，所以没有在图中特别表示。坐标系提供了一种标准符号，帮助机器人在轨迹规划和编程时，有共同依据的标准，尤其是对于由两台以上工业机器人组成的机器人工作站或柔性生产系统，要实现机器人之间的配合协作，必须是在相同的坐标系中。不同品牌的工业机器人的坐标系在称谓上可能略有不同，但本质上是相通的。

如果没有特殊规定，世界坐标系一般和机座坐标系重合。机座坐标系的原点在机座的中心点。工具坐标系的原点一般设置在工业机器人所携带的工具的 TCP 点上。工件坐标系的原点可以由用户根据实际情况自己设定。

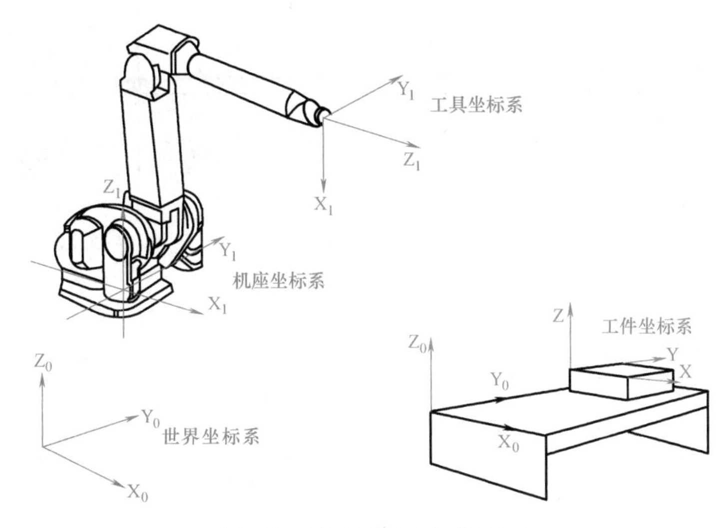

图 1-15　机器人坐标系的相互关系

1. 关节坐标系

在关节坐标系下，机器人各轴均可实现单独正向或反向运动。对于大范围运动，且不要求 TCP 姿态的，可选择关节坐标系。各轴动作见表 1-4。

表 1-4　工业机器人本体运动轴定义

轴类型	轴名称			动作说明	动作图示
	ABB	KUKA	FANUC		
主轴（基本轴）	轴1	A1	J1	本体回转	
	轴2	A2	J2	大臂运动	

（续）

轴类型	轴名称			动作说明	动作图示
	ABB	KUKA	FANUC		
主轴（基本轴）	轴3	A3	J3	小臂运动	
次轴（腕部轴）	轴4	A4	J4	手腕旋转运动	
	轴5	A5	J5	手腕上下摆运动	
	轴6	A6	J6	手腕圆周运动	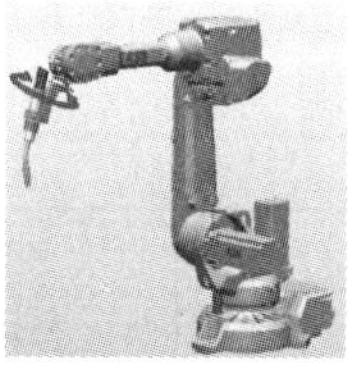

2. 世界坐标系（绝对坐标系）

世界坐标系是机器人示教和编程时经常使用的坐标系之一，有的时候和机座坐标系两者重合，世界坐标系的原点就选取在机器人安装面与第一转动轴的交点处。X、Y、Z 轴按右手法则确定：伸出右手的拇指、食指和中指，拇指竖向上为 Z 轴，食指和中指在同一平面上成 90° 角，平面与拇指的 Z 轴垂直，这时，拇指、食指和中指所指向的分别是 Z 轴、X 轴和 Y 轴的正方向。世界坐标系是最常用的坐标系，因为它和直角坐标系一致，最便于使用。世界坐标系下各轴的动作情况可参照表 1-5。

表 1-5　工业机器人世界坐标系下的各轴定义

轴类型	轴名称	动作说明	动作图示	轴类型	轴名称	动作说明	动作图示
主轴（基本轴）	X轴	沿X轴平行移动	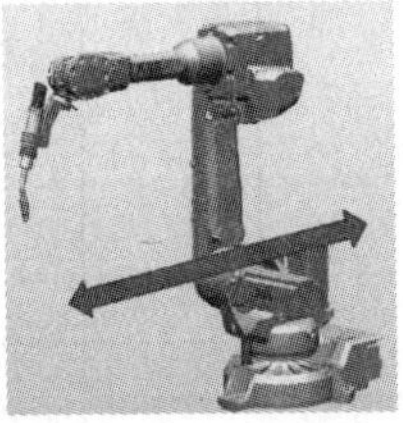	次轴（腕部轴）	U轴	绕X轴旋转	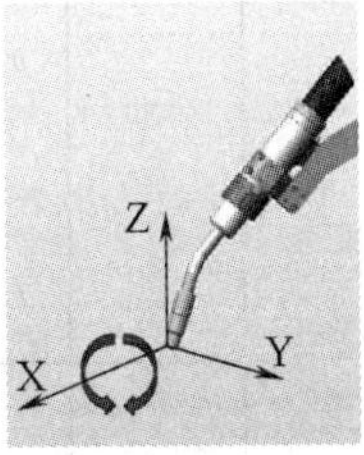
	Y轴	沿Y轴平行移动	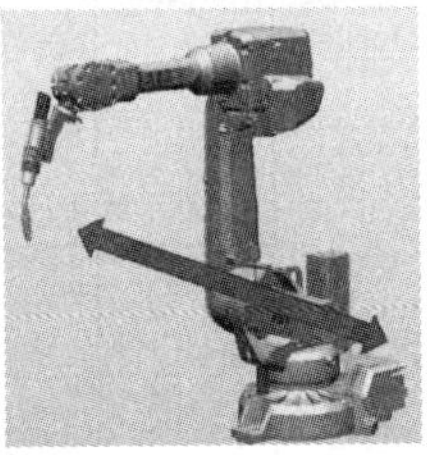		V轴	绕Y轴旋转	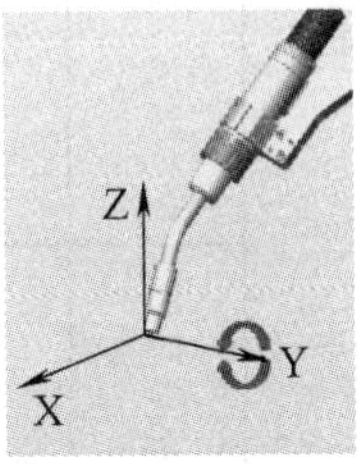
	Z轴	沿Z轴平行移动	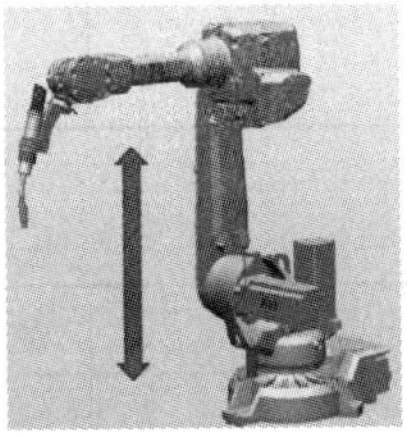		W轴	绕Z轴旋转	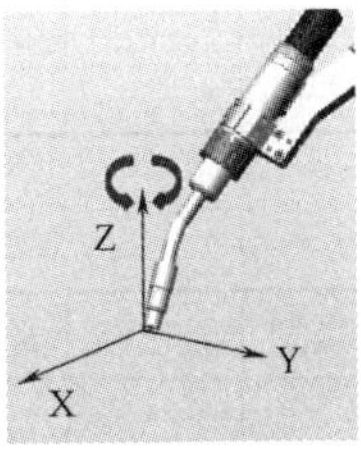

3. 工具坐标系

工具坐标系的原点定义在 TCP 点，假定工具的有效方向为 X 轴（有些厂商将工具的有效方向定义为Z轴），Y轴和Z轴由右手法则确定。工具坐标与世界坐标和关节坐标不同，后两者是固定的，而工具坐标轴的方向随机器人腕部的移动而发生变化，与机器人的位姿无关。因此，在进行相对于工件不改变工具姿态的平移操作时，选用该坐标系最为适宜。工具坐标系下各轴动作可参照表 1-6。

4. 用户坐标系

为作业示教方便，用户自行定义的坐标系，如工作台坐标系或者是工件坐标系，可根据需要定义多个用户坐标系。当机器人配备多个工作台时，选择用户坐标系可使操作更为简单。在用户坐标系中，TCP 点的运动类似于世界坐标系，只不过坐标系的原点是用户定义的原点，具体运动见表 1-7。

表 1–6　工业机器人工具坐标系下的各轴动作

轴类型	轴名称	动作说明	动作图示	轴类型	轴名称	动作说明	动作图示
主轴（基本轴）	X轴	沿X轴平行移动	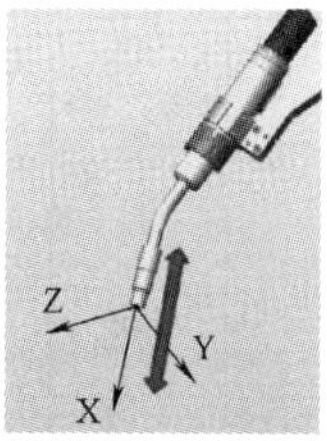	次轴（腕部轴）	Rx轴	绕X轴旋转	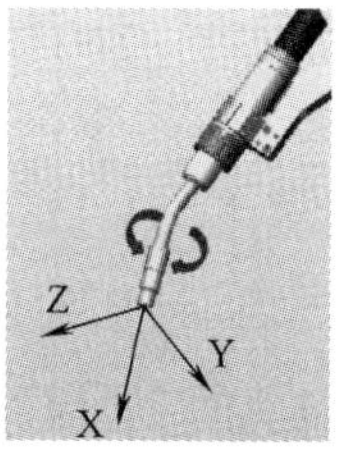
	Y轴	沿Y轴平行移动	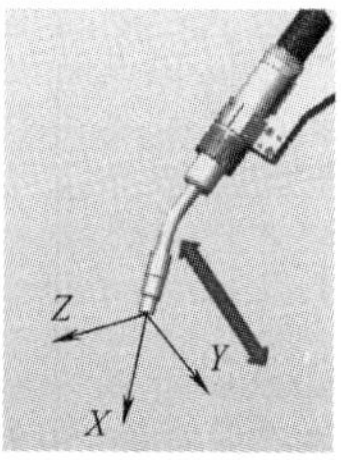		Ry轴	绕Y轴旋转	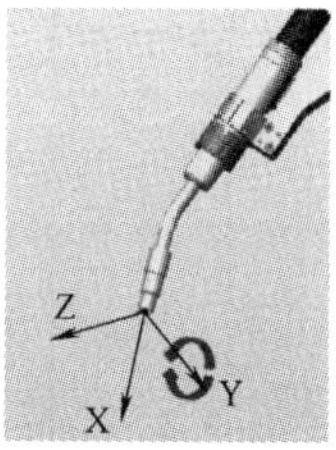
	Z轴	沿Z轴平行移动	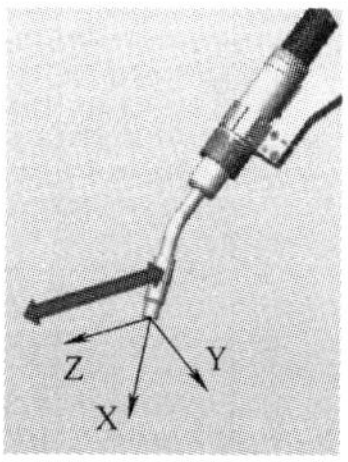		Rz轴	绕Z轴旋转	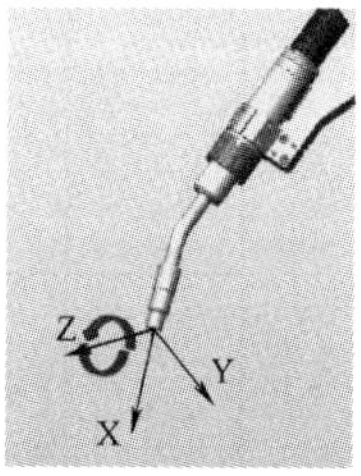

表 1–7　工业机器人用户坐标系下的各轴定义

轴类型	轴名称	动作说明	动作图示	轴类型	轴名称	动作说明	动作图示
主轴（基本轴）	X轴	沿X轴平行移动	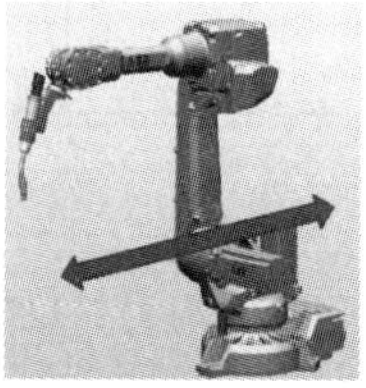	次轴（腕部轴）	U轴	绕X轴旋转	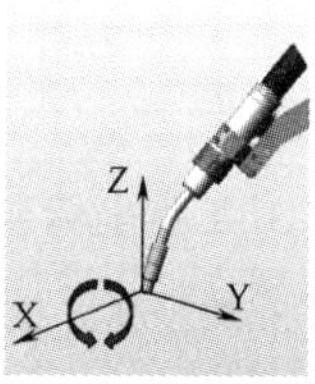
	Y轴	沿Y轴平行移动			V轴	绕Y轴旋转	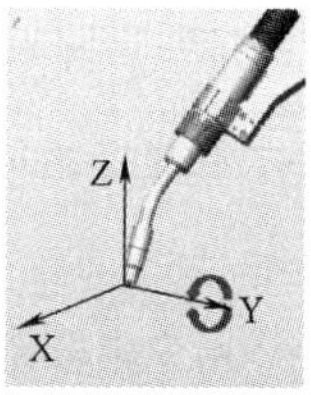
	Z轴	沿Z轴平行移动			W轴	绕Z轴旋转	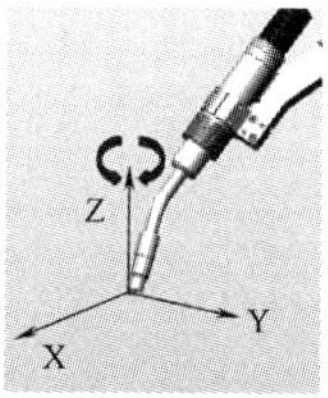

注意：

1）不同机器人的坐标系功能是等同的，也就是说机器人在世界坐标系下能把 TCP 点移动到指定位置并调整好姿态，同样在关节坐标系下也能实现同样的移动和位姿调整。

2）机器人在关节坐标系下运动时，如果只操作一个运动轴运动，机器人属于单轴运动，即只有一个关节轴参与运动；而在世界坐标系下，即使只操作一个运动轴运动，仍然会有多个关节轴同时参与运动。另外，除了关节坐标系以外，其他坐标系都可以实现控制点不变的动作（即只改变工具姿态而不改变 TCP 位置）。

六、手动操纵 ABB 机器人

1. 选择模式

将模式选择旋钮置于手动模式。

2. 选择运动单元

选择运动单元的方法有两种，一是在 ABB 菜单下，按手动操纵键 ，显示操作属性，如图 1-16 所示。按机械单元键，出现可用的机械单元列表，如图 1-17 所示。若选择机器人，则摇杆控制机器人本体运动；若选择外部轴，则摇杆控制外部轴运动，一个机器人最多可以控制 6 个外部轴。

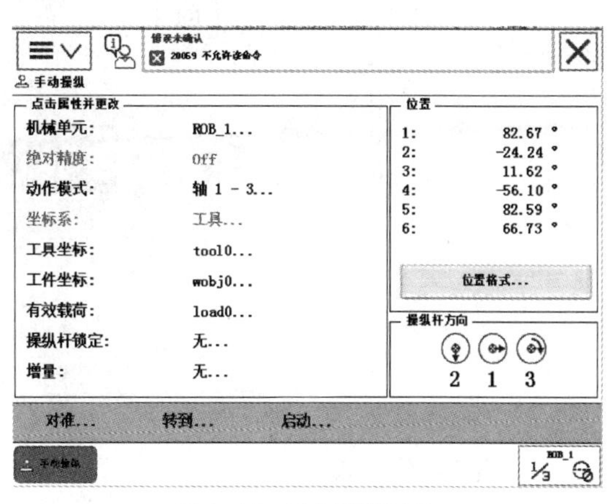

图 1-16　操作属性界面

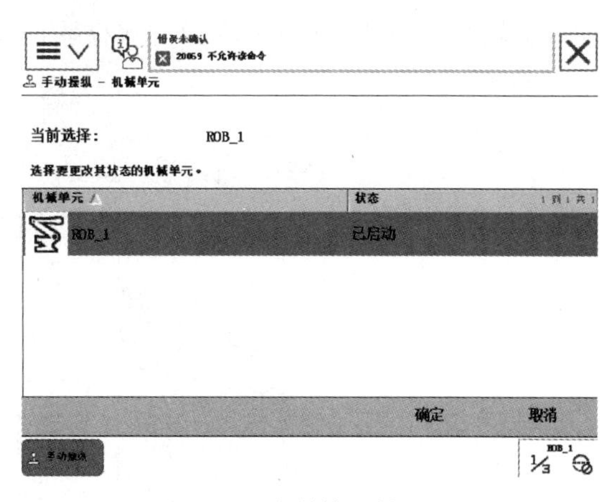

图 1-17　机械单元选择界面

第二种方法是使用快捷键进行选择，按示教器右下角的快捷键，如图 1-18 所示。再按机械单元键，也会出现选择列表，如图 1-19 所示，选择想要控制的运动单元就可以了。

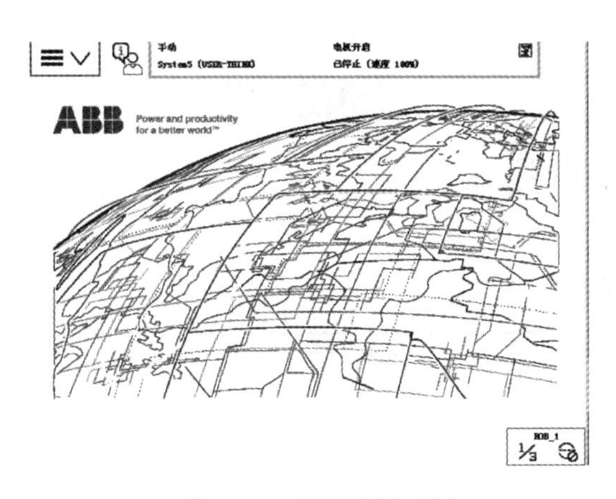

图 1-18　快捷键显示界面

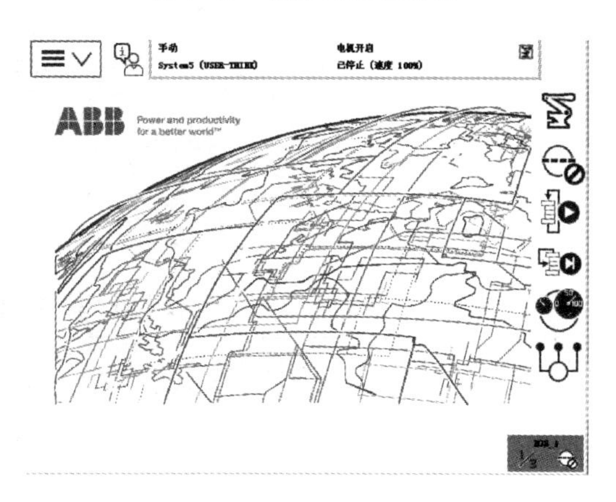

图 1-19　快捷菜单显示界面

3. 选择坐标系

有四种坐标系可以选择：大地坐标系、工件坐标系、基坐标系和工具坐标系，如图 1-20 所示。根据需要，选择适宜的坐标系。

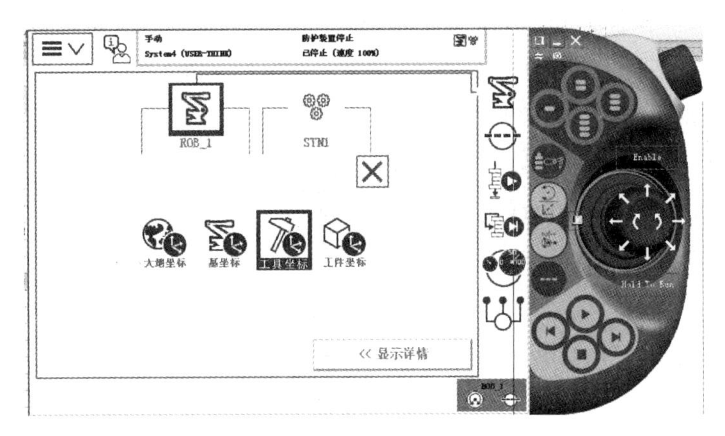

图 1-20　坐标系选择界面

4. 选择动作模式

选择相应的动作模式，如图 1-21 所示，如轴 1-3、轴 4-6、线性和重定位。然后操控摇杆运动即可。轴 1-3、轴 4-6 就相当于在关节坐标系下运动，选择其他坐标系可以和线性运动和重定位运动搭配使用。

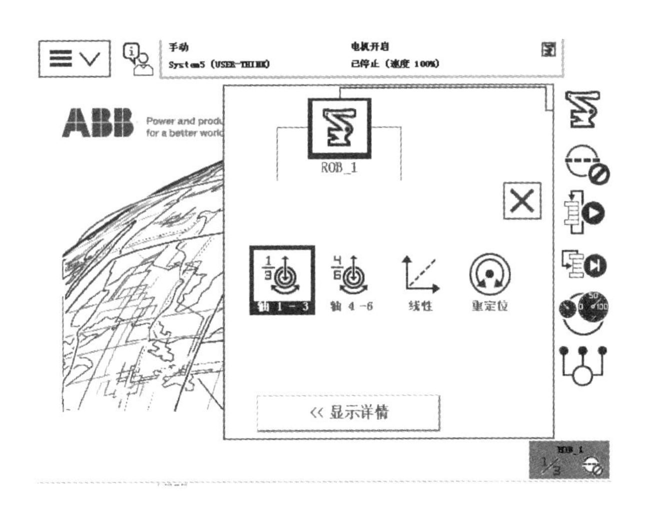

图 1-21　动作方式选择界面

在线性模式下，机器人的移动方向见表 1-8。

表 1-8　线性模式下摇杆操作要领

摇杆操作方向	机器人移动方向
操作人员的前后方向	沿X轴运动
操作人员的左右方向	沿Y轴运动
摇杆正反旋转方向	沿Z轴运动

在单轴模式下，如果选择了轴 1–3，机器人的移动方向见表 1–9。

表 1–9　单轴模式下摇杆操作要领（轴 1–3）

摇杆操作方向	机器人移动方向
操作人员的前后方向	沿轴1运动
操作人员的左右方向	沿轴2运动
摇杆正反旋转方向	沿轴3运动

如果选择了轴 4–6，机器人的移动方向见表 1–10。

表 1–10　单轴模式下摇杆操作要领（轴 4–6）

摇杆操作方向	机器人移动方向
操作人员的前后方向	沿轴4运动
操作人员的左右方向	沿轴5运动
摇杆正反旋转方向	沿轴6运动

在重定位模式下，机器人的移动方向见表 1–11。

表 1–11　重定位模式下摇杆操作要领

摇杆操作方向	机器人移动方向
操作人员的前后方向	沿X轴旋转
操作人员的左右方向	沿Y轴旋转
摇杆正反旋转方向	沿Z轴旋转

三大坐标系下的运动参考视频，可分别通过扫描码 1–3、码 1–4 和码 1–5 观看。

码 1–3　手动操作 ABB 机器人在基坐标系下的运动

码 1–4　手动操作 ABB 机器人在关节坐标系下的运动

码 1–5　手动操作 ABB 机器人在工具坐标系下的运动

任务实施

一、打开机器人系统

首先打开主电源开关。等系统启动稳定后，选择手动减速模式。

二、关节坐标系下机器人的手动操作

1）在 ABB 菜单下，按手动操纵键 ，显示操作属性，如图 1–22 所示。

2）确定机械单元为机器人本体。

3）确定工具坐标和工件坐标。

4）选择动作模式为轴 1-3 或者轴 4-6，即切入到关节坐标系下操作。

5）根据右下侧操纵杆方向提示，选择对应操作。

6）移动 TCP 点到指定的位置，并调整好姿态。

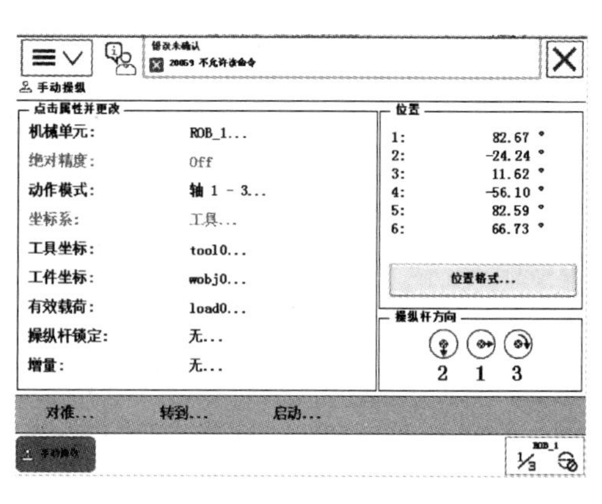

图 1-22　操作界面图

三、在基坐标系下机器人的手动操作

1）在 ABB 菜单下，按手动操纵键，显示操作属性。

2）确定机械单元为机器人本体。

3）确定工具坐标和工件坐标。

4）选择坐标系为基坐标系。

5）选择动作模式为线性模式。

6）根据右下侧操纵杆方向提示，选择对应操作。将 TCP 点移动到指定的位置。

7）选择动作模式为重定位模式。

8）根据右下侧操纵杆方向提示，选择对应操作。调整工具的姿态，以满足任务的需要。

四、在工具坐标系下机器人的手动操作

1）在 ABB 菜单下，按手动操纵键，显示操作属性。

2）确定机械单元为机器人本体。

3）确定工具坐标和工件坐标。

4）选择坐标系为工具坐标系。

5）选择动作模式为线性模式。

6）根据右下侧操纵杆方向提示，选择对应操作。将 TCP 点移动到指定的位置。

7）选择动作模式为重定位模式。

8）根据右下侧操纵杆方向提示，选择对应操作。调整工具的姿态，以满足任务的需要。

五、关闭机器人系统

关闭主电源，并依次切断二次、一次电源。

扩展知识

全球市场四大家族机器人

日本和欧洲是全球工业机器人市场的两大主角，并且实现了传感器、控制器、精密减速机等核心零部件完全自主化。

通过满足具有国际性竞争力的汽车、电子 / 电机产业等企业使用者的严苛要求，以及销售业绩与专门技能的累积，日本工业机器人产业已经成为全球的领导者。而在经过了日本国内市场激

烈的价格竞争后，也获得了国际性的价格竞争力。目前家用机器人也处于优势地位。

欧洲在工业机器人和医疗机器人领域居于领先地位。美国积极致力于以军事、航天产业等为背景的创投企业，体现在系统集成领域，医疗机器人和国防机器人具有主要优势。全球工业机器人主要国家技术分布情况见表 1-12。

表 1-12　全球工业机器人主要国家技术分布

国家或地区	日本	欧洲	美国
机器人本体	极为突出	很突出	一般
系统集成	极为突出	一般	很突出
个人/家用机器人	极为突出	一般	一般
服务机器人	突出	突出	突出
医疗机器人	一般	很突出	很突出
国防机器人	一般	突出	极为突出

从全球角度来看，目前欧洲和日本是工业机器人主要供应商，ABB、库卡（KUKA）、发那科（FANUC）、安川电机 (YASKAWA) 四家占据着工业机器人主要的市场份额。2013 年四大家族工业机器人收入合计约为 50 亿美元，占全球市场份额约 50%。

在机器人系统集成方面，除了机器人本体企业的集成业务，知名独立系统集成商还包括杜尔、徕斯和柯马等。2013 年德国杜尔和意大利柯玛的系统集成业务收入均约为 7 亿美元。

机器人减速机 70% 以上市场份额由日本纳博特斯克（Nabtesco）和哈默纳科（Harmonic drive）垄断。2013 年纳博的减速机业务收入约为 5 亿美元。

工业机器人四大家族 ABB、发那科、库卡、安川电机最初起家是从事机器人产业链相关的业务，如 ABB 和安川电机从事电力设备电机业务、发那科从事数控系统业务，库卡一开始则从事焊接设备业务，最终他们成为全球领先综合型工业自动化企业，他们的共同特点是掌握了机器人本体和机器人某种核心零部件的技术，最终实现一体化发展。

中国产业信息网发布的《2014–2019 年工业机器人产业全景调研及投资方向研究报告》指出：2013 年 ABB、发那科、库卡、安川电机收入分别为 418、60、24、38 亿美元；净利润分别为 28、15、0.8、0.8 亿美元；工业机器人收入均为 10 ~ 14 亿美元左右，但收入占比差别较大，分别为 3%、23%、42%、34%；2013 年末市值分别为 610、300、16、24 亿美元。

四大家族除了发那科综合毛利率接近 50%，其余毛利率水平基本为 25% ~ 30%。四家净利润水平相差较大，发那科净利率达 25%，ABB 为 7%，库卡和安川电机仅为 2% ~ 3%。

下面对四大家族做详细介绍。

1. 全球工业机器人四大家族之发那科（FANUC）

日本发那科公司（FANUC）是当今世界上数控系统科研、设计、制造、销售实力最强大的企业之一。掌握数控机床发展核心技术的发那科，不仅加快了日本本国数控机床的快速发展，而且加快了全世界数控机床技术水平的提高。

自 1974 年发那科首台机器人问世以来，发那科致力于机器人技术上的领先与创新，是世界上唯一一家由机器人制造机器人的公司。发那科机器人产品系列多达 240 种，负重从 5N 到 13.5kN，广泛应用于装配、搬运、焊接、铸造、喷涂、码垛等不同生产环节，满足客户的不同需求。2008 年 6 月，发那科成为世界第一个突破 20 万台机器人的厂家；2013 年，发那科全球机器人装机量已超过 33 万台，市场份额稳居第一。

发那科喷涂工业机器人的优势在于：

1）非常便捷的工艺控制，可以实现对喷涂参数的无级调整，发那科机器人采用独有的铝合金外壳，机器人重量轻，加速快，日常维护保养方便。

2）发那科机器人底座尺寸更小，为客户采用更小的喷房提供了更好的解决方案。

3）发那科机器人的空心手腕可以让油管、气管布置更加便捷，大幅度减少了喷房保洁工作量，为生产赢得时间。

4）发那科机器人独有的手臂设计，让机器人可以靠近喷房壁安装，机器人在保证高度灵活生产的条件下也不会与喷房壁相干涉。

2. 全球工业机器人四大家族之 ABB

ABB 位列全球 500 强，是电力和自动化技术的领导企业。ABB 致力于在增效节能，提高工业生产率和电网稳定性方面为各行业提供高效而可靠的解决方案。ABB 的业务涵盖电力产品、电力系统、离散自动化与运动控制、过程自动化、低压产品五大领域。ABB 由两家拥有 100 多年历史的国际性企业——瑞典的阿西亚公司 (ASEA) 和瑞士的布朗勃法瑞公司 (BBC Brown Boveri) 在 1988 年合并而成。

在众多的机器人生产商中，ABB 作为佼佼者之一，致力于机器人的研发。1974 年，ABB 公司发明了世界第一台六轴工业机器人，现已在瑞典、挪威和中国等地设有机器人研发、制造和销售基地。1994 年，ABB 的机器人开始进入中国，早期的应用主要集中在汽车制造及汽车零部件行业。随着中国经济的快速发展，工业机器人的应用领域逐步向一般行业扩展，如医药、化工、食品、饮料以及电子加工行业。2006 年 ABB 全球机器人业务总部落户中国上海。

ABB 公司凭着多年来强大的技术和市场积累，凭着向客户提供全面的机器人自动化解决方案，从汽车工业的白车身焊接系统，到消费品行业的搬运码跺机器人系统，产品广泛应用于焊接、物料搬运、装配、喷涂、精加工、拾料、包装、货盘堆垛、机械管理等领域。

对于机器人自身来说，最大的难点在于运动控制系统，而 ABB 的核心技术就是运动控制。运动控制技术是实现运动精度、运动速度、周期时间、可编程、多级联动以及外部轴设备同步性等机器人性能指标的重要手段。通过充分利用这些重要功能，用户可提高生产的质量、效率及可靠性。

ABB 一直强调机器人本身的柔性化，强调 ABB 机器人在各方面的一个整体性，ABB 机器人在单方面来说不一定是最好的，但就整体性来说是很突出的。比如 ABB 的六轴机器人，单轴速度并不是最快的，但六轴联动以后的精度是很高的。

3. 全球工业机器人四大家族之库卡（KUKA）

库卡集团是由焊接设备起家的全球领先机器人及自动化生产设备和解决方案的供应商之一。库卡的客户主要分布于汽车工业领域，在其他领域（一般工业）中也处于增长势头。库卡机器人公司是全球汽车工业中工业机器人领域的三家龙头企业之一，在欧洲则独占鳌头。在欧洲和北美，库卡系统有限公司则为汽车工业自动化解决方案的两家市场引领者之一。库卡集团借助其 30 余年在汽车工业中积累的技能经验，也为其他领域研发创新的自动化解决方案，例如用于医疗技术、太阳能工业和航空航天工业等。

库卡产品广泛应用于汽车、冶金、食品和塑料成型等行业。库卡的机器人产品最通用的应用范围包括工厂焊接、操作、码垛、包装、加工或其他自动化作业，同时还适用于医院，如脑外科及放射造影。

库卡机器人早在 1986 年就已进入中国市场，当时是由库卡公司赠送给一汽卡车作为试用，是中国汽车制造业应用的第一台工业机器人。1994 年，当时作为国内汽车龙头企业的东风卡车公司以及长安汽车公司，分别引进了库卡的一条焊装线，随线安装的机器人都达数十台，库卡机器人开始大批量进入中国。

工业机器人在最初进入中国时，作为技术和资金最为集中的汽车制造业可以说是工业机器人的最主要的使用者，2000 年以后，工业机器人在其他领域的应用才逐渐开始被接受。近年来，库卡机器人在其他制造领域的应用也越来越广泛，行业覆盖了铸造、塑料、金属加工、包装、物流等，如在中国的烟草行业（包装和码垛应用）以及食品与饮料行业（包装和加工应用），其数量和需求甚至超过了汽车行业。

库卡在上海松江新厂的建设面积近 2 万 m^2，在中国的机器人产能从 2010 年的 1000 台 / 年增加到了 2014 年的 5000 台 / 年。

作为世界领先的工业机器人提供商之一和机器人领域中的科技先锋，库卡机器人在业界被赞誉为“创新发电机”。库卡机器人早在 1985 年时，就通过一系列的机械设计革新，去掉了早期工业机器人中必不可少的平行连杆结构，实现真正意义上的多关节控制，并从此成为机器人行业的规范。早在 1996 年时，库卡机器人就采用了当时最为开放和被广泛接受的标准工业 PC Windows 操作系统作为库卡机器人控制系统和操作平台，使得库卡机器人成为最开放和标准化程度最高的控制系统，而今也正在逐渐成为全球的标准。库卡独一无二的 6D 鼠标编程操作机构，把飞行器操作的理念引入到机器人操作中，使得机器人的操作和示教犹如打游戏一样轻松方便。此外，库卡独特的电子零点标定技术、航空铝制机械本体、模块化控制系统及机械结构等都从本质上诠释了以技术突破和不断创新的宗旨。

库卡码垛机器人的显著特点是速度快，因为机器人的手臂采用高分子碳素纤维材料制造而成，既可满足机器人手臂在高速运行过程中对刚度的特殊需求，又可以大幅度提高机器人本身的动惯性能以及加速能力。机器人控制器采用和标准机器人完全相同的标准，另外，码垛专用的软件功能包 PalletLayout，PalletPro，PalletTech 根据客户要求提供非常轻松的码垛应用和编程环境。

4．全球工业机器人四大家族之安川电机（YASKAWA）

安川电机株式会社创立于 1915 年，是有百年历史的专业电气厂商。公司 AC 伺服和变频器市场份额位居全球第一。安川电机目前主要包括驱动控制、运动控制、系统控制与机器人四个事业部。

现在一条自动化生产线需要的不仅仅是伺服驱动，同时也需要机器人和变频器，所以安川电机的定位决不是单个产品的供应商，而是在运动控制核心技术和产品的基础上，为客户提供更高附加值的整体解决方案。

安川电机的运动控制事业部通过丰富的Drive（驱动）、Motion（运动）、Controller（控制）产品组合，为从一般工业机械到高精度机床机械，提供高性能、高生产率的解决方案。其中，变频器占30%，伺服占70%。

安川电机具有开发机器人的独特优势，作为安川电机主要产品的伺服和运动控制器是机器人的关键部件。自1997年，运用安川电机特有的运动控制技术开发出日本首台全电气式工业用机器人“MOTOMAN”以来，安川电机相继开发了焊接、装配、喷涂、搬运等各种各样的自动化作业机器人，并一直引领着国内外工业机器人市场。其核心的工业机器人产品包括点焊和弧焊机器人、油漆和处理机器人、LCD玻璃板传输机器人和半导体晶片传输机器人等。安川电机是将工业机器人应用到半导体生产领域的最早的厂商之一。

截至2011年3月，安川电机的机器人累计出售台数已突破23万台，活跃在从日本国内到世界各国的焊接、搬运、装配、喷涂以及放置在无尘室内的液晶显示器、等离子显示器和半导体制造的搬运搬送等各种各样的产业领域中。

复习思考题

一、填空题

1. 现在广泛应用的焊接机器人绝大多数属于第一代工业机器人，它的基本工作原理是（　　）。操作者手把手示教机器人做某种动作，机器人的控制系统以（　　）的形式将其记忆下来的过程称之为（　　）。机器人按照示教时记录下来的程序展现这些动作的过程称为（　　）。

2. 工业机器人的位置控制主要是实现（　　）和（　　）两种。当机器人进行（　　）位置控制时，末端执行器既要保证运动的起点和目标点位姿，又要必须保证机器人能沿所期望的轨迹在一定精度范围内跟踪运动。

3. 点焊机器人的位置控制方式多为(　　)控制，即保证机器人末端执行器运动的起点和目标点位姿，而这两点之间的运动轨迹是不确定的。

4. 焊接机器人按“焊接工艺”主要可以分为（　　）和（　　）两种。

5. 从功能完善程度上看，工业机器人的发展经历了三个阶段，形成了通常所说的三代机器人，分别为（　　）机器人、（　　）机器人和（　　）机器人。

6. （　　）是物体能够对坐标系进行独立运动的数目，通常作为机器人的技术指标，反映机器人动作的灵活性。

7. 工业机器人主要由（　　）、（　　）和（　　）组成。

二、判断题

1. 机器人示教与编程时经常使用直角坐标系。（　　）

2. 发展工业机器人的主要目的是在不违背“机器人三原则”的前提下，用机器人协助或替代人类从事一些不适合人类甚至超越人类的工作，把人类从大量的、重复的、危险的岗位中解放出来，实现生产自动化、柔性化，避免工伤事故和提高生产率。（　　）

3. 机器人位姿是机器人空间位置和姿态的合称。（　　）

4. 工业机器人控制器是人与机器人的交互接口。（　　）

5. 通常按作业任务可以将机器人划分为焊接机器人、搬运机器人、装配机器人和码垛机器人等。（　　）

三、选择题

1. 机器人行业所说的四巨头是指（　　）。

①PANASONIC；②FANUC；③KUKA；④OTC；⑤YASKAWA；⑥KAWASAKI；⑦NACHI；⑧ABB。

A. ①②③④　　B. ①②③⑧　　C. ②③⑤⑧　　D. ①③⑤⑧

2. 工业机器人一般具有的基本特征是（　　）。

①特定的机械结构；②不同程度的智能；③独立性；④通用性；⑤拟人性。

A. ①②③④　　B. ①②③⑧　　C. ②③④⑤　　D. ①③④⑤

任务2　手动操纵KUKA机器人

任务解析

通过查阅有关KUKA机器人的相关资料，了解KUKA机器人系统组成、示教器的按键和操作，了解KUKA的坐标系和运动轴。然后打开机器人系统，在不同的坐标系下手动操作示教器移动机器人到达指定的位置，并调整好焊枪的姿态。

具体的焊枪位置和姿态见表1-13（也可以由老师自行确定）。

表1-13　焊枪位置和姿态

TCP位置（参考在基坐标系下）		姿态（参考在基坐标系下）	
X	1200mm	A	120°
Y	500mm	B	30°
Z	900mm	C	45°

必备知识

一、KUKA机器人系统组成及功能

KUKA机器人由本体、控制柜及示教器等组成，如图1-23所示。

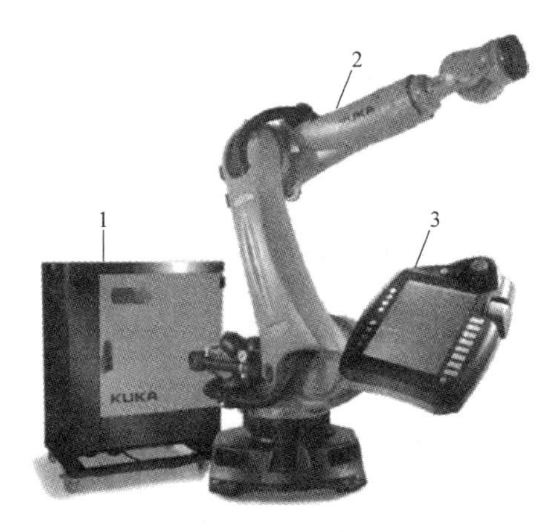

图 1-23　KUKA 机器人系统的组成

1—控制柜　2—本体　3—示教器

1. 本体

本体就是用于完成各种作业的执行机构。本体各组成部分如图 1-24 所示。

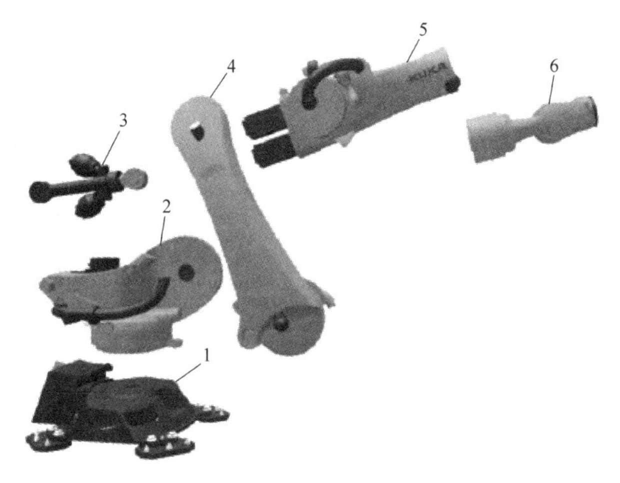

图 1-24　机器人的机械零部件概览

1—底座　2—转盘　3—平衡配重　4—连杆臂　5—手臂　6—手

2. 控制柜

控制柜是硬件和软件的结合，用于安装各种控制单元，进行数据处理及存储、执行程序等，如同机器人的“大脑”。控制柜如图 1-25 所示。图中左上角为控制柜开关旋钮，通过旋钮打开和关闭机器人系统。

图 1-25　KUKA 机器人控制柜

3. 示教器

KUKA 的示教器称作“smartPAD”，也是通过一根电缆与控制柜相连接的，其结构如图 1-26 所示。smartPAD 具有触摸显示屏，可以用手或配备的触摸笔操作。示教器的主要功能键包括移动键、工艺数据包按键、程序运行按键、更换钥匙的开关、紧急停止按键等，具体功能键如图 1-27 所示，具体的功能说明见表 1-14。

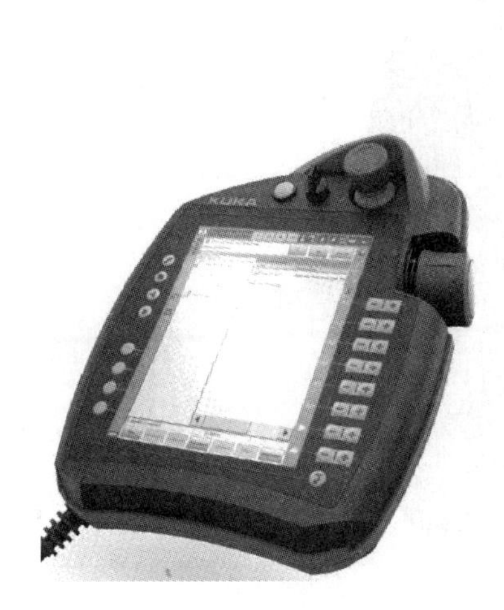

图 1-26　KUKA 示教器

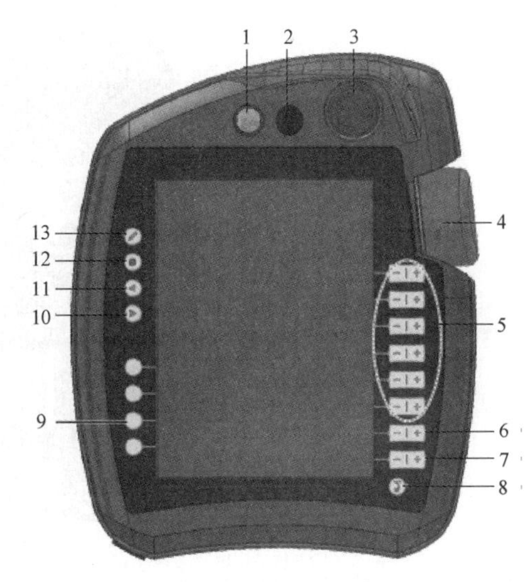

图 1-27　示教器功能键

表 1-14　KUKA 示教器功能键功能说明

图标	名　称	功能说明
1	拔下按钮	用于拔下 smartPAD 的按钮
2	钥匙开关	用于调出连接管理器。只有当钥匙插入时，方可转动开
3	紧急停止键	用于在危险情况下关停机器人。紧急停止键在紧急情况下被按下时将自行闭锁，旋转按钮可解锁
4	3D 鼠标	用于手动移动机器人
5	移动键	用于手动移动机器人
6	倍率键	用于设定程序倍率
7	手动倍率键	用于设定手动倍率
8	主菜单按键	用来在smartHMI（示教器显示屏）上将菜单项显示出来
9	状态键	状态键主要用于设定应用程序包中的参数，其确切的功能取决于所安装的技术包
10	启动键	通过启动键可启动程序
11	逆向启动键	可逆向启动程序
12	停止键	用停止键可暂停运行中的程序
13	键盘按键	用于显示键盘。通常不必特地将键盘显示出来，smartHMI 可识别需要通过键盘输入的情况并自动显示键盘

示教器背面的功能键如图 1-28 所示，具体的功能说明见表 1-15。

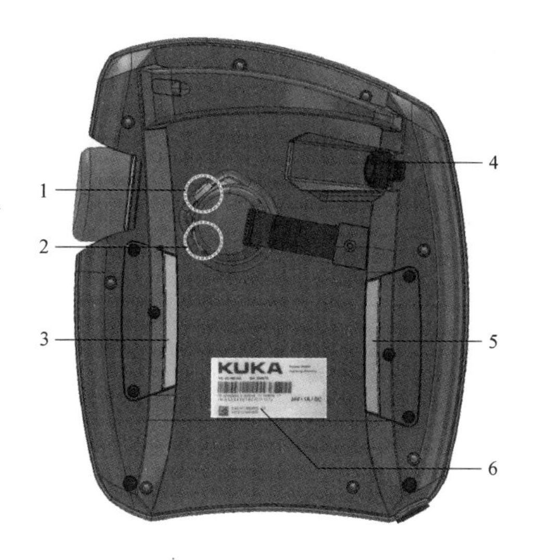

图 1-28 示教器背面功能键

1、3、5—确认开关 2—启动键（绿色） 4—USB 接口 6—型号铭牌

表 1-15 示教器背面功能键功能说明

名称	功能说明
确认开关	确认开关有 3 个位置： 1）未按下 2）中间位置 3）完全按下 在运行方式 T1（手动慢速运行）或 T2（手动快速运行）中，确认开关必须保持在中间位置，方可开动机器人 在采用自动运行模式和外部自动运行模式时，确认开关不起作用
启动键	通过启动键，可启动一个程序
USB 接口	USB 接口被用于存档 / 还原等方面 仅适于 FAT32 格式的 USB
型号铭牌	型号铭牌

4. 示教器操作界面

示教器操作界面如图 1-29 所示，功能说明见表 1-16。

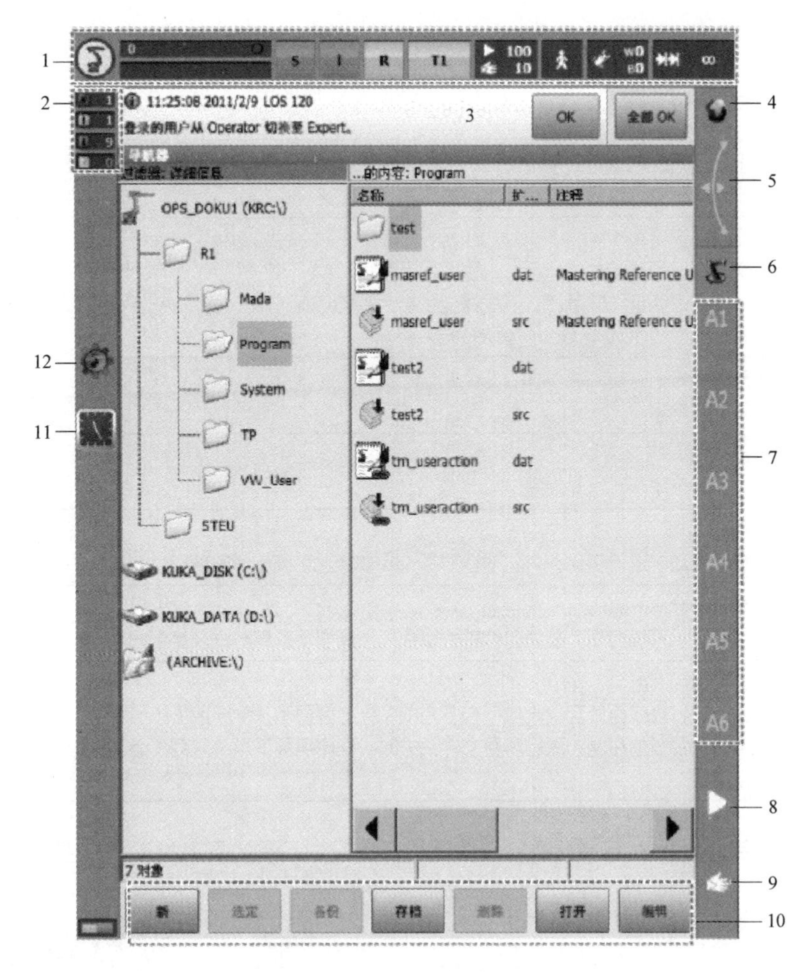

图 1-29　示教器操作界面

表 1-16　操作界面功能说明

序号	功能区名称和功能
1	状态栏 显示状态信息
2	信息提示计数器 信息提示计数器显示每种信息类型各有多少信息提示等待处理 触摸信息提示计数器可放大显示
3	信息窗口 根据默认设置将只显示最后一个信息提示 触摸信息窗口可放大该窗口并显示所有待处理的信息 可以被确认的信息可用 OK 键确认。所有可以被确认的信息可用全部 OK 键一次性全部确认
4	状态显示空间鼠标 该显示会显示用空间鼠标手动运行的当前坐标系 触摸该显示就可以显示所有坐标系并选择另一个坐标系
5	显示空间鼠标定位 触摸该显示会打开一个显示空间鼠标当前定位的窗口，在窗口中可以修改定位

（续）

序号	功能区名称和功能
6	状态显示运行键 该显示可显示用运行键手动运行的当前坐标系 触摸该显示就可以显示所有坐标系并选择另一个坐标系
7	运行键标记 如果选择了与轴相关的运行，这里将显示轴号（A1、A2 等） 如果选择了笛卡儿式运行，这里将显示坐标系的方向（X、Y、Z、A、B、C） 触摸标记会显示选择了哪种运动系统组
8	程序倍率 设定程序倍率
9	手动倍率 设定手动倍率
10	按键栏 按键栏将动态进行变化，并总是针对 smartHMI 上当前激活的窗口
11	时钟 时钟可显示系统时间。触摸时钟就会以数码形式显示系统时间及当前日期
12	WorkVisual 图标 如果无法打开任何项目，则位于右下方的图标上会显示一个红色的小“X” 这种情况会发生在例如项目所属文件丢失时。在此情况下系统只有部分功能可用，例如将无法打开安全配置

在 KUKA 示教器操作界面中，要重点关注机器人控制系统的信息提示，如图 1-30 所示。

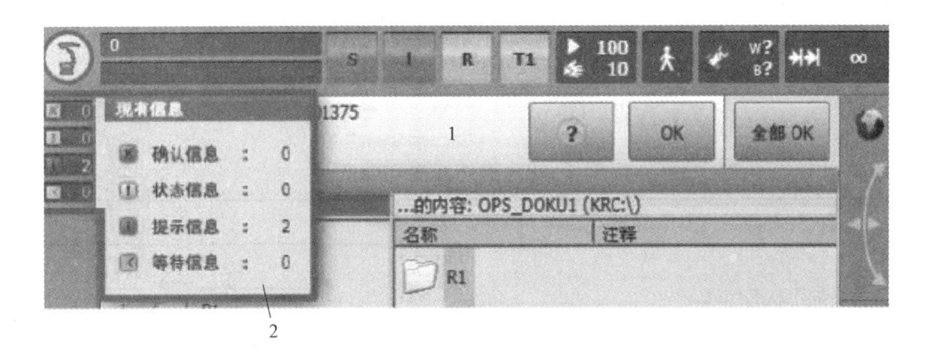

图 1-30　信息窗口和信息提示计数器

1—信息窗口：显示当前信息提示　2—信息提示计数器：每种信息提示类型的信息提示数

控制器与操作人员的通信通过信息窗口实现。其中，五种信息提示类型见表 1-17。

表 1-17　信息提示类型

图标	类　　型
	确认信息 用于显示需操作员确认才能继续处理机器人程序的状态 确认信息始终引发机器人停止或抑制其启动

（续）

图标	类　　型
	状态信息 状态信息报告控制器的当前状态 只要这种状态存在，状态信息便无法被确认
	提示信息 提示信息提供有关正确操作机器人的信息 提示信息可被确认。只要它们不使控制器停止，无须确认
	等待信息 等待信息说明控制器在等待哪一事件 等待信息可通过按“模拟”按键手动取消
	对话信息 对话信息用于与操作员的直接通信 将出现一个含各种按键的信息窗口，用这些按键可给出各种不同的回答

二、打开和关闭 KUKA 机器人系统

1. 打开 KUKA 机器人系统

在确认机器人工作范围内无人后，顺时针打开机器人控制柜上的电源主开关，系统自动检查硬件。检查完成后若没有发现故障，系统将在示教器显示初始界面。

2. 关闭 KUKA 机器人系统

关闭机器人系统需要关闭控制柜上的主电源开关。在关闭机器人系统之前，首先要检查是否有人处于工作区域内，以及设备是否运行，以免发生意外。如果有程序正在运行或者手爪握有工件，则要先用示教器上的停止按钮使程序停止运行并使手爪释放工件，然后关闭主电源开关。

码 1–6　打开和关闭 KUKA 机器人系统

可通过扫描码 1–6 观看打开和关闭 KUKA 机器人系统视频。

三、KUKA 机器人的运动模式

1. KUKA 机器人的运行方式

与 ABB 机器人不同（ABB 的模式切换是在控制柜的旋钮上进行的），KUKA 机器人的运行模式切换是在示教器上进行的。

（1）T1（手动慢速运行）　该方式用于测试运行、编程和示教。

程序执行时的最大速度为 250 mm/min，手动运行时的最大速度为 250 mm/min。

注意：

手动运行用于调试工作。调试工作是指为了能够让机器人系统所需执行的工作能够顺利执行，而提前所做的相应试运行和修改程序的工作，其中包括示教编程和在点动运行模式下执行程序（测试或检验）。

（2）T2（手动快速运行）　该方式用于测试运行。程序执行时的速度等于编程设定的速度，

无法进行手动运行。

注意：

1）只有在必须以大于手动慢速运行的速度进行测试时，才允许使用此运行方式。

2）在这种运行方式下不得进行示教。

（3）AUT（自动运行） 该方式用于不带上级控制系统的工业机器人。程序执行时的速度等于编程设定的速度，无法进行手动运行。

（4）AUT EXT（外部自动运行） 该方式用于带上级控制系统（PLC）的工业机器人。程序执行时的速度等于编程设定的速度，无法进行手动运行。

2. 运行方式的切换

1）在 KCP（钥匙开关）上转动用于连接管理器的开关，连接管理器立刻显示。连接管理器如图 1-31 所示。

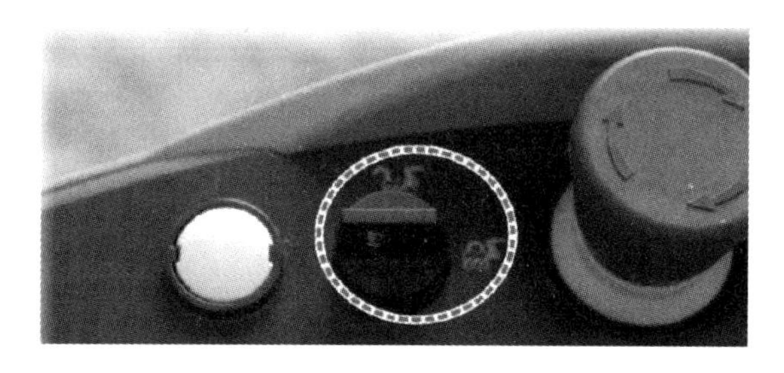

图 1-31　连接管理器示意图

2）在示教器上选择相应的运行方式。示教器选择示意图如图 1-32 所示。

图 1-32　示教器选择示意图

3）将用于连接管理器的开关再次转回初始位置，就锁定了相应的运动模式。所选的运动模式会在示教器的状态栏中显示出来。运动模式示意图如图 1-33 所示。

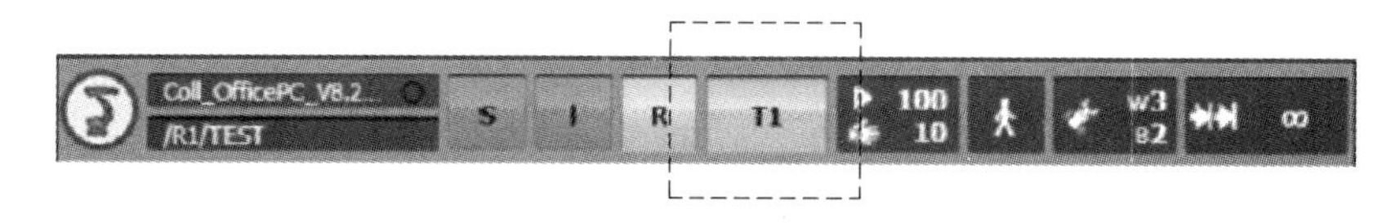

图 1-33　运动模式示意图

四、KUKA 机器人的坐标系

在工业机器人的操作、编程和投入运行时，坐标系具有重要的意义。在 KUKA 机器人控制系统中定义了下列坐标系：

1）关节坐标系。就如同机器人的六个关节轴。

2）WORLD（世界坐标系）。世界坐标系可以自由定义，大多数情况下和基坐标系是一致的。

3）ROBROOT（基坐标系）。坐标系原点位于机器人底座原点，该坐标系是有固定位置的。

4）BASE （工件或工装坐标系）。该坐标系可以自由定义，根据工件和工装的需求进行定义。也可以理解为用户定义坐标系。

5）TOOL（工具坐标系）。该坐标系可以自由定义，在安装有工具的机器人系统，比如焊枪，通常把工具的端点定义为工具坐标系的原点，该原点也被称为 TCP（Tool Center Point，即工具中心点）。

各坐标系的相互关系如图 1-34 所示。

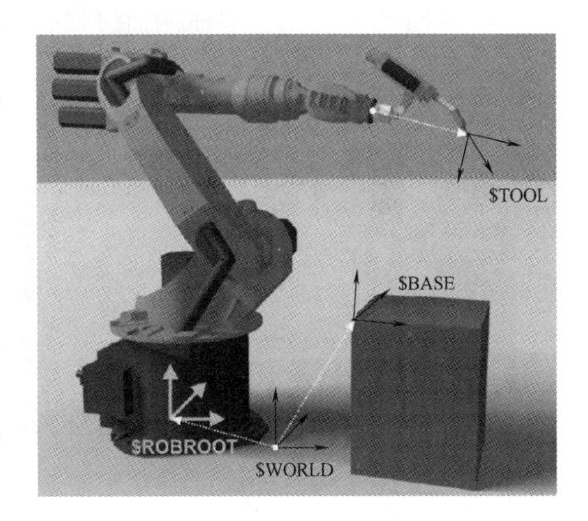

图 1-34　KUKA 机器人坐标系

五、手动操纵 KUKA 机器人

手动操纵 KUKA 机器人运动，首先要选择合适的坐标系，然后选择需要运动的运动轴，就可以实现所需要的运动了。

1. 关节坐标系下的运动

KUKA 机器人的关节轴如图 1-35 所示。可以通过操作示教器在 T1 运动模式下运动各轴，各轴均可以沿着正向和负向运动。

关节轴也可以看作关节坐标系，它的操作方式如下：

1）选择轴作为移动键的选项，如图 1-36 所示。

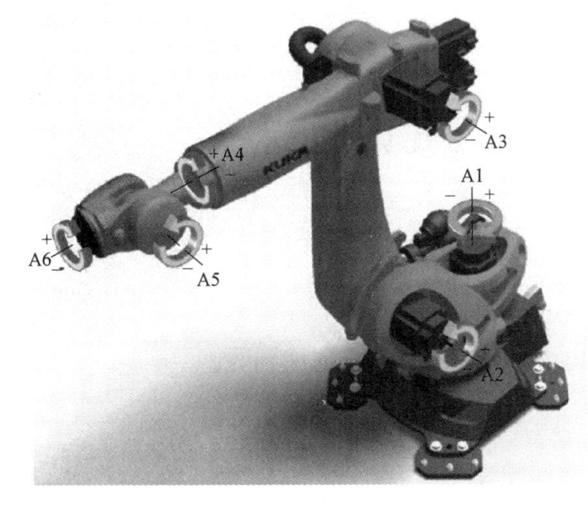

图 1-35　KUKA 机器人的关节轴

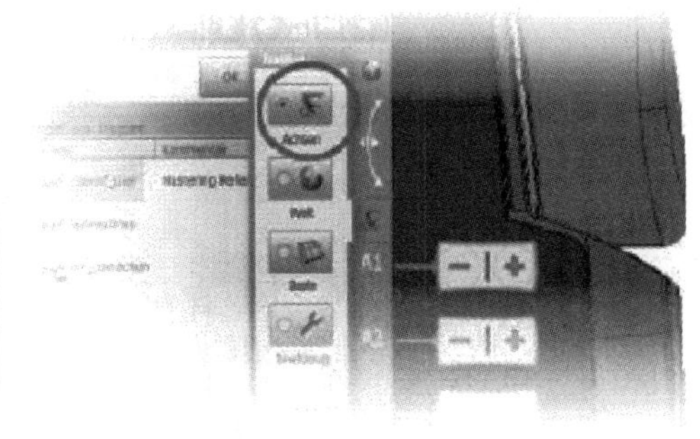

图 1-36　关节轴选择

2）设定手动倍率，如图 1-37 所示。

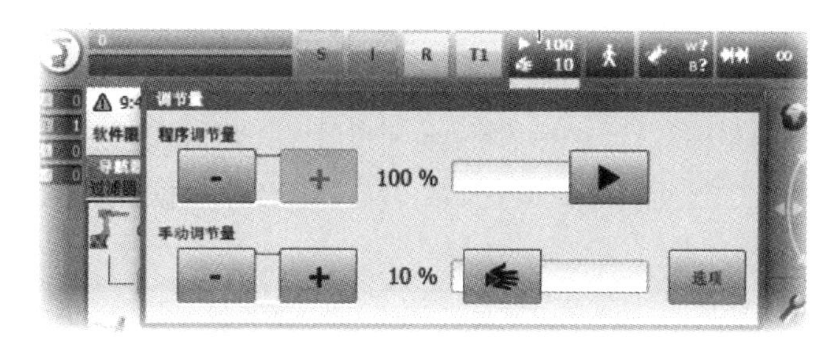

图 1-37 设定手动倍率示意图

3）将确认开关按至中间档位并按住。确认开关的操作示意图如图 1-38 所示。

4）按下正负位移键，可以分别控制不同的轴沿着正负方向运动。正负位移键操作示意图如图 1-39 所示。

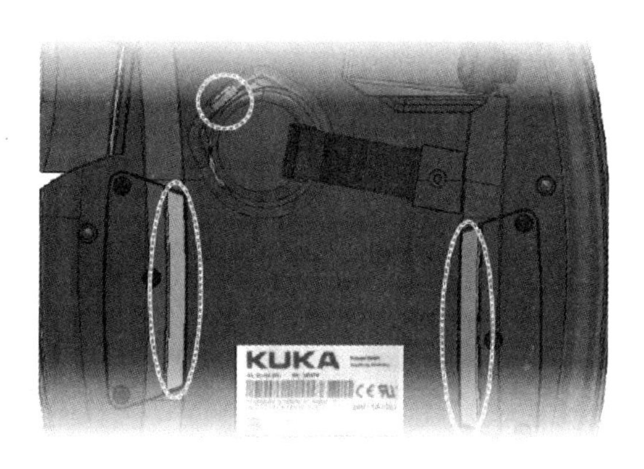

图 1-38 确认开关操作示意图

图 1-39 正负位移键操作示意图

2. 在基坐标系下运动

通常情况下，世界坐标系和基坐标系是重合的，所以只介绍基坐标系下的运动就可以了。在基坐标系中，可以按以下两种不同的方式移动机器人，如图 1-40 所示。

1）沿坐标系的坐标轴方向平移（直线）：X、Y、Z。

2）环绕着坐标系的坐标轴方向转动（旋转 / 回转）：旋转方向 A、B 和 C。

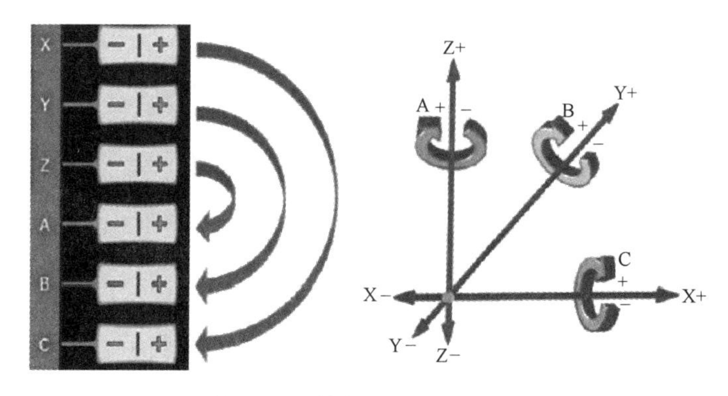

图 1-40 基坐标系下运动示意图

通过操作 3D 鼠标可以使机器人进行如下运动：

1）平移。按住并拖动 3D 鼠标，可以实现平移，运动示例如图 1-41 所示。

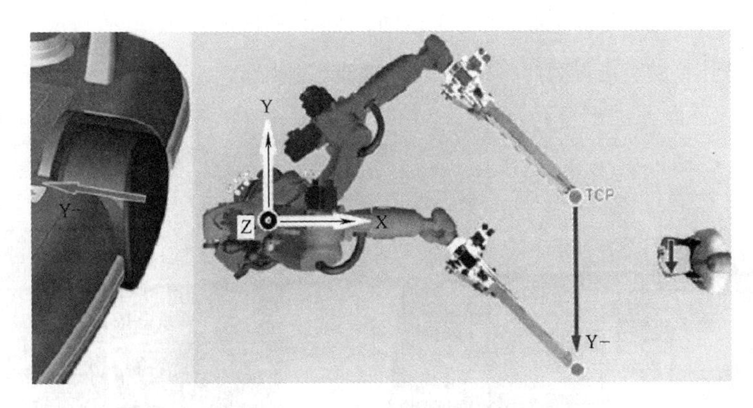

图 1-41　沿 Y 轴负方向运动

2）转动。转动并拖动 3D 鼠标，可以实现转动，运动示例如图 1-42 所示。

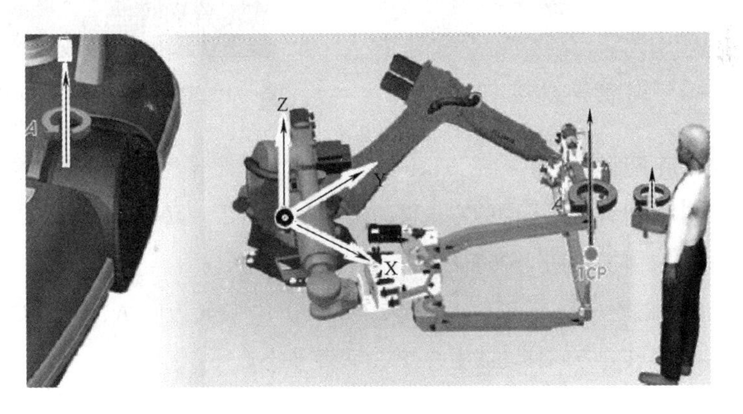

图 1-42　绕 Z 轴的旋转运动

具体的操作步骤如下：

1）通过移动滑动调节器，调节 3D 鼠标的位置，如图 1-43 所示。

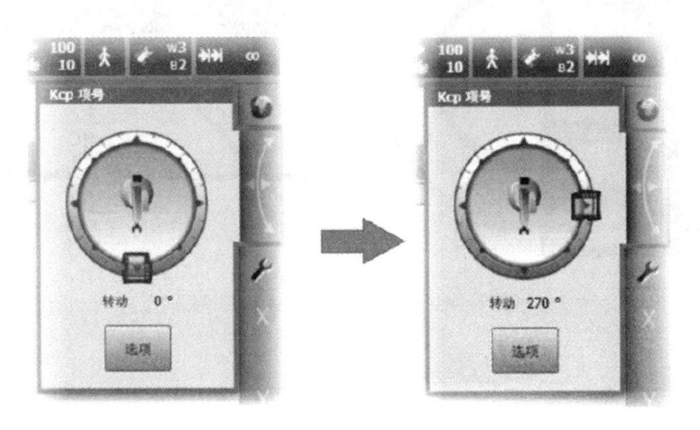

图 1-43　调节 3D 鼠标位置

2）选择世界坐标系。世界坐标系选择界面如图 1-44 所示。

3）设定手动倍率。

4）将确认开关按至中间档位并按住。

5）用 3D 鼠标使机器人向所需要的方向运动，如图 1-45 所示。

6）也可以使用移动键进行操作（和关节轴运动时类似）。

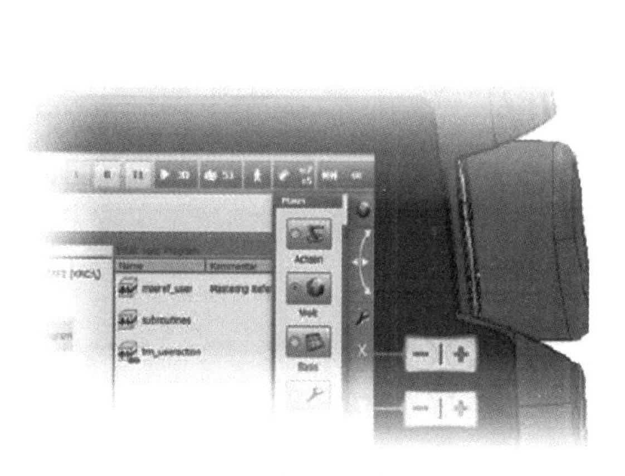

图 1-44　选择世界坐标系

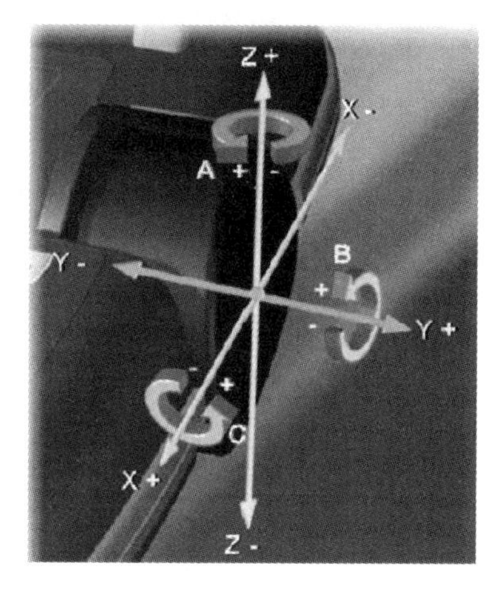

图 1-45　操作示意图

3. 在工具坐标系下运动

在工具坐标系中，也有两种不同的方式移动机器人，如图 1-46 所示：

1）沿坐标系的坐标轴方向平移（直线）：X、Y、Z。

2）环绕着坐标系的坐标轴方向转动（旋转 / 回转）：旋转方向 A、B 和 C。使用工具坐标系的优点是可以沿工具作业方向移动或者绕 TCP 调整姿态。

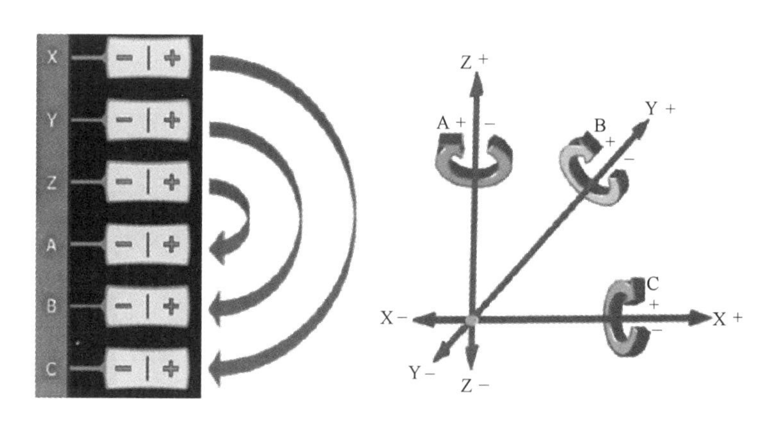

图 1-46　工具坐标系下运动示意图

具体的操作步骤：

1）选择工具坐标系，如图 1-47 所示。

2）选择工具编号，如图 1-48 所示。

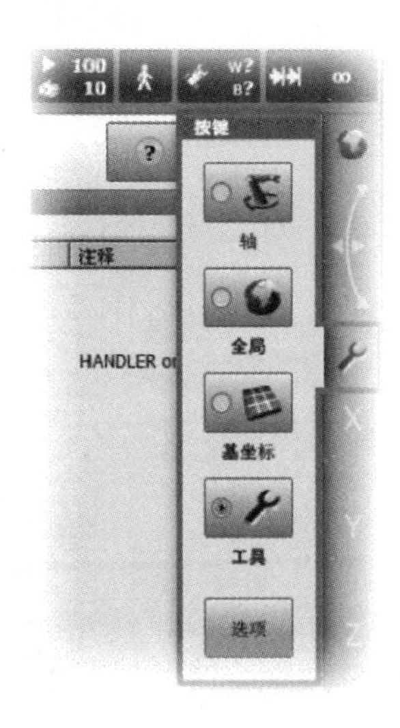

图 1-47　选择工具坐标系

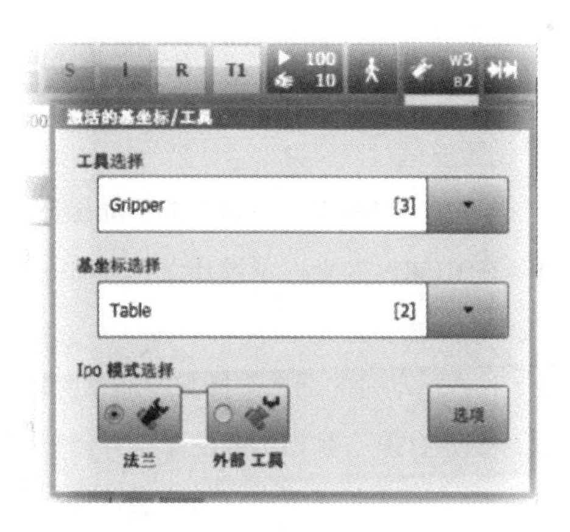

图 1-48　选择工具编号

3）设定手动倍率。

4）将确认开关按至中间档位并按住。

5）用 3D 鼠标使机器人向所需要的方向运动，如图 1-49 所示。

6）也可以使用移动键进行操作（和关节轴运动时类似）。

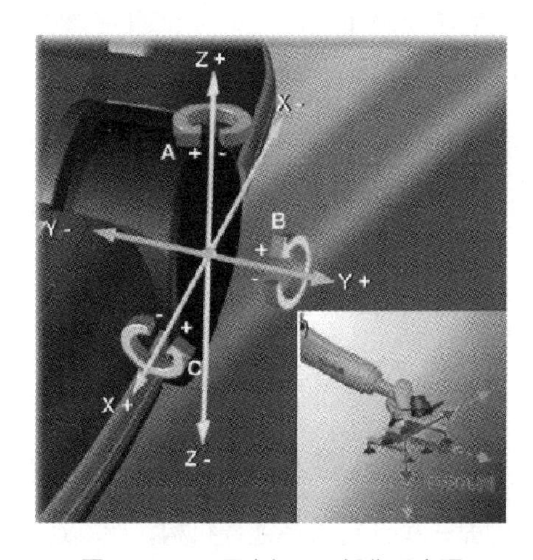

图 1-49　工具坐标系下操作示意图

三大坐标系下的运动参考视频，可分别通过扫描码 1-7、码 1-8 和码 1-9 观看。

码 1-7　在关节坐标系下移动 KUKA 机器人

码 1-8　在基（世界）坐标系下移动 KUKA 机器人

码 1-9　在工具坐标系下移动 KUKA 机器人

任务实施

一、打开机器人系统

首先打开主电源开关。等系统启动稳定后，选择 T1 模式，进入手动慢速运行。

二、在关节坐标系下机器人的手动操作

1）在 KUKA 的坐标系选择菜单（如图 1-50 所示）下，选择关节坐标系。

2）根据运动轴的标志选择需要运动的轴 A1~A6。

3）移动 TCP 点到指定的位置，并调整好姿态。

三、在直角坐标系下机器人的手动操作

1）在 KUKA 的坐标系选择菜单下，选择基坐标系。

2）首先选择沿 X、Y、Z 方向移动，移动 TCP 到指定的位置。

3）然后选择 A、B、C 三个方向的旋转，调整好工具的姿态。

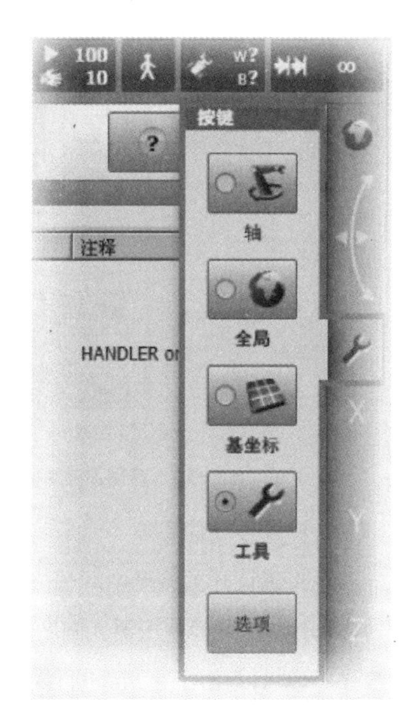

图 1-50　坐标系选择菜单

四、在工具坐标系下机器人的手动操作

1）在 KUKA 的坐标系选择菜单下，选择工具坐标系。

2）首先选择沿 X、Y、Z 方向移动，移动 TCP 到指定的位置。

3）然后选择 A、B、C 三个方向的旋转，调整好工具的姿态。

五、关闭机器人系统

关闭主电源开关，然后依次切断二次、一次电源。

扩展知识

工业机器人的运动控制

工业机器人操作机可以看做是一个开链式多连杆机构，始端连杆就是机器人的机座，末端连杆与工具相连，相邻连杆之间用一个关节轴连接在一起。对于一个六自由度工业机器人，它由 6 个连杆和 6 个关节组成。

在操作机器人时，其末端执行器必须处于合适的空间位置和姿态（以下简称位姿），而这些位姿是由机器人若干关节的运动所合成的。可见，要了解工业机器人的运动控制，首先必须知道机器人各关节变量空间和末端执行器位姿之间的关系，即机器人运动学模型。一台机器人操作机的几何结构一旦确定，运动模型就确定了。运动学存在以下两类问题：

（1）运动学正问题　对于给定的机器人操作机，已知各关节角矢量，求末端执行器相对于参考坐标系的位姿，称之为正向运动学。机器人示教时，机器人控制器逐点进行运动学正解运算。就好比，随时知道机器人的所在位置，然后获得运动轨迹。

（2）运动学逆问题　对于给定的机器人操作机，已知末端执行器在参考坐标系中的初始位姿和目标（期望），求各关节角矢量，称之为逆向运动学。机器人再现时，机器人控制器即逐点进行运动学逆运算，并将角矢量分解到操作机各关节。就好比，先告诉机器人要从哪里移动到哪里，然后运算求解实现这种运动。

工业机器人的点位运动和连续路径运动

工业机器人的很多作业都是控制机器人末端执行器的位姿，以实现点位运动或连续路径运动，如图 1–51 所示。

（1）点位运动（PTP）　点位运动只关心机器人末端执行器运动的起点和目标点的位姿，而不关心两点之间的运动轨迹。点位运动比较简单，比较容易实现。

（2）连续路径运动（CP）　连续路径运动不仅关心机器人末端执行器达到目标点的精度，而且必须保证机器人能沿所期望的轨迹在一定精度范围内重复运动。

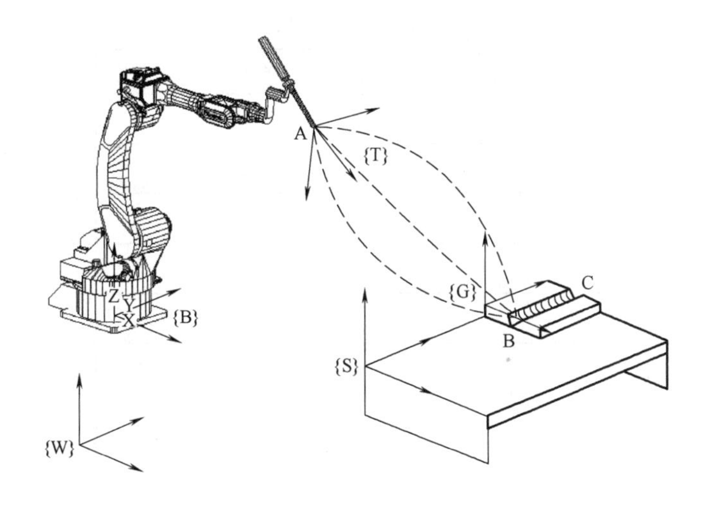

图 1–51　焊接机器人的位姿控制

机器人 CP 控制的实现是以 PTP 控制为基础的，通过在相邻两点之间采用满足精度要求的直线或圆弧轨迹插补运算可以实现轨迹的连续化。

复习思考题

一、填空题

1. KUKA 机器人的常用坐标系是（　　）、（　　）和（　　）。

2. KUKA 机器人的六轴是（　　）、（　　）、（　　）、（　　）、（　　）和（　　）。

3. KUKA 机器人系统由（　　）、（　　）和（　　）组成。

4. KUKA 机器人的示教器又称作（　　）。

5. 请参照图 1–52 中标识，写出相应按键名称（表 1–18）。

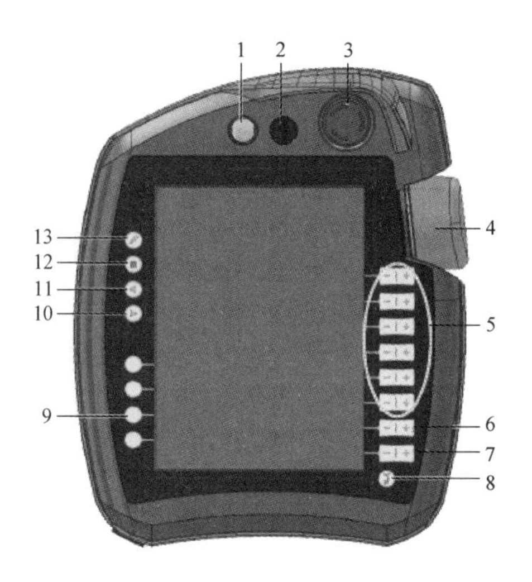

图 1-52　示教器示意图

表 1-18　按键名称表

序号	名称	序号	名称
1		8	
2		9	
3		10	
4		11	
5		12	
6		13	
7			

二、判断题

1. KUKA 示教器上，拔下按钮用于拔下 smartPAD 的按钮。（　）

2. KUKA 示教器上，钥匙开关用于调出连接管理器。只有当钥匙插入时，方可转动打开。（　）

3. KUKA 示教器上，电源开关键用于在危险情况下关停机器人。紧急停止键在紧急情况下被按下，旋转按钮解锁。（　）

4. KUKA 示教器上，移动键用于手动移动机器人。（　）

5. KUKA 示教器上，手动倍率键用于设定程序倍率。（　）

6. KUKA 示教器上，倍率键用于设定手动倍率。（　）

7. KUKA 示教器上，状态键主要用于设定应用程序包中的参数，其确切的功能取决于所安装的技术包。（　）

8. KUKA 示教器上，通过操作启动键可启动程序。（　）

9. KUKA 示教器上，通过操作逆向启动键可逆向启动程序，程序将逐步运行。（　）

10. KUKA 示教器上，用停止键可暂停运行中的程序。（　）

三、简答题

1. KUKA 机器人系统由哪几部分组成?
2. KUKA 机器人的运动模式有哪几种? 如何设置?
3. KUKA 机器人的坐标系有哪几种? 其中常用的坐标系是哪些?
4. 如何手动操作移动 KUKA 机器人? 具体的步骤如何?
5. 如何设置移动的速度?
6. 如何实现点动和连续移动机器人?

任务 3　手动操纵 FANUC 机器人

任务解析

通过查阅有关 FANUC 机器人的相关资料，了解 FANUC 机器人系统的组成、示教器的按键和操作，了解 FANUC 机器人的坐标系和运动轴。然后打开机器人系统，在不同的坐标系下手动操作示教器移动机器人到达指定的位置，并调整好焊枪的姿态。

具体的焊枪位置和姿态见表 1–19（也可以由老师自行确定）。

表 1–19　焊枪位置和姿态

TCP位置（参考在基坐标系下）		姿态（参考在基坐标系下）	
X	1200mm	与X轴的夹角	120°
Y	500mm	与Y轴的夹角	30°
Z	900mm	与Z轴的夹角	45°

必备知识

一、FANUC 机器人系统组成及功能

FANUC 机器人由本体、控制柜及示教器等组成，如图 1–53 所示。

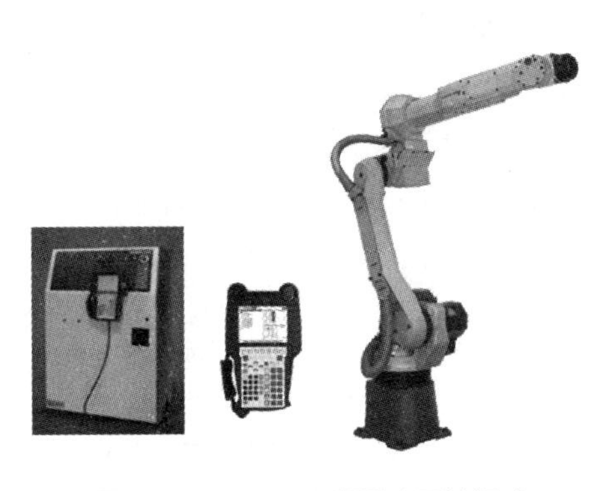

图 1–53　FANUC 机器人系统组成

1. 本体

本体就是用于完成各种作业的执行机构，FANUC 机器人本体如图 1–54 所示。

2. 控制柜

控制柜是硬件和软件的结合，用于安装各种控制单元，进行数据处理及存储、执行程序等，如同机器人的“大脑”。控制柜如图 1–55 所示。控制柜上有主电源开关、紧急停止按钮等控制按钮。

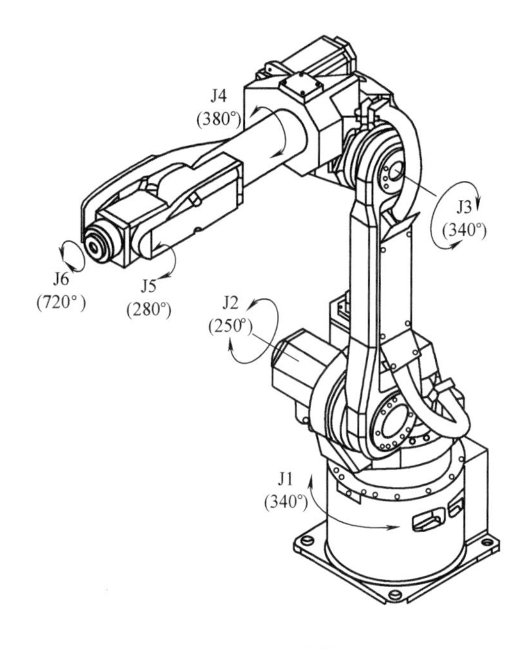

图 1–54　本体示意图

图 1–55　控制柜

（1）主电源开关　主电源开关是机器人系统的总开关。

（2）紧急停止按钮　在任何模式下，按下紧急停止按钮，机器人立即停止动作。要使机器人重新动作，必须释放该按钮。

（3）循环按钮　用于循环执行的按钮，多用于实际生产中。

（4）模式切换开关　模式切换开关如图 1–56 所示，需要插入钥匙才能进行模式选择。一共有三个模式：

1）自动模式。选择该模式可以自动运行程序。

2）T1 模式。示教模式的一种，在该模式下，以小于 250mm/min 的速度运行，也可以认为是低速示教模式。

3）T2 模式。示教模式的一种，在该模式下，会以 100% 的速度运行，也可以认为是高速示教模式。

图 1–56　模式切换开关

3. 示教器

FANUC 的示教器如图 1–57 所示，与 ABB 和 KUKA 的示教器不同，FANUC 的示教器针对不同应用配备不同的功能按键，整个键盘区域位于屏幕下方。因此学习者需要首先熟练掌握示教器键盘的分布和功能，才能更好地操作示教器。

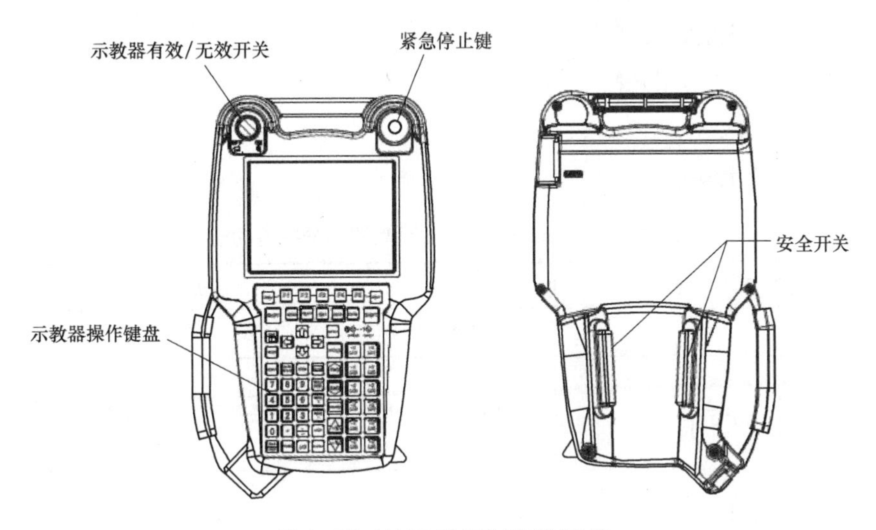

图 1-57　FANUC 示教器按键功能

FANUC 的示教器主要分为以下几部分：

（1）示教器有效 / 无效开关　分为 ON（有效）和 OFF（无效）两档，通过扭动旋钮切换示教器在有效和无效状态。

（2）紧急停止键　用于在危险情况下关停机器人。紧急停止键在紧急情况下被按下，旋转按钮可解锁。

（3）安全开关　用以确保操作者的安全，当两个开关同时被释放或同时被用力按下时，切断伺服电源；轻按一个或两个开关可打开伺服电源。

（4）示教器操作键盘　示教器操作键盘如图 1-58 所示，具体的按键功能见表 1-20，主要分为以下几类：

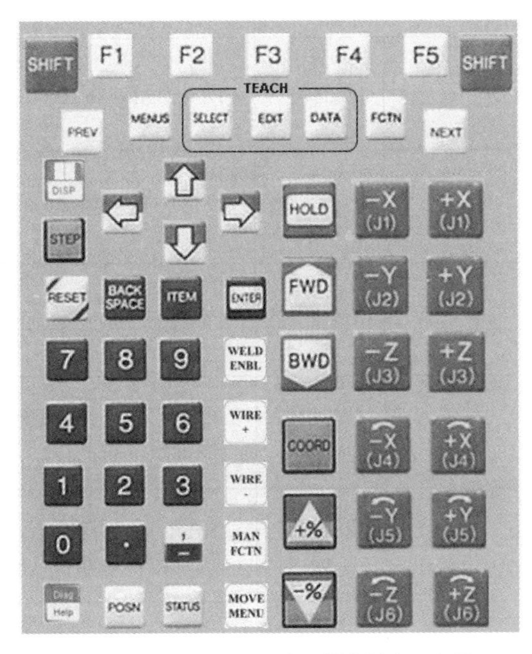

图 1-58　FANUC 示教器操作键盘示意图

1）与菜单相关的按键。

2）与移动和焊接有关的按键。

3）与执行相关的按键。

4）与编辑相关的按键。

表 1-20　FANUC 机器人示教器部分按键功能

图　标	名称	说　明
与菜单相关的按键		
F1 ~ F5	功能键	用来选择画面最下行的功能键菜单
NEXT	翻页键	将功能键菜单切换到下一页
MENUS	菜单键	按下显示出画面菜单
FCTN	辅助键	用来显示辅助菜单
SELECT	一览键	用于显示程序列表
EDIT	编辑键	用来显示程序编辑画面
DATA	数据键	用来显示数据画面
STATUS	状态显示键	用来显示状态画面
POSN	位置显示键	用来显示当前位置画面
DISP	分屏/窗口切换键	单独按下，切换当前操作窗口 同时按下〈SHIFT〉时，分割画面为多个窗口
Diag Help	提示/帮助键	单独按下，移动到提示画面 同时按下〈SHIFT〉时，移动到报警画面

（续）

图　标	名称	说　明
与焊接和移动相关的按键		
WELD ENBL	焊接有效/无效键	同时按下〈SHIFT〉，切换焊接有效/无效 不按〈SHIFT〉，单独按下该键，显示测试执行和焊接画面
WIRE +	送丝键	同时按下〈SHIFT〉，手动送进焊丝
WIRE −	抽丝键	同时按下〈SHIFT〉，手动抽回焊丝
COORD	坐标切换键	用来切换手动进给坐标系
−Z (J3)　−Y (J2)　−X (J1)　+Z (J3)　+Y (J2)　+X (J1) −Z (J6)　−Y (J5)　−X (J4)　+Z (J6)　+Y (J5)　+X (J4)	运动键	同时按下〈SHIFT〉，在不同坐标系下可以移动机器人
+%　−%	速度倍率键	用来进行速度倍率的变更
与执行相关的按键		
FWD　BWD	前进和后退键	同时按下〈SHIFT〉，用于程序的启动（正向和逆向运行），执行中松开〈SHIFT〉，程序执行暂停
HOLD	保持键	用来中断程序的执行
STEP	步进键	用于测试运转时的步进运转和连续运转的切换
与编辑相关的按键		
PREV	返回键	用于显示上一级屏幕界面，或返回到前一步的操作界面
ENTER	输入键	用于数值的输入和菜单的选择
BACK SPACE	取消键	用来删除光标位置之前一个字符或数字
↑ ← → ↓	光标键	用来移动光标
ITEM	项目选择键	用于输入行编号后移动光标

4. 示教器窗口界面

FANUC 示教器的窗口界面如图 1-59 所示，主要的组成部分包括：

（1）顶部状态显示区　显示当前执行中的程序名称、当前执行中的行编号，LINE1 代表第一行；当前的运行状态，有结束、暂停、执行三种状态，PAUSED 代表暂停；运行的速度倍率，JOINT30% 代表最高速率的 30%。

（2）程序编辑区域　这里展示主程序编辑区，包括行编号，图中一共有 6 行，由行号“1”～“5”表示，最后一行为第六行，是程序末尾记号【END】所在行。右上角“1/6”表示一共有 6 行，当前行为第 1 行。

（3）底部信息提示和功能菜单区域　底部为输入消息，提醒输入的消息，根据画面和光标的位置进行切换。最下部有功能键菜单，可以配合示教器的 F1 ～ F5 键来选择相应的功能。

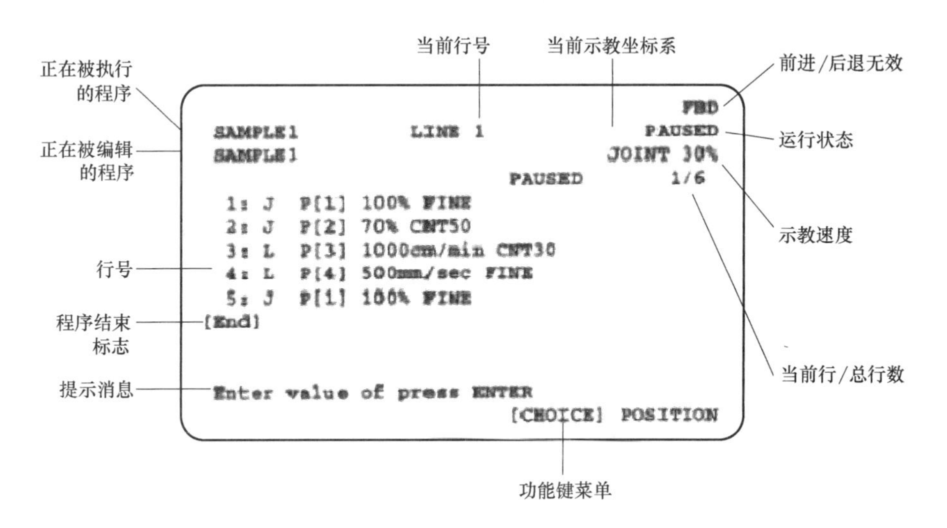

图 1-59　示教器窗口界面示意图

二、打开和关闭机器人系统

1. 打开系统

1）接通电源前，检查工作区域包括机器人、控制器等。检查所有的安全设备是否正常。

2）将控制柜面板上的开关置于 ON。必须保证示教器的开关为 ON，才能正常使用示教器。

2. 关闭系统

1）通过操作面板上的暂停按钮停止机器人。

2）控制柜面板上的开关旋钮置于 OFF。

注意：如果有外部设备诸如打印机、软盘驱动器、视觉系统等和机器人相连，那么在关电前，要首先将这些外部设备关掉，以免损坏。

请扫描码 1-10 观看打开和关闭 FANUC 机器人系统的讲解视频。

码 1-10　打开和关闭 FANUC 机器人系统

三、FANUC 机器人的坐标系

在工业机器人的操作、编程和投入运行时，坐标系具有重要的意义。

在 FANUC 机器人控制系统中主要定义了下列坐标系：

（1）关节坐标系（JOINT） 通过示教器上相应的键转动机器人的各个轴示教。

（2）直角坐标系（XYZ） 沿着笛卡儿坐标系的轴直线移动机器人，分两种坐标系：

1）通用坐标系 (JOG)：机器人默认的坐标系 （FANUC 系统中显示的世界坐标系就是直角坐标系）。

2）用户坐标系 (USER)：用户自定义的坐标系。

（3）工具坐标系（TOOL） 沿着当前工具坐标系直线移动机器人。工具坐标系是匹配在工具方向上的笛卡儿坐标系。

四、手动操纵 FANUC 机器人

手动操纵 FANUC 机器人运动，首先要选择合适的坐标系，然后选择需要运动的运动轴，就可以实现所需要的运动了。

选择坐标系的操作如下：

1）按示教器上的〈COORD〉键进行坐标系的切换选择。

2）每按一下〈COORD〉键，屏幕会按照 JOINT → WORLD → TOOL → USER → JOINT 的顺序进行循环切换，切换到所需要的坐标系，停止按下〈COORD〉键，即选中相应的坐标系。

1. 关节坐标系下的运动

FANUC 机器人在关节坐标系下的运动如图 1-60 所示。可以通过操作示教器在 T1 运行模式下运动各轴，各轴均可以沿着正向和负向运动。

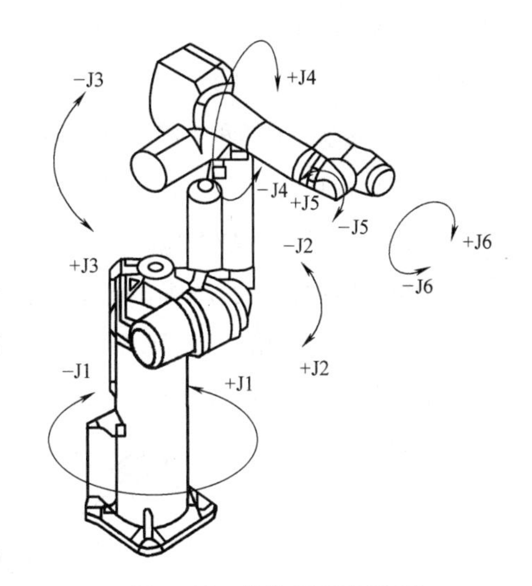

图 1-60 关节坐标系示意图

关节 J1 ~ J6 的运动可以通过按相应的按键实现沿着正向和负向运动，如图 1-61 所示。

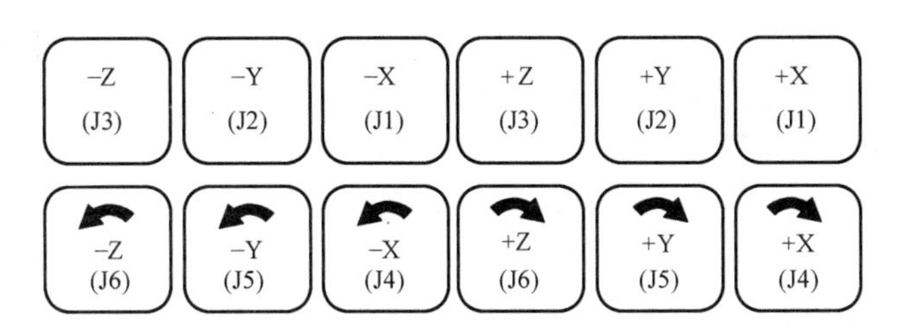

图 1-61 示教器的运动轴操作按键

示教时，注意调整示教速度，按下示教速度倍率键 [+%] [-%]，速度就在 VFINE → FINE → 1% → 5% → 50% → 100% 之间进行循环切换。其中在 VFINE 到 5% 之间，每按一下，改变 1%；在 5% 到 100% 之间，每按一下，改变 5%。

如果采用〈SHIFT〉+ 示教速度倍率键的方式，则只在 VFINE → FINE → 1% → 5% → 50% → 100% 这几个档位间切换，没有更细分的档位。

这两种方式可以根据实际需要，相互穿插使用，以加快操作示教速度。

设置好示教速度后，可以按下安全开关，在按下〈SHIFT〉的同时按住运动轴键，就能移动机器人了。过程中如果松开〈SHIFT〉，运动会立刻停止。FANUC 机器人的这项设计能够有效防止单手误操作，提升安全性。

请扫描码 1-11 观看在关节坐标系下移动 FANUC 机器人的视频。

码 1-11　在关节坐标系下移动 FANUC 机器人

2. **直角坐标系下的运动**

FANUC 机器人在直角坐标系下的运动如图 1-62 所示。可以通过操作示教器在 T1 运行模式下运动各轴，各轴均可以沿着正向和负向运动。

直角坐标系下有两种不同的方式移动机器人：

1）沿坐标系的坐标轴方向平移（直线）：X、Y、Z。

2）环绕着坐标系的坐标轴方向转动（旋转 / 回转）：$\widehat{X}$、$\widehat{Y}$、$\widehat{Z}$。

操作的步骤如同关节坐标系，先选择直角坐标系，然后调整速度，按下安全开关，同时按下〈SHIFT〉和运动轴键，就可以移动机器人了。

请扫描码 1-12 观看在世界（直角）坐标系下移动 FANUC 机器人的视频。

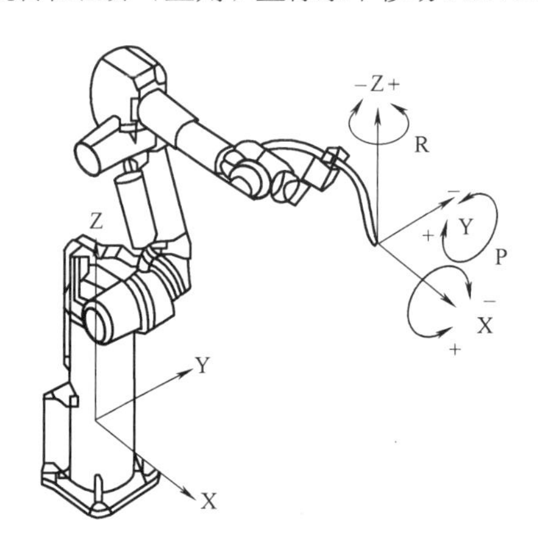

图 1-62　直角坐标系示意图

码 1-12　在世界（直角）坐标系下移动 FANUC 机器人

3. **工具坐标系下的运动**

FANUC 机器人在工具坐标系下的运动如图 1-63 所示。可以通过操作示教器在 T1 运行模式下运动各轴，各轴均可以沿着正向和负向运动。

工具坐标系下有两种不同的方式移动机器人：

1）沿坐标系的坐标轴方向平移（直线）：X、Y、Z。

2）环绕着坐标系的坐标轴方向转动（旋转 / 回转）：$\widehat{X}$、$\widehat{Y}$、$\widehat{Z}$。

操作的步骤如同关节坐标系，先选择工具坐标系，然后调整速度，按下安全开关，同时按下〈SHIFT〉和运动轴键，就可以移动机器人了。

请扫描码 1-13 观看在工具坐标系下移动 FANUC 机器人的视频。

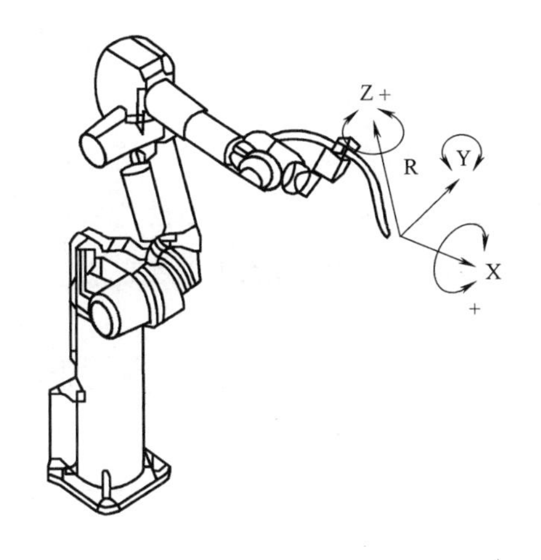

图 1-63　工具坐标系示意图

码 1-13　在工具坐标系下移动 FANUC 机器人

任务实施

一、打开系统

1）接通电源前，检查工作区域包括机器人、控制器等。检查所有的安全设备是否正常。

2）将控制柜面板上的开关置于 ON。

3）选择 T1 示教模式。

二、关节坐标系下的运动

1）默认在关节坐标系下，也可以通过按〈COORD〉键在多个坐标系之间循环切换。

2）先操作 X、Y、Z 实现 TCP 位置的移动，使之到达指定的位置。

3）然后操作绕 X、Y、Z 的旋转，使工具姿态调整到需要的位置。

三、直角坐标系下的运动

1）可以通过按〈COORD〉键切换到直角坐标系下。

2）先操作 X、Y、Z 实现 TCP 位置的移动，使之到达指定的位置。

3）然后操作绕 X、Y、Z 的旋转，使工具姿态调整到需要的位置。

四、工具坐标系下的运动

1）可以通过按〈COORD〉键切换到工具坐标系下。

2）先操作 X、Y、Z 实现 TCP 位置的移动，使之到达指定的位置。

3）然后操作绕 X、Y、Z 的旋转，使工具姿态调整到需要的位置。

五、关闭系统

1）通过操作面板上的暂停按钮停止机器人。

2）将控制柜面板上的开关旋钮置于 OFF。

扩展知识

工业机器人的竞争既是产品竞争更是方案竞争

当今全球机器人市场，中国机器人占有量和年新增量无疑都是NO.1，但面对来势汹汹的跨国巨头，本土企业能够在强大的对手中获得多大的市场份额呢？

新松机器人总裁曲道奎曾接受媒体采访时表示，机器人企业没必要都求大求全，如果无力正面竞争，不妨结合自身的优势，在细分市场突破。而广州海汇投资管理公司投资总监邹小华在接受媒体采访时则进一步建议，单纯销售机器人的模式没有太多竞争力，更有价值的是给客户提供整体的解决方案。

机器人四大家族觊觎中国市场已久，ABB、库卡、发那科以及安川先后将总部、工厂、研发中心入驻中国，实现研发、生产、制造和销售的一体化。在曲道奎看来，四大家族有的是资本实力，完全可以凭低价抢占客源，甚至售价比国产机器人的成本价还低，这样一来，本土企业如何应对？这就需要国内企业在细分市场寻找机会。虽然现在工业机器人应用最广泛的仍然是汽车制造行业，但不可忽视的是，家电、3C等行业对机器人的需求正在不断增加，这给本土企业留下不少空间。

如果企业仅仅是卖机器人，仍然很难脱颖而出，除非能深入行业，提供解决方案。提供整体解决方案，意味着客户需要一次性投入。在这点上，业内有学者提出以租赁模式来减轻中小制造企业的成本压力，换言之，需求方不用买下设备的所有权，像招聘工人一样定期支付使用权费用就行，在订单旺季多租，到了淡季就少租乃至停租。比如长安福特的工厂现在就在使用这种模式。采用这种创新模式，可以减少企业资金的一次性投入压力，赢得更好的资金流动能力，为企业发展开创更好的空间。

另外国内企业也要敞开大门整合资源。从起步到上轨道，高投入的机器人企业少说也得熬上五六个年头，这当中考验着资本实力。2016年，最轰动的新闻莫过于美的收购德国库卡。5月18日，美的集团正式对外宣布已向德国工业机器人制造商库卡公司发出一项收购要约。以每股115欧元收购德国工业机器人库卡，这一出价较后者2016年2月3日收盘价溢价59.6%。美的公司获得库卡30%的股权。对于美的来说，家电行业本身是人力资源密集型企业。未来，随着人力成本的上涨，用机器人代替人工会变得越来越普及。美的现在加码工业机器人领域，也是在为此做战略准备。对库卡来说，与美的集团之间建立起更加密切的联系将有助于提高公司在中国市场上的营收，而这个市场正是其增长战略的基石之一。

收购并不代表专利已经被中国获得。国外企业很早就布局中国的专利市场。建议国内企业在工业机器人产业论证中开展完整的专利分析评议。开展关键技术的专利分析能够提高技术研发起点、优化资源配置、加快研究进程，实现关键技术突破并进行再创新，从而快速提升技术创新能力。

复习思考题

一、填空题

1. FANUC 机器人的常用坐标系是（　　）、（　　）和（　　）。
2. FANUC 机器人的六轴是（　　）、（　　）、（　　）、（　　）、（　　）和（　　）。
3. FANUC 机器人系统由（　　）、（　　）和（　　）组成。
4. 请参照示教器按键图标在表 1-21 中写下相应的名称

表 1-21　FANUC 示教器按键图标及名称

图　标	名称	图　标	名称
F1 ~ F5		WELD ENBL	
NEXT		WIRE –	
MENUS		SHIFT	
FCTN		COORD	
SELECT		−Z (J3) −Y (J2) −X (J1) +Z (J3) +Y (J2) +X (J1) −Z (J6) −Y (J5) −X (J4) +Z (J6) +Y (J5) +X (J4)	
EDIT		+% −%	
DATA		GROUP	
STATUS		FWD BWD	
HOLD		STEP	
POSN		PREV	
DISP		ENTER	

（续）

图　标	名称	图　标	名称
Diag / Help		BACK SPACE	
⇦ ⇧ ⇩ ⇨		ITEM	

二、判断题

1. FANUC 示教器上，〈FWD〉为后退键。（　）
2. FANUC 示教器上，〈BWD〉为前进键。（　）
3. FANUC 示教器上，〈HOLD〉为状态显示键，用于中断程序执行。（　）
4. FANUC 示教器上，〈STEP〉为运行按钮，用于测试运转时的步进运转和连续运转的切换。（　）
5. FANUC 示教器上，〈PREV〉为翻页键，用于使显示返回到之前进行的状态。（　）
6. FANUC 示教器上，〈ENTER〉为输入键，用于数值的输入和菜单的选择。（　）
7. FANUC 示教器上，〈BACKSPACE〉为取消键，用来删除光标位置之前一个字符或数字。（　）
8. FANUC 示教器上，有效 / 无效开关通过扭动旋钮切换示教器在有效和无效状态。（　）
9. FANUC 示教器上，〈DISP〉为状态显示键，单独按下，切换当前操作窗口。同时按下〈SHIFT〉时，分割画面为多个窗口。（　）

三、简答题

1. FANUC 机器人系统由哪几部分组成？
2. FANUC 机器人的运动模式有哪几种？如何设置？
3. FANUC 机器人的坐标系有哪几种？其中常用的坐标系是哪些？
4. 如何手动操作移动 FANUC 机器人？具体的步骤如何？
5. 如何设置移动的速度？
6. 如何实现点动和连续移动机器人？

项目实训

实训项目 1

手动操作机器人，使其 TCP 位置沿着平板表面做直线运动，运动过程中需要保持焊枪姿态。按照图 1-64 中的顺序调整到相应的位置点并做短暂停留。

简要的操作步骤如下：

1）从原点 1 开始，选择合适坐标系和运动轴，将机器人运动到位置点 2，调整焊枪姿态。

2）保持焊枪姿态不变，选择直角坐标系，沿着 Z 轴负方向运动到点 3 处。

3）保持焊枪姿态不变，选择直角坐标系，沿着 X 轴负方向运动到点 4 处。

4）选择工具坐标系，沿着焊枪有效方向回抽运动到点 5 处，并调整焊枪姿态回复到初始位置状态。

5）保持焊枪姿态不变，选择合适的坐标系，运动到原点 6 处。

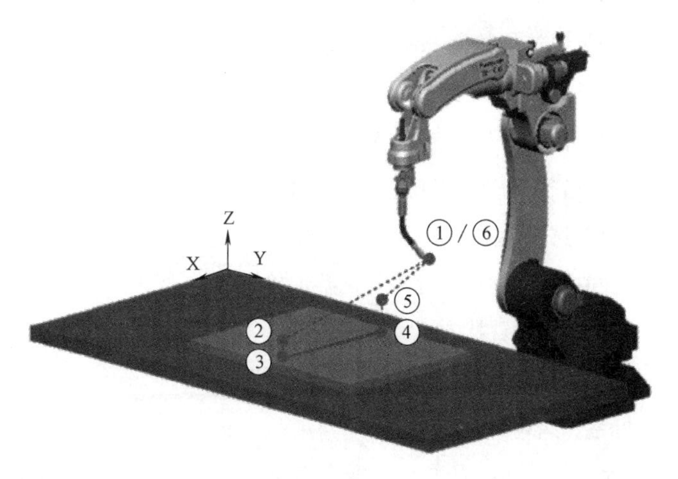

图 1-64　手动操作机器人沿直线轨迹运动

实训项目 2

手动操作机器人，使其 TCP 位置沿着 T 形接头运动，运动过程中需要保持焊枪姿态。

T 形接头如图 1-65 所示，焊枪运动姿态如图 1-66 所示，示教点如图 1-67 所示。

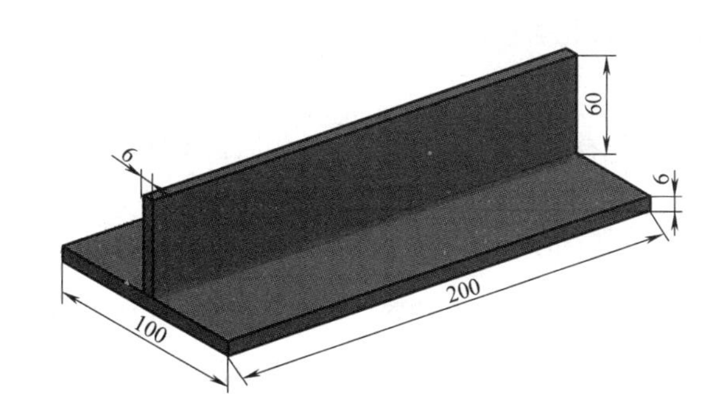

图 1-65　T 形接头示意图

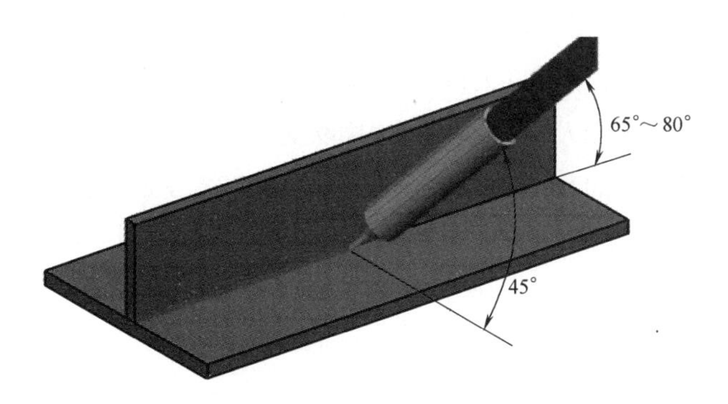

图 1-66　T 形接头焊枪运动姿态示意图

简要的操作步骤如下：

1）从原点 1 开始，选择合适坐标系和运动轴，将机器人运动到位置点 2，调整焊枪姿态。

2）保持焊枪姿态不变，选择直角坐标系，运动到点 3 处。

3）保持焊枪姿态不变，选择直角坐标系，沿着 X 轴负方向运动到点 4 处。

4）选择工具坐标系，沿着焊枪有效方向回抽运动到点 5 处，并调整焊枪姿态回复到初始位置状态。

5）保持焊枪姿态不变，选择合适的坐标系，运动到原点 1 处。

6）从原点 1 开始，选择合适坐标系和运动轴，将机器人运动到点 6 位置，调整焊枪姿态。

图 1-67　手动操作机器人沿直线轨迹运动

7）保持焊枪姿态不变，选择直角坐标系，运动到点 7 处。

8）保持焊枪姿态不变，选择直角坐标系，沿着 X 轴负方向运动到点 8 处。

9）选择工具坐标系，沿着焊枪有效方向回抽运动到点 9 处，并调整焊枪姿态回复到初始位置状态。

10）保持焊枪姿态不变，选择合适的坐标系，运动到原点 1 处。

项目小结

通过本项目的学习，读者对工业机器人的发展历史、工业机器人的分类、工业机器人的机械结构、机器人的安全操作规程都有了深入的了解，同时对 ABB、KUKA 和 FANUC 三大品牌机器人的系统组成和功能、坐标系和运动轴有了深入的理解，熟知了安全操作规程；能够正确地打开和关闭机器人系统，能够正确地使用示教器手动操作机器人，根据实际需要合理地选择坐标系和运动轴，实现定点和连续移动机器人，能够移动机器人到达指定的位置点并调整好焊枪姿态。

细心的读者可能已经发现，虽然各大机器人厂商生产的机器人软、硬件系统各有特点，彼此之间也不易兼容，但是工业机器人的原理是相通的。无论是机器人的组成、坐标系、运动轴，本质是相同的，差别体现在具体的名称和操作细节上。因此，读者在分别学习各品牌机器人之后，还需要总结不同之处，注意应用上的细节，同时更要掌握最基本的原理，以不变应万变。

项目二
机器人焊接直线轨迹焊缝

项目概述

任何复杂的焊接轨迹都可拆分为直线和圆弧两种基本的轨迹形式，采用机器人焊接就是要将这些焊接轨迹分解成直线轨迹和圆弧轨迹的组合。焊接中最典型的板板对接接头焊接就是应用直线轨迹进行焊接。

一般来讲，焊接机器人具有关节、直线、圆弧等典型的动作功能，学习这些基本的运动方式是进行焊接示教的基础。

在此基础上，运用 ABB、KUKA 和 FANUC 机器人进行在线示教，实现板板对接接头的机器人自动焊作业，并完成直线轨迹焊缝的程序修改和编辑，旨在加深读者对机器人直线轨迹运动示教的理解，使读者熟悉机器人示教编程的内容和流程。

学习目标

1）掌握机器人示教和再现的原理，以及直线轨迹示教的原理和基本要领。

2）掌握机器人运动轨迹跟踪的原理、焊接开始和结束设定方法。

3）掌握机器人直线摆动示教的基本要领。

4）掌握程序编辑的基本内容。

5）能够使用示教器熟练进行复制、删除、粘贴、添加示教点、删除示教点、修改示教点位置等操作，能够使用示教器完成参数修改。

6）能够完成板板对接接头焊接示教和程序编辑。

7）能够评价焊接接头质量，并改进工艺。

8）能够收集和筛选信息。

9）能够团队协作、合作学习。

10）具备工作责任心和认真、严谨的工作作风。

任务1　ABB机器人焊接板板对接接头

任务解析

通过查阅有关ABB机器人直线轨迹运动和焊接示教、摆动焊接、程序编辑等相关资料，了解ABB机器人直线示教原理和要领等知识，了解程序编辑的种类和内容。然后手动操作ABB机器人完成板板对接接头焊接示教和程序编辑，并分析焊缝质量、改进工艺参数。

必备知识

一、机器人示教再现原理和主要内容

绝大多数工业机器人属于示教再现方式的机器人。“示教”就是机器人学习的过程，在这个过程中，操作人员要手把手教机器人做某些动作，机器人的控制系统会以程序的形式将其记忆下来。机器人按照示教时记录下来的程序展现这些动作，就是“再现”过程。示教再现机器人的工作原理如图2-1所示。

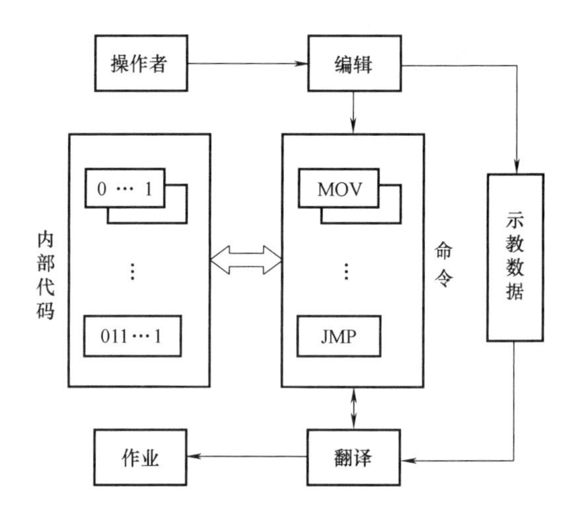

图2-1　示教再现机器人的工作原理

示教时，操作人员通过示教器编写运动指令，也就是工作程序，然后由计算机查找相应的功能代码并存入某个指定的示教数据区，这个过程称为示教编程。

再现时，机器人的计算机控制系统自动逐条取出示教指令及其他有关数据，进行解读、计算。做出判断后，将信号送给机器人相应的关节伺服驱动器或端口，使机器人再现示教时的动作。

示教是规定机器人应该完成的动作和作业的具体内容。这些赋予机器人的各种信息包括运动轨迹、作业条件和作业顺序三部分。因此，操作者要实现对机器人的示教，只需完成机器人运动轨迹、作业条件和作业顺序的示教。

（1）运动轨迹　机器人运动轨迹的示教是为了完成某一作业，机器人TCP（工具中心点，未装工具时为手腕末端法兰盘的中心点；安装工具后为焊钳开口的中心点或焊枪的枪尖）所要运动的轨迹，是机器人示教的重点。从运动方式上看，有点到点（PTP）和连续路径（CP）两种方式。

示教时，只需示教主要特征点，路径的插补就交给控制系统去进行计算，最终生成符合要求的路径。不可能将作业运动轨迹上所有的点都示教一遍，否则既费时又占用大量存储空间。

机器人运动轨迹的示教主要是确认程序点的属性，包括位置坐标、插补方式、速度等。

1）位置坐标。描述机器人 TCP 的 6 个自由度，包括 3 个平动自由度和 3 个转动自由度，也可以简单理解为 TCP 在空间坐标系中的 X、Y、Z 坐标值和工具在空间的姿态所对应的 3 个角度值。

2）插补方式。机器人从前一示教点移动到当前示教点的动作类型。

工业机器人作业示教常用的 3 种插补方式分别是关节插补（也可以称为点插补）、直线插补和圆弧插补。

3）速度。机器人从前一示教点移动到当前示教点的速度。

（2）作业条件　为了获得好的焊接质量，在机器人再现之前，必须合理配置作业的工艺条件，比如焊接电流、焊接电压、焊接速度和保护气体流量等。

工业机器人作业条件的输入方法，有以下几种形式：

1）使用作业条件文件。作业条件文件就是预先已经设置好作业条件的文件。调用这些文件，可以使作业指令的应用更为简便。每种文件的调用以编号形式存在。

2）在作业指令的附加项中直接设定。机器人程序语言一般是由行标号、指令及附加项几部分组成，根据不同品牌机器人指令的组成形式，修改相应位置的作业条件数据，然后确认就可以实现作业条件的设置。

（3）作业顺序　合理的作业顺序可以保证产品质量并有效提高效率。作业顺序涉及以下两个方面：

1）作业对象的工艺顺序。这部分内容已经融入机器人运动轨迹的规划里面。

2）机器人与外围周边设备的动作顺序。在复杂机器人系统中，除机器人本体外，还需要一些周边设备，比如变位机、滑台等。机器人工作过程中，还需要与周边设备的协调配合，因此涉及到两者的动作顺序设置。

二、机器人示教的基本流程

进行完整的焊接作业示教，需要按照以下步骤进行。

（1）示教前的准备　包括以下几个方面：

1）工件表面清理。使用钢丝刷、砂纸等工具将钢板表面的铁锈、油污等杂质清理干净。

2）工件装夹。利用夹具将钢板固定在机器人工作台上。

3）安全确认。确认操作者和机器人之间保持安全距离。

4）机器人原点确认。通过机械臂各关节处的标记或调用原点程序复位机器人。

（2）新建作业程序　作业程序是用来存储输入的示教数据和机器人指令的。

（3）示教点的登录　将机器人运动到示教点位置并调整好姿态，采用命令语句将该示教点登录到程序中。

（4）设定作业条件　包括运动的作业条件和焊接的作业条件的输入。

三、ABB 机器人新建和加载程序

在操作机器人完成作业之前，首先需要在一个特定程序下进行操作。作为初学者，首先要学习如何新建、加载程序的方法。

新建与加载一个程序的步骤如下：

1）在主菜单下选择程序编辑器。

2）选择任务与程序。

3）若创建新程序，按新建，然后打开软件盘对程序进行命名；若编辑已有的程序，则选择加载程序，显示文件搜索工具。

4）在搜索结果中选择需要的程序，并确认，程序被加载，如图 2-2 所示。为了给新程序腾出空间，可以删除先前加载的程序。

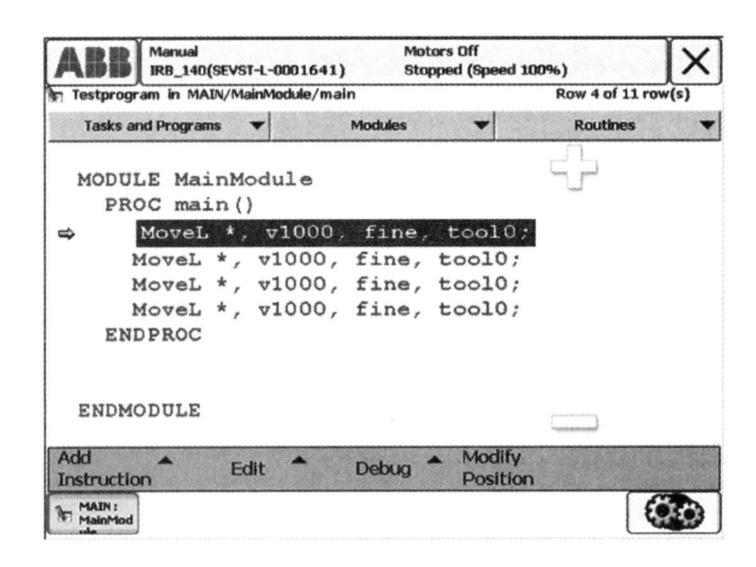

图 2-2 程序加载界面示意图

四、ABB 机器人的直线轨迹运动示教

ABB 机器人常用的运动指令有 MoveL（直线运动）、MoveJ（关节运动）和 MoveC（圆周运动）。

1. 直线轨迹示教的基本原理

机器人完成直线焊缝的焊接仅需示教两个特征点（直线的两端点），可以通过“两点确定一条直线”的简单原理来理解为什么直线轨迹示教只需要两个特征点。

2. ABB 机器人直线轨迹示教

ABB 机器人直线运动指令写作“MoveL”（Move 代表移动，L 是英文“Linear”的首写字母）。使用直线运动指令 MoveL 时，只需要示教确定运动路径的起点和终点即可。典型的直线运动程序如下：

MoveL p1，v100，z10，tool1；（直线运动起始点程序语句，p1 代表起点）

1）p1。目标位置。可以自动记录位置点数据，也可以手动输入数据。

2）v100。机器人运行速度。

3）z10。转弯区尺寸。

4）tool1。工具坐标。

v100 和 z10 这两个参数可以进行修改，方法是将光标移到数据处，按〈Enter〉键，进入窗口，选择所需参数；其中 z10 还可以进行自定义。

可扫描码 2-1 观看转弯区尺寸模拟动画。

码 2-1 转弯区尺寸模拟

如果采用示教的方法难以确保机器人的运动路径精确，那么可以采用 Offs 函数精确确定机器人的运动路径。机器人的运动路径如图 2-3 所示，机器人从起始点 P_1，经过 P_2、P_3、P_4 点，回到起始点 P_1。

为了精确确定 P_1、P_2、P_3、P_4 点，可以采用 Offs 函数，通过确定参变量的方法进行点的精确定位。Offs（p1，x，y，z）代表一个离 P_1 点 X 轴偏差量为 x，Y 轴偏差量为 y，Z 轴偏差量为 z 的点。将光标移至目标点，按〈Enter〉键，选择 Func，采用切换键选择所用函数，并输入数值。

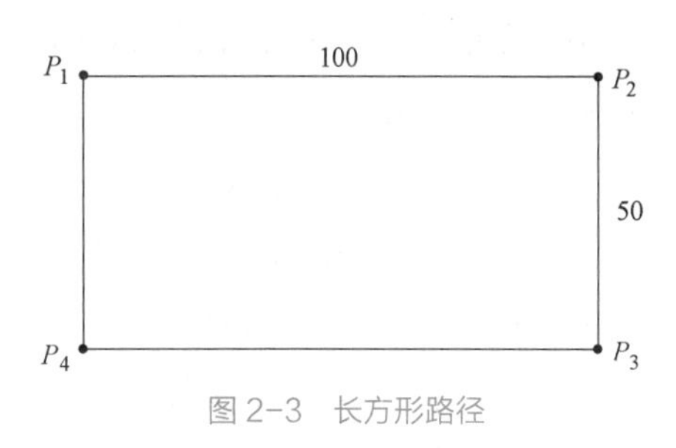

图 2-3 长方形路径

例如，P_3 点程序为

MoveL Offs(p1，100，50，0)，v100，fine，tool1；

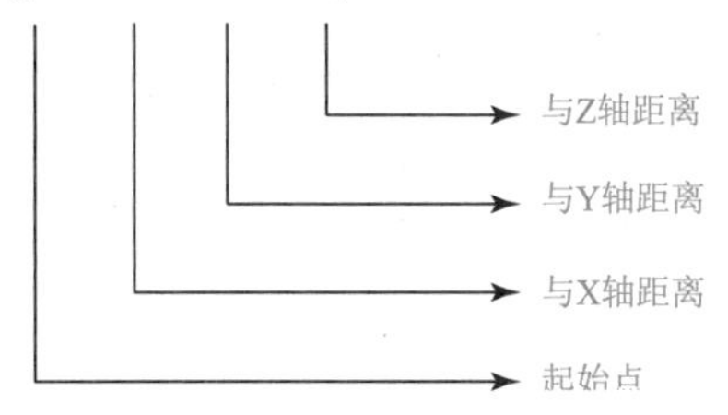

机器人沿长方形路径运动的程序如下：

MoveL Offsp1，v100，fine，tool1；

MoveL Offs(p1，100，0，0)，v100，fine，tool1；

MoveL Offs(p1，100，50，0)，v100，fine，tool1；

MoveL Offs(p1，0，50，0)，v100，fine，tool1 ；

MoveL Offsp1，v100，fine，tool1 ；

可扫描码 2-2 观看 Offs 函数讲解视频。

码 2-2 Offs 函数讲解

五、ABB 机器人直线轨迹焊接示教

不同品牌机器人对应的焊接示教指令不同，ABB 采用的是专门的焊接指令，与移动指令不同，而 FANUC 采用的焊接指令则是在原有移动指令基础上附加焊接开始、焊接中和焊接结束的相应指令，并配置相应参数。

弧焊指令的基本功能与普通“Move”指令一样，可实现运动及定位。不同的是，弧焊指令还包括 3 个焊接参数：seam，weld 和 weave。

（1）线性焊接指令 直线弧焊指令，类似于 MoveL，包含如下 3 个选项：

1）ArcLStart：开始焊接。

2）ArcLEnd：焊接结束。

3）ArcL：焊接中间点。

典型的线性焊接路径如图 2-4 所示。

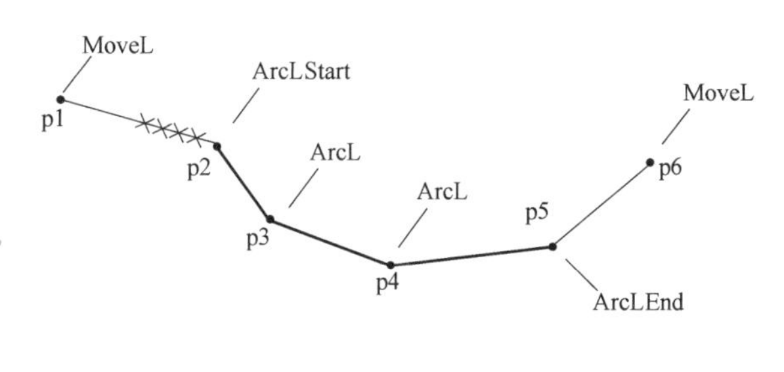

图 2-4　线性焊接路径

对应图 2-4 的程序如下：

```
MoveL p1, v100, fine, tool1;
ArcLStart p2, v100, seam1, weld5/weave:=weave1, fine, tool1;
ArcL p3, v100, seam1, weld5/weave:=weave1, fine, tool1;
ArcL p4, v100, seam1, weld5/weave:=weave1, fine, tool1;
ArcLEnd p5, v100, seam1, weld5/weave:=weave1, fine, tool1;
MoveL p6, v100, fine, tool1;
```

由于焊接过程中涉及到多段不同的直线轨迹，所以上面这段程序使用了 ArcL 语句，在维持焊接的前提下，改变焊接的路径。

可以通过扫描码2-3观看 ABB 机器人直线焊接指令综合运用视频。

码 2-3　ABB 机器人直线焊接指令综合运用

（2）seam1（弧焊参数，Seamdata）　弧焊参数的一种，定义起弧和收弧时的相关参数，seam1 中的参数及其含义如下：

Purge_time：保护气管路的欲充气时间。

Preflow_time：保护气的预吹气时间。

Bback_time：收弧时焊丝的回烧量。

Postflow_time：收弧后保护气体的吹气时间（为防止焊缝氧化）。

（3）weld1（弧焊参数，Welddata）　弧焊参数的一种，定义焊接参数，weld1 中的参数及其含义如下：

Weld_speed：焊接速度，单位是 mm/s。

Weld_voltage：焊接电压，单位是 V。

Weld_wirefeed：焊接时送丝系统的送丝速度，单位是 m/min。

（4）weave1　弧焊参数的一种，定义摆动参数，weave1 中的参数及其含义如下：

1）Weave_shape（焊枪摆动类型），有 0 ~ 3 一共四种。

0——无摆动。

1——平面锯齿形摆动。

2——空间 V 字形摆动。

3——空间三角形摆动。

例如，平面锯齿形摆动如图 2-5 所示。

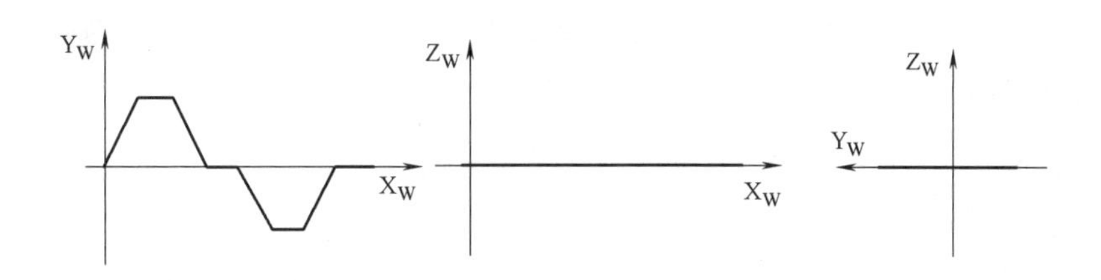

图 2-5　平面锯齿形摆动示意图

2）Weave_type（机器人摆动形式），有 0 和 1 两种。

0——机器人所有的轴均参与摆动。

1——仅手腕参与摆动，即 5/6 轴参与摆动。

3）Weave_length，摆动一个周期的长度，也就是一个周期前进的距离。

4）Weave_width，摆动一个周期的宽度。

5）Weavc_height，空间摆动一个周期的高度。

可通过扫描码 2-4、码 2-5 观看几种摆动的模拟动画。

码 2-4　平面锯齿形摆动（正弦摆动）

六、程序编辑

1. 示教点的编辑

焊接机器人程序的示教一般不能一步到位，需要不断调试和完善。因此经常会遇到示教点的编辑操作，常见的有示教点的追加、变更和删除。

码 2-5　V 字形摆动

（1）示教点的追加　在原有的示教点 1 和点 2 之间添加一个新的示教点，之后的运行路径就改为示教点 1—新加点—示教点 2。追加示教点可以采用新插入的方式，或者采用复制粘贴方式。将原有的一个示教点程序粘贴过来，这在追加的点的位置和原有位置相同的情况下最方便；如果追加点和原有程序点位置不同，粘贴后还需修改位置。这样比较一下，还是直接追加更方便。示教点追加前后路径对比如图 2-6 所示。

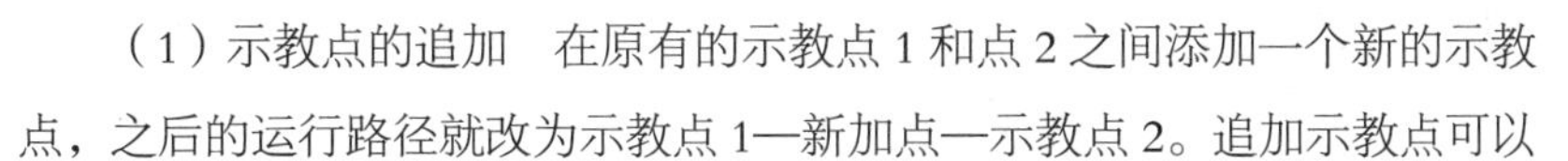

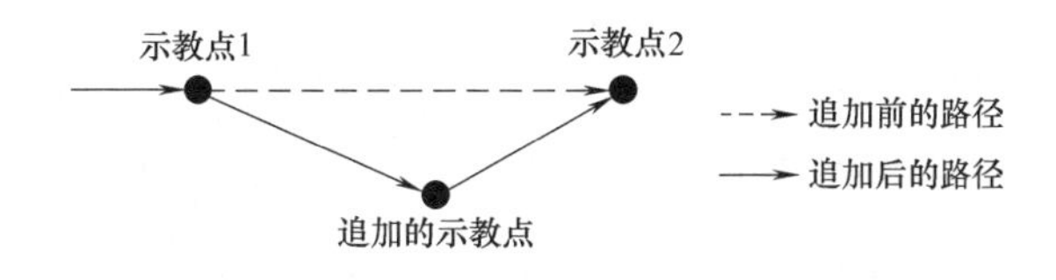

图 2-6　示教点追加示意图

（2）示教点的位置变更　位置变更不涉及追加或者删除某一示教点，而是在保留该点的前提下，修改一下位置。通常采用的是将机器人移动到变更后的位置，然后重新更新原有示教点的位置信息。运行时，仍然按照之前的顺序，只不过变更后的路径有所改变。示教点变更前后路径对比如图 2-7 所示。

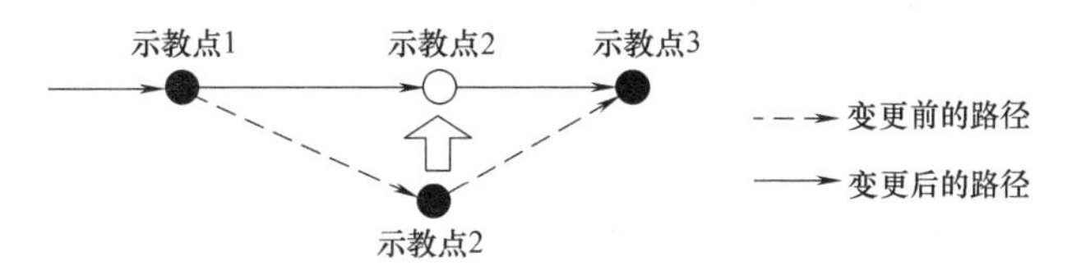

图 2-7　示教点变更示意图

（3）示教点的删除　即将原有的示教点删除，如删除示教点 2 之后，路径为从示教点 1 到示教点 3。示教点删除前后路径对比如图 2-8 所示。

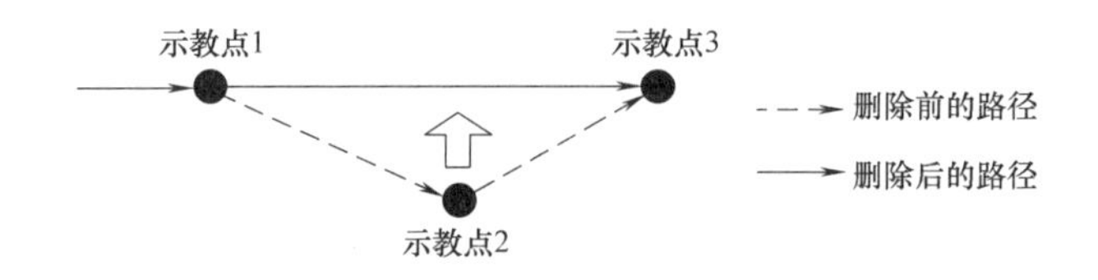

图 2-8　示教点的删除示意图

2. 文件编辑功能

ABB 提供了便利的文件编辑功能，包括复制、粘贴、剪切等。

剪切是指将选中的若干命令行从程序文件中删除，将其移动到剪贴板上的操作。复制是指将选择的内容复制到剪贴板上的操作。粘贴是指将剪切或复制到剪贴板上的内容粘贴到其他位置的操作。

3. 参数修改

即对原有程序行的参数进行修改，比如修改焊接速度、到达方式、焊接电流、焊接电压等。程序界面中有一部分参数可以通过光标选择该参数后进入到参数修改界面进行修改，有一些需要在其他窗口中修改参数的设置文件。

ABB 机器人的参数修改，只需要将光标移动到需要修改的参数上，然后确认，进入设定界面进行设定就可以了。

七、跟踪和再现

在完成机器人动作程序和作业条件输入后，需要试运行测试一下程序，以便检查各个示教点及参数设置是否有不妥的地方，这就是跟踪。它的主要目的是确认示教生成的动作以及末端工具指向位置是否已记录到程序中。跟踪过程中若发现了问题，可以及时修改，以免影响再现作业效果。

可以采用单步和连续两种方式跟踪。通过操作程序执行功能键可实现两种不同方式的跟踪。程序功能键如图 2-9 所示。单步和连续的跟踪操作如下：

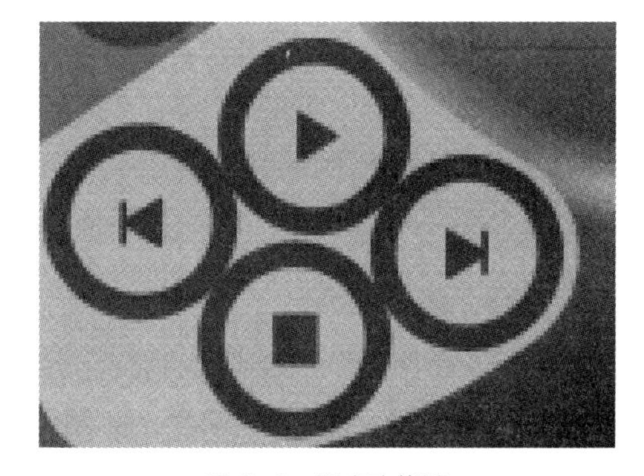

图 2-9　程序功能键

（1）单步运行　程序功能键分为上、下、左、右四个按键，其中左 、 右两个按键分别为反向运行和正向运行按键。按下按键，程序就单步运行。

（2）连续运行　按下程序功能键中的上键，可以连续运行程序。

按下下键（暂停键）可以暂停运行，再次按下上键可以再次运行。

程序再现可以理解为执行程序，可以采用主程序调用方式执行已经编辑好的程序。

任务实施

1. 焊前准备

材料：Q235，试件尺寸：300mm×100mm×12mm，2块，对接V形坡口，坡口尺寸如图2-10所示。

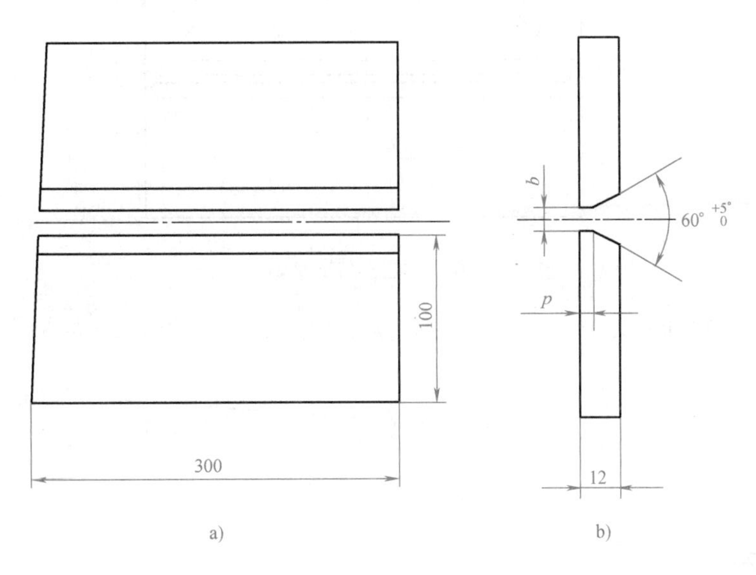

图2-10　对接试件及坡口尺寸

2. 技术要求

1）水平位单面焊双面成形。

2）根部间隙 b=3～4mm，钝边 p=1～1.5mm，坡口角度为60°。

3）焊后角变形量≤3°。

4）焊缝表面平整、无缺陷。

5）三层三道，直线摆动，单面焊双面成形。焊道分布示意图如图2-11所示。

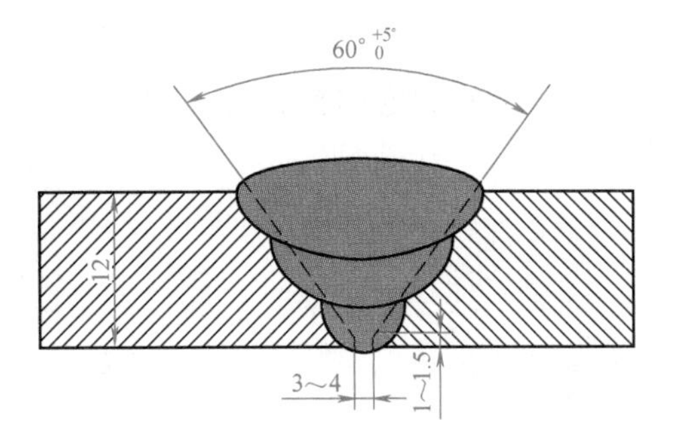

图2-11　焊道分布示意图

3. 试件点固

1）装配间隙。起始间隙约为2mm，收尾间隙控制约为3.2mm，错边量≤0.5mm。

2）装配定位。定位焊焊接位置在试件两端20mm范围内，在试件坡口内定位焊。V形坡口对接平焊装配如图2-12所示。

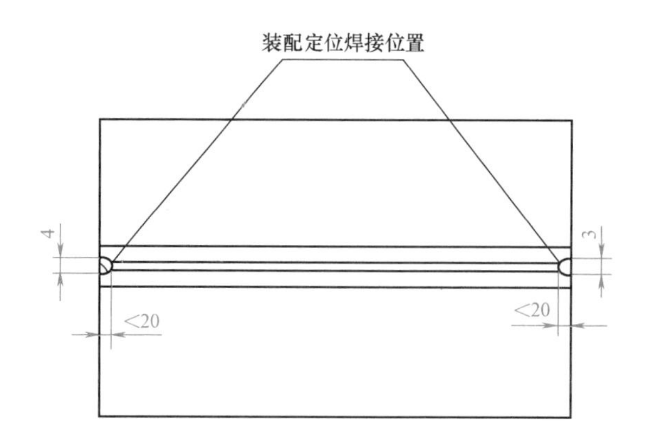

图 2–12　V 形坡口对接平焊装配示意图

定位焊焊点的长度约为 15 ~ 20mm，定位焊后预置反变形夹角为 3°，如图 2–13 所示。

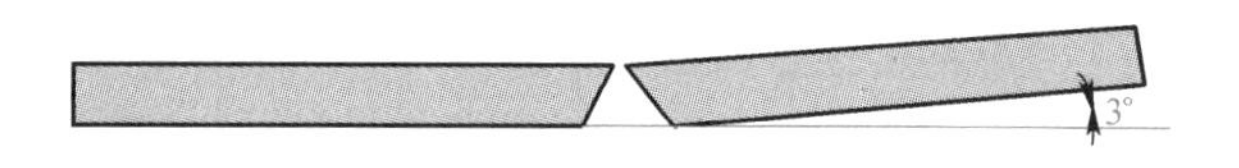

图 2–13　预置反变形夹角

4. 焊接参数

焊接参数参见表 2–1。

表 2–1　焊接参数

焊道层次	焊接电流/A	焊接电压/V	气体流量/（L/min）	焊接速度/（mm/min）	坡口两侧停留时间/s	摆动频率/Hz
打底层	80 ~ 120	17 ~ 20	12 ~ 15	200 ~ 300	0.3 ~ 0.4	0.5 ~ 0.7
填充层	120 ~ 150	19 ~ 22	12 ~ 15	200 ~ 350	0.1 ~ 0.2	0.6 ~ 0.8
盖面层	120 ~ 140	19 ~ 23	12 ~ 15	200 ~ 350	0.2 ~ 0.3	0.6 ~ 0.8

5. 操作要点及注意事项

采用左向焊法，焊接层次为三层三道，焊枪角度如图 2–14 所示。摆动焊接示意图如图 2–15 所示。

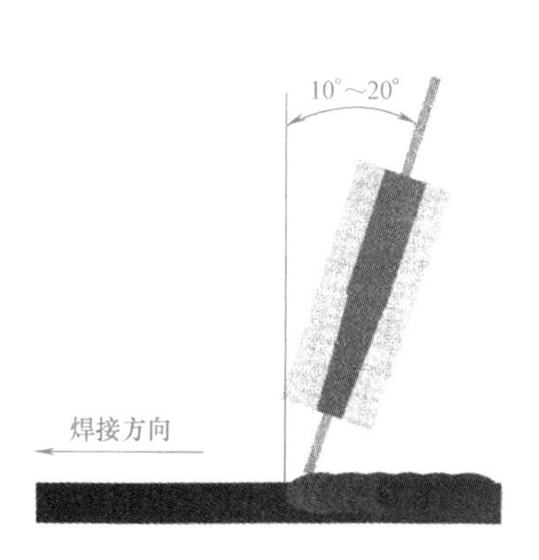

图 2–14　焊枪角度

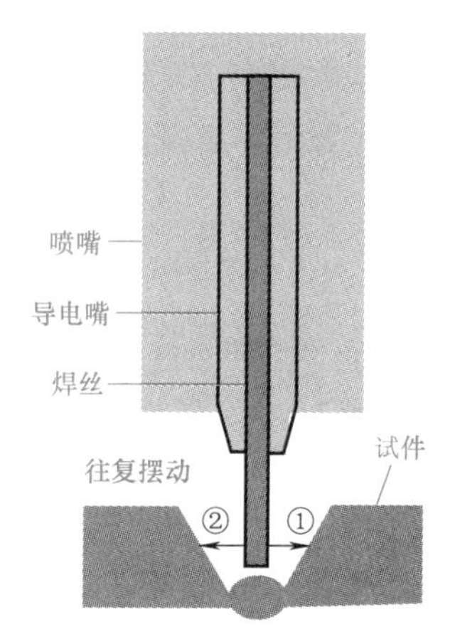

图 2–15　摆动焊接示意图

6. 示教编程

（1）打底层

1）起弧。将试件始焊端放于右侧，然后开始引弧及打底焊接。

2）采用锯齿形摆动方式。注意控制摆动幅度和焊接速度，获得宽窄和高低均匀的背面，并防止烧穿。

3）控制电弧在坡口两侧的停留时间，打底层为 0.3 ~ 0.4s，填充层为 0.1 ~ 0.2s，盖面层为 0.2 ~ 0.3s，以保证坡口两侧熔合良好。

（2）填充层　调试填充层焊接参数，焊枪的摆动幅度大于打底层焊缝宽度。注意熔池两侧熔合情况，保证焊道表面平整并稍下凹；填充层高度应低于母材表面 1.5 ~ 2.0mm。焊接时不允许熔化坡口棱边。

（3）盖面层　盖面层焊接时注意保持喷嘴高度，焊接熔池边缘应超过坡口棱边 0.5 ~ 2.5mm，并防止咬边。

焊枪横向摆动幅度应比填充层焊接时还要大，尽量保持焊接速度均匀。

收弧时要填满弧坑，等熔池凝固后方能移开焊枪，以免产生弧坑裂纹和气孔。

7. 焊接质量要求

进行外观检查，要求如下：

1）焊缝边缘直线度公差≤ 2mm；焊道宽度比坡口每侧增宽 0.5 ~ 2.5mm，宽度差≤ 3mm。

2）焊缝与母材圆滑过渡；焊缝余高为 0 ~ 3mm，余高差≤ 2mm；背面凹坑≤ 2mm，总长度不得超过焊缝长度的 10%。

3）焊缝表面不得有裂纹、未熔合、夹渣、焊瘤等缺陷。

4）焊缝边缘咬边深度≤ 0.5mm，焊缝两侧咬边总长度不得超过焊缝长度的 10%。

5）焊件表面非焊道上不应有起弧痕迹，试件角变形量 < 3°，错边量≤ 1.2mm。

【扩展知识】

焊接机器人的最新应用技术

焊接机器人应用技术是机器人技术、焊接技术和系统工程技术的融合。焊接机器人能否在实际生产中得到应用，发挥其优越的特性，取决于人们对上述技术的融合程度。经过几十年的努力，焊接机器人应用技术发展迅猛，特别是在高质高效焊接生产方面。

1. 伺服焊钳技术

点焊机器人焊钳按电极臂加压驱动方式可分为气动驱动和伺服驱动两种类型，如图 2-16 和图 2-17 所示。

气动焊钳目前被点焊机器人普遍采用，主要利用气缸来加压，一般具有两个行程，能够使电极完成点焊和辅助两个开口，电极压力一旦调定后是不能随意变化的。伺服焊钳则采用伺服电动机替代压缩空气作为动力源，完成焊钳的张开和闭合，因此其张开度可以根据实际需要任意选定并预置，而且电极间的压紧力也可实现无级调节。伺服焊钳具有以下优点：

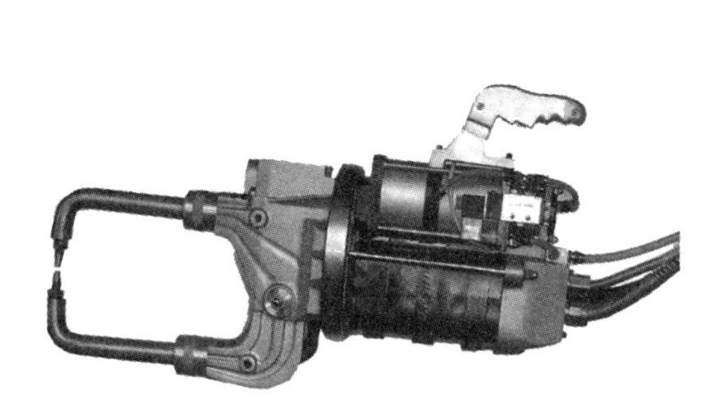

图 2-16　气动焊钳

图 2-17　伺服焊钳

1）可提高工件的表面质量。伺服焊钳由于采用伺服电动机驱动，其电极的动作速度在接触到工件前，可由高速准确调整到低速。这样就可实现电极与工件的软接触，减轻由电极冲击所造成的压痕，进而也减轻了后续工件表面的修磨处理量，提高了工件的表面质量。

2）可提高生产率。伺服焊钳的加压、开放动作由机器人自动控制，每个焊点的焊接周期可大幅度降低。机器人在点与点之间的移动过程中，焊钳就开始闭合，在焊完一点后，焊钳一边张开，机器人一边位移，不必等机器人到位后焊钳才闭合或焊钳完全张开后机器人再移动。与气动焊钳相比，伺服焊钳的动作路径可以控制到最短，缩短生产节拍，在最短的焊接循环时间内建立一致的电极间压力。由于在焊接循环中省去了预压时间，因此比气动加压快了数倍，提高了生产率。

3）可改善工作环境。焊钳闭合加压时，不仅压力大小可以调节，而且在闭合时两电极是轻轻闭合，电极与工件是软接触，对工件无冲击，减少了撞击变形，平稳接触工件无噪声，更不会出现在使用气动加压焊钳时的排气噪声。因此，操作时清洁、安静，改善了操作环境。

综上所述，点焊机器人伺服焊钳具有其他焊钳无法比拟的优势，是未来发展的趋势。

2. 双丝焊接技术

双丝焊接技术是近年发展起来的一种高速高效焊接方法，采用此法焊接薄板时可显著提高焊接速度，焊接速度达到 3 ~ 6m/min，焊接厚板时可提高熔敷效率。除了高速高效外，双丝焊接还有以下工艺特点：在熔敷效率增加时可保持较低的热输入，热影响区小，焊接变形小，焊接气孔率低。由于焊接速度非常高，特别适合采用机器人焊接，因此可以说机器人的应用也推动了这一先进焊接技术的发展。目前双丝焊接主要有两种方法：一种是 Twin Arc 法，另一种是 Tandem 法，如图 2-18 所示。这两种方法所采用的焊接设备的基本组成类似，都是由两个焊接电源、两个送丝机和一个共用的送双丝的电缆组成。Twin Arc 法的主要生产厂家有德国 SKS，Benzel 和 Nimark 公司，以及美国 Miller 公司。Tandem 法的主要生产厂家有德国 CLOSS 公司、奥地利 Fronius 公司和美国 Lincoln 公司。图 2-19 所示为奥地利 Fronius 公司生产的机器人冷金属过渡双丝焊接系统。

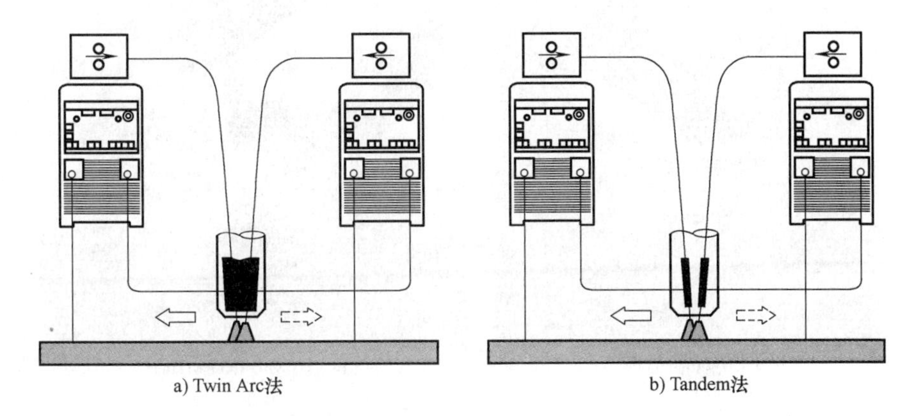

图 2-18　双丝焊接的基本方法

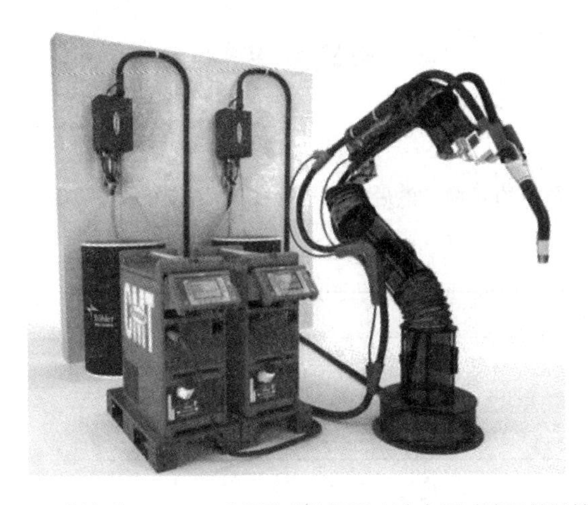

图 2-19　奥地利 Fronius 公司生产的机器人冷金属过渡双丝焊接系统

3. 激光 / 电弧复合热源焊接技术

激光 / 电弧复合热源焊接技术是激光焊接与气体保护焊的联合作用，即两种焊接热源同时作用于一个焊接熔池，如图 2-20 所示。该技术的研究最早出现在 20 世纪 70 年代末，但由于激光器的价格昂贵，限制了其在工业中的应用。随着激光器和弧焊设备性能的提高，以及激光器价格的不断降低，同时为了满足生产的迫切需求，激光 / 电弧复合热源焊接技术近年来成为焊接领域最重要的研究课题之一。激光 / 电弧复合热源焊接技术有多种形式的组合，如激光 /TIG、激光 /MIG、激光 /MAG 等。这种技术之所以受到青睐，是由于其兼具各热源之长而补各自之短，具有 1+1>2 或更多的“协同效应”。与激光焊接相比，对装配间隙的要求降低，因而降低了焊前工件的制备成本；另外，由于有填充焊丝，消除了激光焊接存在的固有缺陷，使焊缝组织更加致密。与电弧焊相比，提高了电弧的稳定性和功率密度，提高了焊接速度和焊缝熔深，热影响区变小，减小了工件的变形，消除了起弧时的熔化不良缺陷。

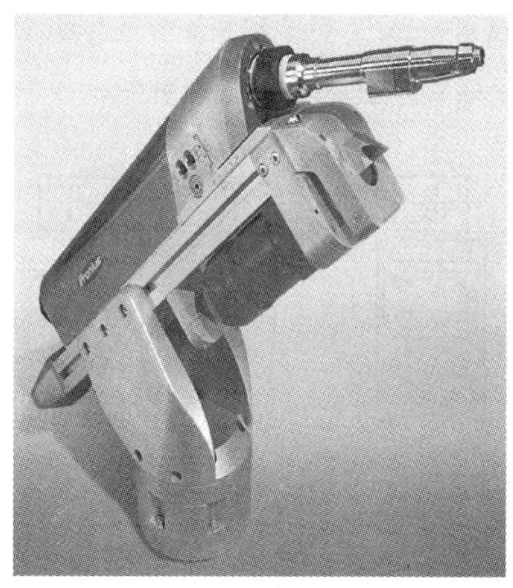
Laser Hybrid复合焊

Laser Hybrid+Tandem复合焊

图 2-20　激光 / 电弧复合热源焊接枪头

复习思考题

一、填空题

1. 先在表 2-2 中填写图标的名称，然后根据后面的应用，在括号里填写相应操作的序号。

表 2-2　图标名称表

序号	图　标	名称
1		
2		
3		
4		
5		
6		

（1）打开系统，需要操作（　　）。

（2）新建和加载程序时，需要先打开系统菜单，然后选择（　　），选择任务与程序。若创建新程序，按新建，然后打开软件盘对程序进行命名；若编辑已有的程序，则选择加载程序，显示文件搜索工具。

（3）采用手动操作示教器移动机器人时，可以使用（　　）进行对象、坐标系和运动轴的选取。

2. ABB 机器人的直线运动指令是（　　）。

3. ABB 机器人的关节运动指令是（　　）。

4. ABB 机器人的圆弧运动指令是（　　）。

二、选择题

1. ABB 机器人的直线焊接开始指令是（　　）。

A. ArcLStart　　B. ArcCStart　　C. ArcL　　D. ArcLEnd

2. ABB 机器人的直线焊接结束指令是（　　）。

A. ArcLStart　　B. ArcCStart　　C. ArcL　　D. ArcLEnd

3. ABB 机器人的直线焊接中间点指令是（　　）。

A. ArcLStart　　B. ArcCStart　　C. ArcL　　D. ArcLEnd

4. 在已有的程序路径中，新添加一个目标点，称为（　　）。

A. 追加　　B. 变更　　C. 删除　　D. 编辑

5. 在已有的程序路径中，去除一个目标点，称为（　　）。

A. 追加　　B. 变更　　C. 删除　　D. 编辑

6. 在已有的程序路径中，不增加也不去除目标点，只是改变目标点的位置，称为（　　）。

A. 追加　　B. 变更　　C. 删除　　D. 编辑

三、简答题

1. 新建和加载程序的步骤是怎样的？

2. 直线轨迹运动指令和直线轨迹焊接指令是一样的吗？具体区别体现在哪里？

任务 2　KUKA 机器人焊接板板对接接头

任务解析

通过查阅有关 KUKA 机器人直线轨迹运动和焊接示教、摆动焊接、程序编辑等相关资料，了解 KUKA 机器人直线示教原理和要领等知识，了解程序编辑的种类和内容。然后手动操作 KUKA 机器人完成板板对接接头焊接示教和程序编辑，并分析焊缝质量、改进工艺参数。

必备知识

一、KUKA 机器人的程序新建和加载

在操作机器人完成作业之前，首先需要在一个特定程序下进行操作，所以作为初学者，首先要学习如何新建、加载和删除程序的方法。

编程模块应始终保存在文件夹“Program”（程序）中。也可建立新的文件夹并将程序模块存放在其中，如图 2-21 所示。文件用字母“M”标示。 一个模块中可以加入注释。此类注释中可

含有程序的简短功能说明。

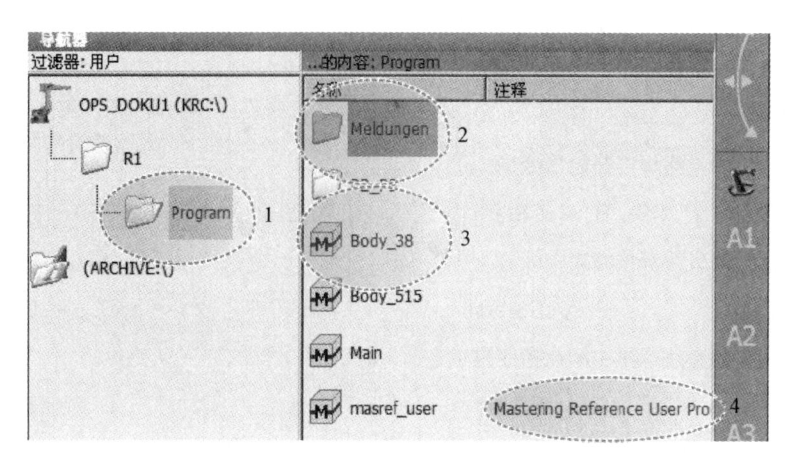

图 2-21　导航器中的界面

1—程序的主文件夹：“程序”　2—其他程序的子文件夹

3—程序模块 / 模块　4—程序模块的注释

1. 新建程序模块

1）在目录结构中选定要在其中建立程序的文件夹，然后切换到文件列表。

2）按下软键“新建”。

3）输入程序名称，若有需要再输入注释，然后单击“OK”确认。

2. 复制程序模块

1）在文件夹结构中选中文件所在的文件夹。

2）在文件列表中选中文件。

3）选择软键“复制”。

4）给新模块输入一个新文件名，然后单击“OK”确认。

3. 删除程序模块

1）在文件夹结构中选中文件所在的文件夹。

2）在文件列表中选中文件。

3）选择软键“删除”。

4）单击“是”，确认安全询问，模块即被删除。

4. 程序改名

1）在文件夹结构中选中文件所在的文件夹。

2）在文件列表中选中文件。

3）选择软键“编辑”，然后选择“改名”。

4）用新的名称覆盖原文件名，单击“OK”确认。

二、KUKA 机器人的直线轨迹运动示教

KUKA 机器人常用的运动指令有 LIN、PTP 和 CIRC。三者的含义为：LIN 代表直线运动，

PTP 代表关节运动，CIRC 代表圆周运动。

1. 直线轨迹示教的基本原理

机器人完成直线焊缝的焊接仅需示教两个特征点（直线的两端点），可以通过“两点确定一条直线”的简单原理来理解为什么直线轨迹示教只需要两个特征点。

2. KUKA 机器人直线轨迹示教

KUKA 机器人直线运动指令写作“LIN”（LIN 是英文“Linear”的前几个字母缩写）。使用直线运动指令 LIN 时，只需要示教确定运动路径的起点和终点即可。典型的直线运动指令如下：

LIN P1 Vel=2.00m/s CPDAT1 TOOL[1] BASE[0]

1）P1：目标位置。可以自动记录位置点数据，也可以手动输入数据。代表从前一点运动到 P1 点，采用直线方式运动。可以触摸箭头以编辑点数据，然后选项窗口 Frames 自动打开。

2）CONT：精确逼近。空白代表精确到达目标点。如图 2–22 所示，细线表示精确到达，粗线表示精确逼近。

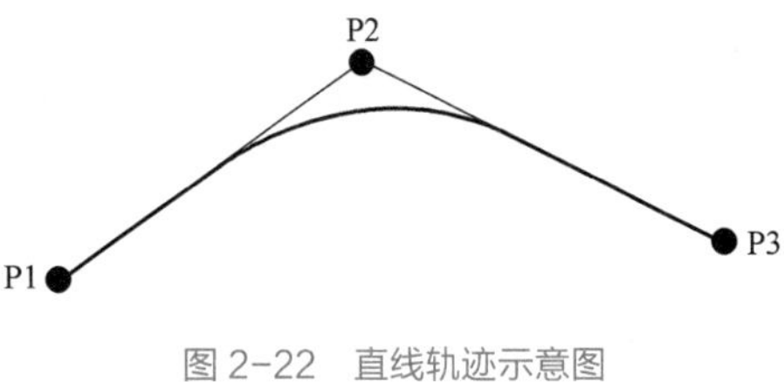

图 2–22　直线轨迹示意图

3）Vel：机器人运行速度。PTP 运动时，采用百分比表达；LIN 或 CIRC 运动时，则采用 m/s 的速度表示方法。

4）TOOL[1]：工具坐标。

5）BASE[0]：坐标系。

KUKA 的参数修改可以在联机表格中进行。在联机表格中可以非常方便地输入相应的信息。程序行组成示意图如图 2–23 所示，Frames 窗口如图 2–24 所示，参数见表 2–3。

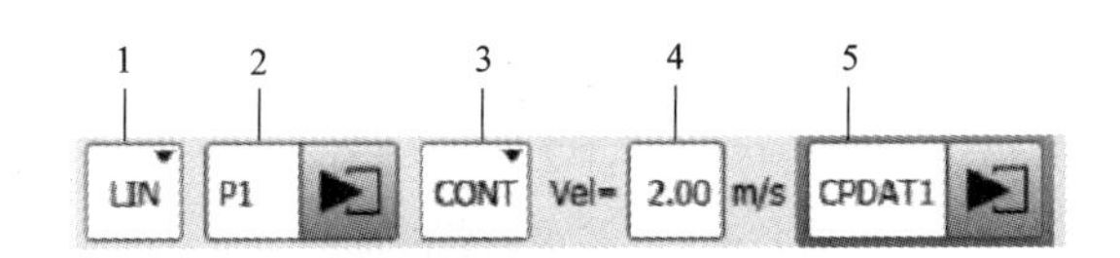

图 2–23　程序行组成示意图（联机表格）

1—运动方式　2—目标点　3—CONT 或空白　4—速度　5—运动数据组

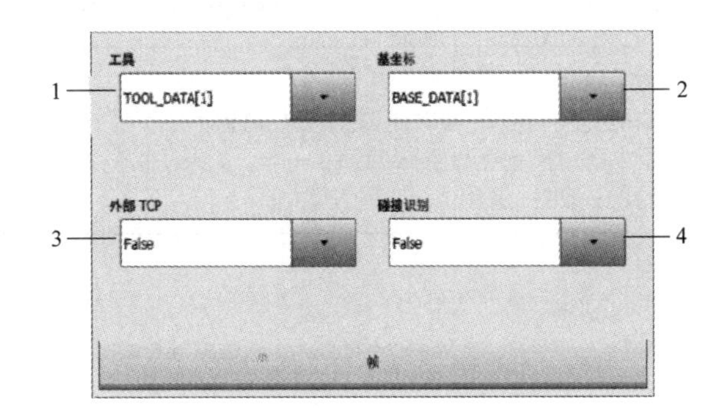

图 2–24　Frames 窗口

表 2-3　Frames 窗口参数说明

序　号	说　明
1	选择工具 值的范围为[1] ~ [16]
2	选择基坐标 值的范围为[1] ~ [32]
3	外部TCP 有True和False两个选项 1）True：表示该工具为固定工具 2）False：表示该工具已安装在连接法兰上
4	碰撞识别 有True和False两个选项 1）True：用于碰撞识别 2）False：对运动无法进行碰撞识别

运动数据选项窗口如图 2-25 所示，在窗口中可以设置多项参数，具体说明见表 2-4。

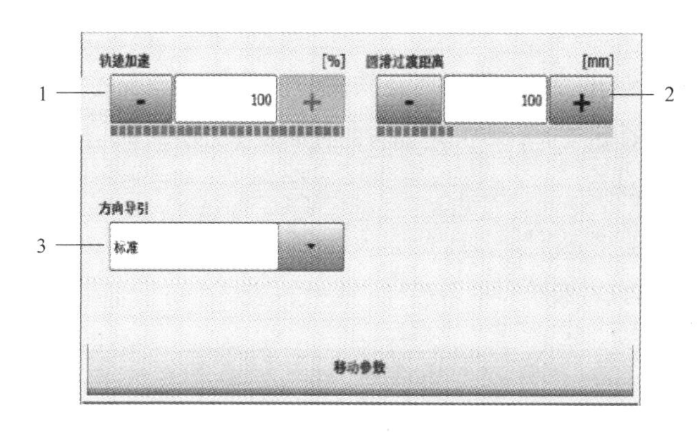

图 2-25　运动数据选项窗口

表 2-4　选项窗口参数说明

序　号	说　明
1	轨迹加速 以机器数据中给出的最大值为基准，给出最大值基础上的百分比速度
2	圆滑过渡距离 只有在联机表格中选择了CONT之后，此栏才显示 此距离最大可为起始点到目标点距离的一半。如果在此输入了一个更大的数值，则系统会自动忽略输入的数值，采用可以使用的最大值
3	方向导引 方向引导分为3种 1）标准 2）手动PTP 3）稳定的姿态引导，即固定不变

在LIN运动方式下，采用标准或手动PTP模式，工具的姿态在运动过程中不断变化，如图2-26所示。

图2-26　标准或手动PTP模式

注意：在手动PTP模式下，机器人不会遇到奇点，所以，当标准模式下运行出现奇点时，可以改为PTP模式。但是在PTP模式运行过程中，机器人可能有少许偏离轨迹，因此当要求必须精确沿着轨迹运动时，比如激光焊接时，则不适宜采用PTP方式。这时，就需要重新进行目标点示教，并校准方向，避免出现奇点。

如果采用固定不变模式，工具的姿态在运动期间保持不变，与在起点所示教的一样，在终点示教的姿态被忽略，如图2-27所示。

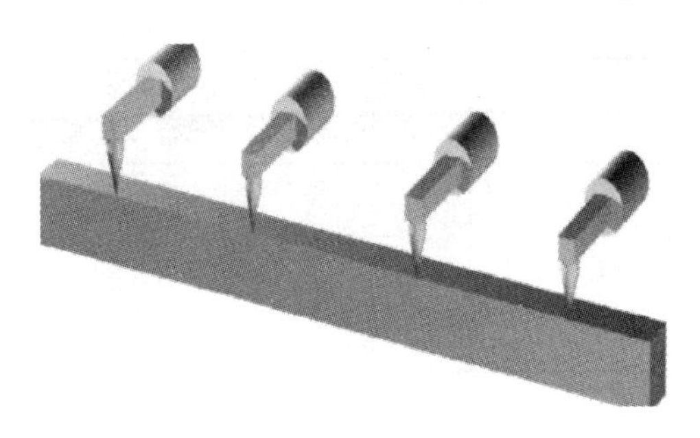
图2-27　固定不变模式

三、KUKA机器人的直线轨迹焊接示教

不同品牌机器人对应的焊接示教指令不同，KUKA采用的是在原有移动指令基础上附加焊接开始、焊接结束等相应指令的方式。

KUKA机器人的焊接依靠焊接开始和焊接结束指令，这两种指令与运动指令不同，焊接路径的规划依靠运动指令，焊接参数的设定依靠焊接指令。

（1）KUKA的焊接指令

1）ArcOn。ArcOn是焊接开始的指令，它包含焊枪从上一点移动到焊接开始点的过程中所需要设置的相应参数，比如速度等。从上一点运动到焊接开始点的运动模式可以是PTP、LIN或者CIRC。

其中采用PTP模式，是焊枪移动最快、效率最高的模式。但是，需要注意的是，采用PTP模式移动时，路径是不能精确预测的，所以，在测试环节，要注意测试运行过程。

选择“指令”→“Arc Tech Basic”→“Arc开”，设置示意图如图2-28所示，参数设置见表2-5。在示教器屏幕上会显示为ArcOn。

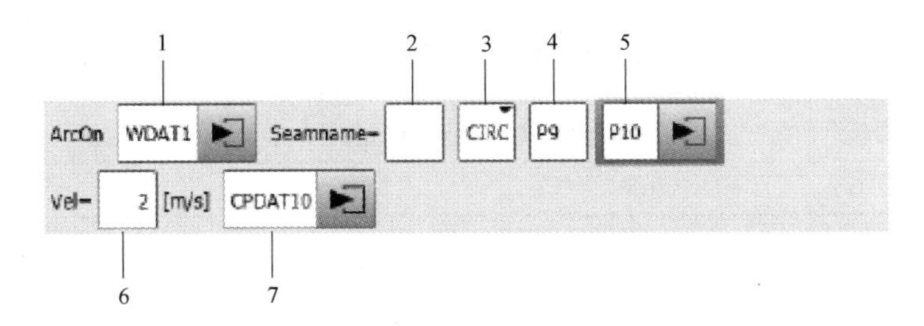

图2-28　ArcOn设置示意图

表 2-5　ArcOn 参数设置

序号	说　明
1	引弧和焊接数据组名称，可以有WDAT1、WDAT2等编号 需要编辑数据时，只要触摸箭头，就可以打开选项窗口 在选项窗口中可以设置引弧参数、焊接参数和摆动参数，具体见后面的介绍
2	输入焊缝名称
3	运动模式，可以是PTP、LIN或CIRC
4	只有选择了CIRC时，才会有这个位置
5	示教点名称。系统会自动给一个名称。也可以自己命名覆盖自动赋予的名称 需要编辑该点数据时，可以单击箭头，就可以打开相应的选项窗口
6	移动到焊接开始点过程中的运动速度 对于PTP模式：0 ~ 100% 对于LIN或CIRC模式：0.001 ~ 2m/s
7	运动数据组名称，设定和运动指令中的设定相同

ArcOn 包含了上一点移动到焊接开始点的运动、引弧、焊接、摆动参数。焊接开始点不能采用轨迹逼近方式。引弧和焊接参数启用后，指令 ArcOn 执行完毕。

2）ArcOff。ArcOff 是焊接结束的指令，它包含焊枪从上一点移动到焊接结束点的过程中所需要设置的相应参数，比如速度、电压、摆动等。从上一点运动到焊接结束点的运动模式可以是 LIN 或者 CIRC。

选择“指令”→“Arc Tech Basic”→“Arc 关”，结果如图 2-29 所示，参数设置见表 2-6。在示教器屏幕上会显示为 ArcOff。

Arcoff 在焊接结束点位置结束焊接操作，在焊接结束点填满弧坑，不能采用轨迹逼近方式。

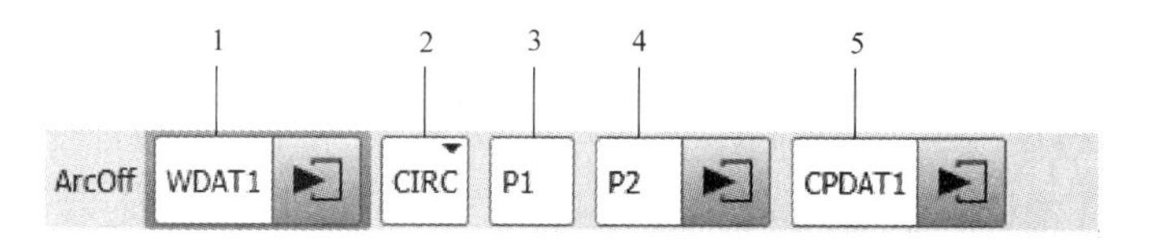

图 2-29　ArcOff 设置示意图

表 2-6　ArcOff 参数设置

序号	说　明
1	焊接结束点参数的数据组名称，可以有WDAT1、WDAT2等编号 需要编辑数据时，只要触摸箭头，就可以打开选项窗口
2	运动模式，可以是LIN或CIRC
3	只有选择了CIRC时，才会有这个位置
4	示教点名称。系统会自动给一个名称。也可以自己命名覆盖自动赋予的名称 需要编辑该点数据时，可以单击箭头，就可以打开相应的选项窗口
5	运动数据组名称，设定和运动指令中的设定相同

3）ArcSwitch。ArcSwitch 是焊接中间指令，当前一段焊接路径和后一段焊接路径的参数有

变化，或者路径有转折时，可以通过使用 ArcSwitch 指令来过渡。使用 ArcSwitch 指令后，从该示教点之后的焊接条件发生变化。ArcSwitch 设置如图 2-30 所示，参数设置见表 2-7。

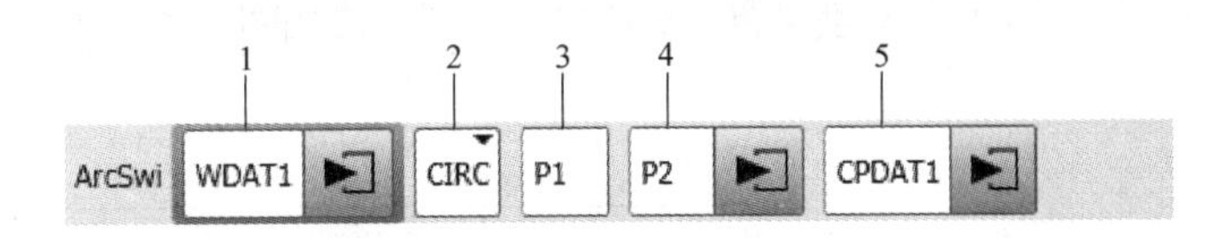

图 2-30 ArcSwitch 设置示意图

表 2-7 ArcSwitch 参数设置

序号	说 明
1	焊接数据组名称，可以有WDAT1、WDAT2等编号 需要编辑数据时，只要触摸箭头，就可以打开选项窗口 在选项窗口中可以设置焊接参数和摆动参数。具体见后面的介绍
2	运动模式，可以是LIN或CIRC
3	只有选择了CIRC时，才会有这个位置
4	示教点名称。系统会自动给一个名称。也可以自己命名覆盖自动赋予的名称 需要编辑该点数据时，可以单击箭头，就可以打开相应的选项窗口
5	运动数据组名称，设定和运动指令中的设定相同

（2）引弧参数设置 引弧参数设置窗口如图 2-31 所示，参数说明见表 2-8。

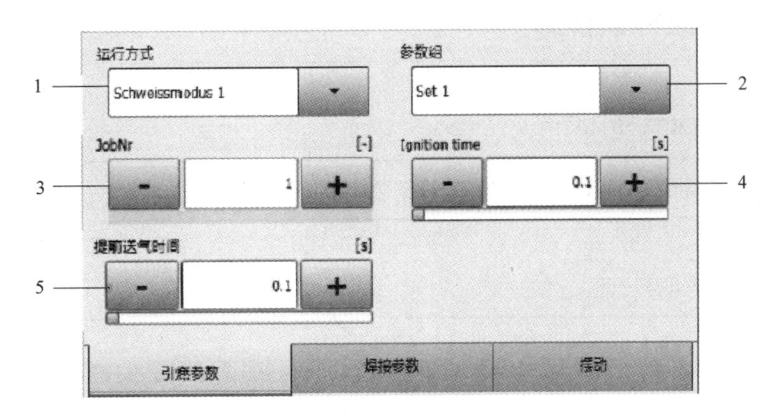

图 2-31 引弧参数设置窗口

表 2-8 引弧参数说明

序号	说 明
1	运行方式 焊接模式 有焊接模式1 ~ 焊接模式4
2	参数组 在某焊接模式下的数据组
3	该参数需要在WorkVisual中设置，此处不可编辑
4	引弧后的等待时间
5	提前送气时间

（3）焊接参数设置　焊接参数设置窗口如图 2-32 所示，参数说明见表 2-9。

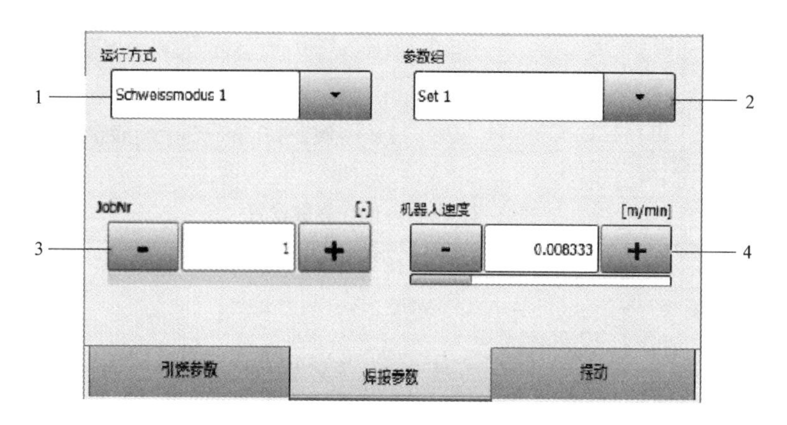

图 2-32　焊接参数设置窗口

表 2-9　焊接参数说明

序号	说　明
1	运行方式 焊接模式 有焊接模式1 ~ 焊接模式4
2	参数组 在某焊接模式下的数据组
3	该参数需要在WorkVisual中设置，此处不可编辑
4	机器人速度 设定焊接速度

（4）焊接结束的参数设置　焊接结束的参数设置窗口如图 2-33 所示，参数说明见表 2-10。

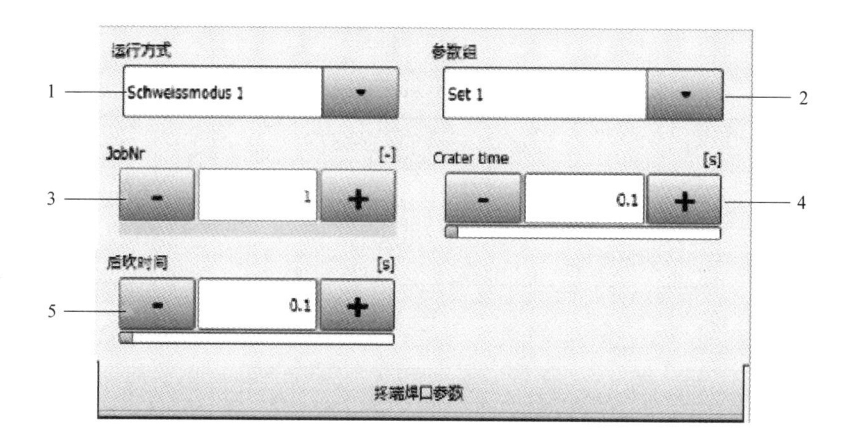

图 2-33　焊接结束的参数设置窗口

表 2-10　焊接结束的参数说明

序号	说　明
1	运行方式 焊接模式 有焊接模式1 ~ 焊接模式4
2	参数组 在某焊接模式下的数据组
3	该参数需要在WorkVisual中设置，此处不可编辑
4	填弧坑时间 在焊接终点停留的时间
5	后吹时间

（5）摆动参数设置　摆动参数设置窗口如图 2-34 所示，参数说明见表 2-11。

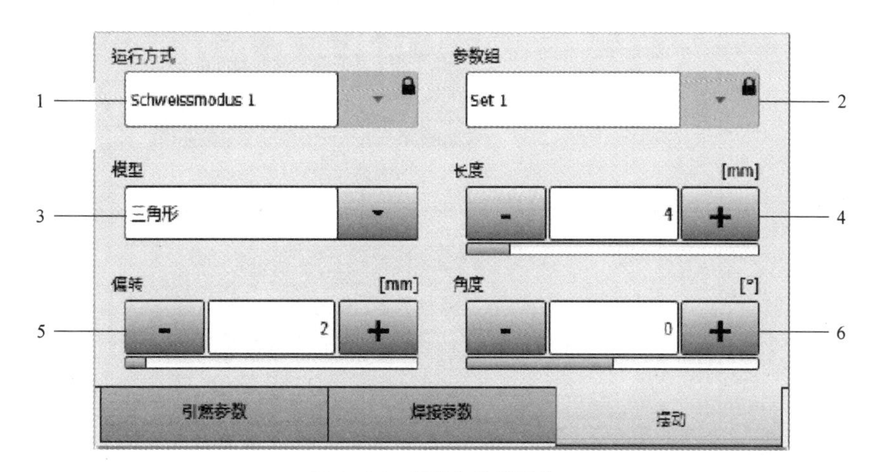

图 2-34　摆动参数设置窗口

表 2-11　摆动参数说明

序号	说　明
1	运行方式 只是显示焊接参数中已经选择的焊接模式
2	参数组 只是显示焊接参数中已经选择的焊接模式下的数据组
3	模型 选择摆动图形
4	长度 当选择一个摆动图形时可以使用，表示一个波形的长度
5	偏转 从中心向一侧偏移的量
6	角度 当选择一个摆动图形时可以使用，表示摆动面的角度

下面重点介绍有关摆动的参数。

1）摆动图形。摆动图形有五种，见表 2-12。

表 2-12　摆动图形说明

名称	摆动图形
不摆动	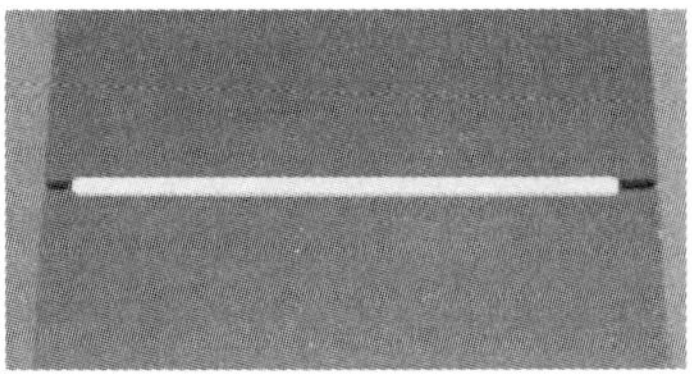 导电嘴无偏移
三角形	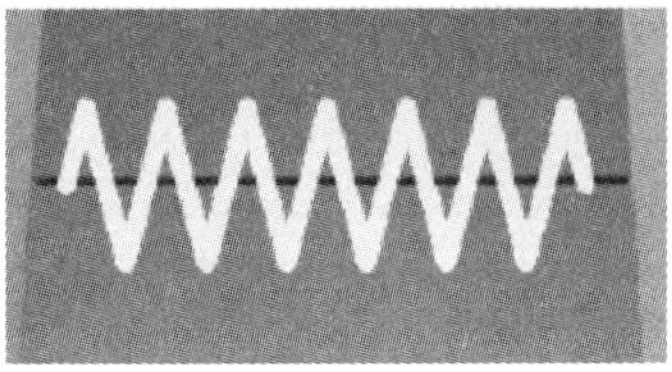 导电嘴在方向1上偏移
梯形	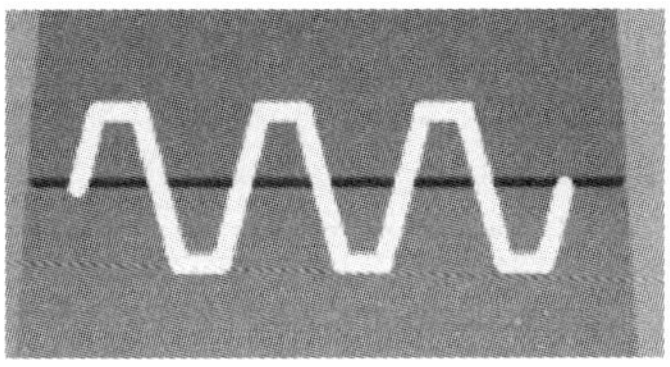 导电嘴在方向1上偏移
不对称梯形	 导电嘴在方向1上偏移
螺旋形	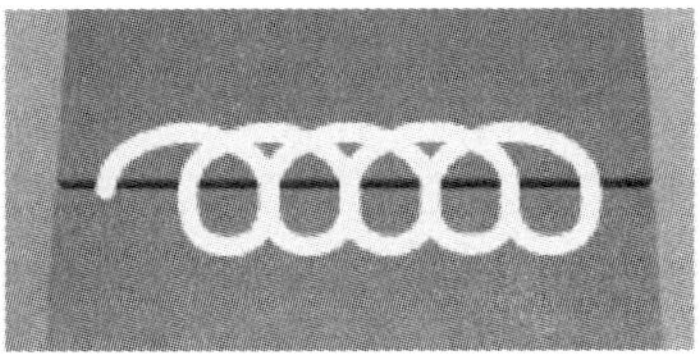 导电嘴在方向2上偏移

2）摆动长度和振幅。如图 2-35 所示，1 所标注的为摆动长度，表示一个波形的长度。2 所标

注的是振幅，标志偏移的距离。

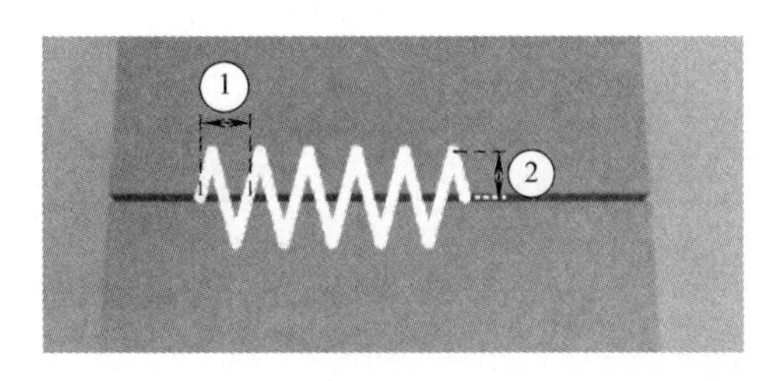

图 2-35　摆动长度和振幅示意图

通过扫描码 2-6、码 2-7、码 2-8、码 2-9 可观看几种不同摆动模式的模拟动画。

码 2-6　三角形摆动

码 2-7　梯形摆动

码 2-8　不对称梯形摆动

码 2-9　螺旋形摆动

3）摆动面。摆动面说明如图 2-36 所示。

4）摆动频率。摆动频率对焊接质量起到关键的作用。摆动频率由摆动长度和焊接速度而定。

摆动频率 =（焊接速度 ×1000）/（摆动长度 ×60）

摆动长度 =（焊接速度 ×1000）/（摆动频率 ×60）

焊接速度 =（摆动频率 × 摆动长度 ×60）/1000

式中，摆动频率单位为 Hz，焊接速度单位为 m/min，摆动长度为 mm。

（6）典型焊接路径示教　示教如图

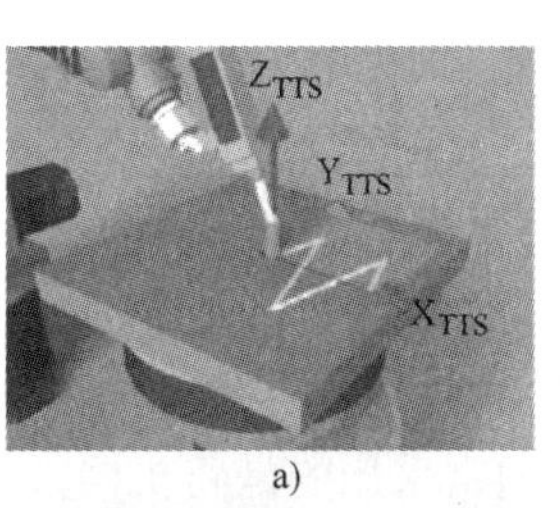

a)

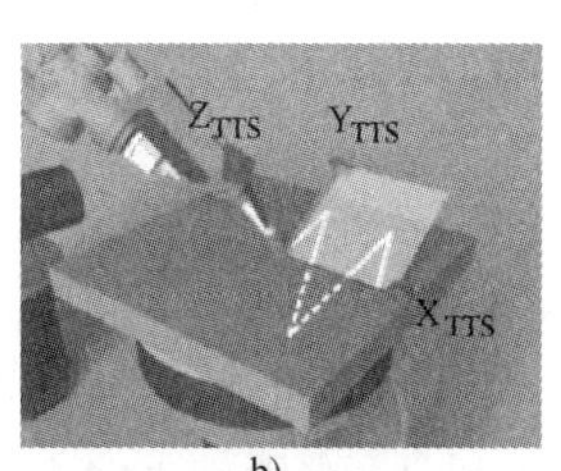

b)

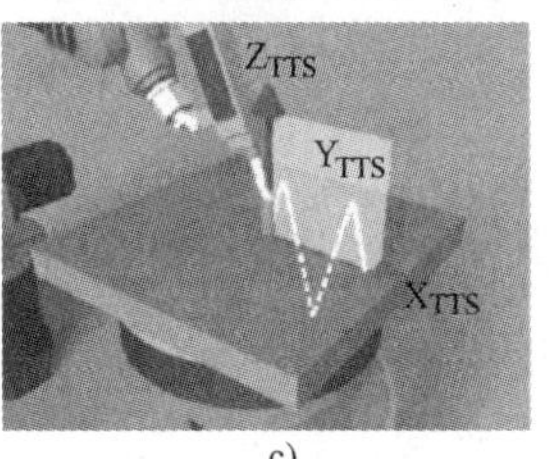

c)

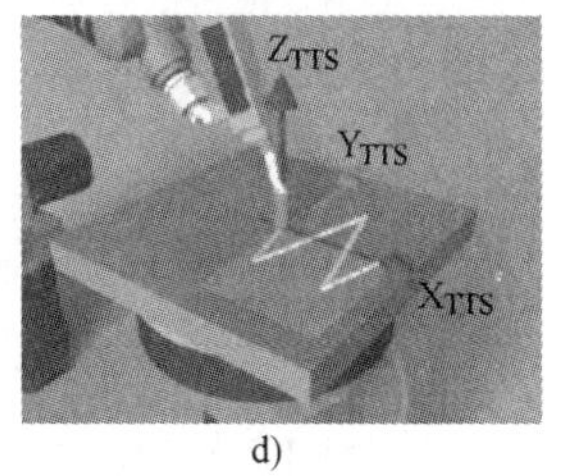

d)

图 2-36　导电嘴的摆动面示意图

a）0° 时摆动面　b）0° 时摆动面，已更改工具姿态
c）摆动面旋转了 90°　d）摆动面旋转了 179°

2–37 所示的路径。

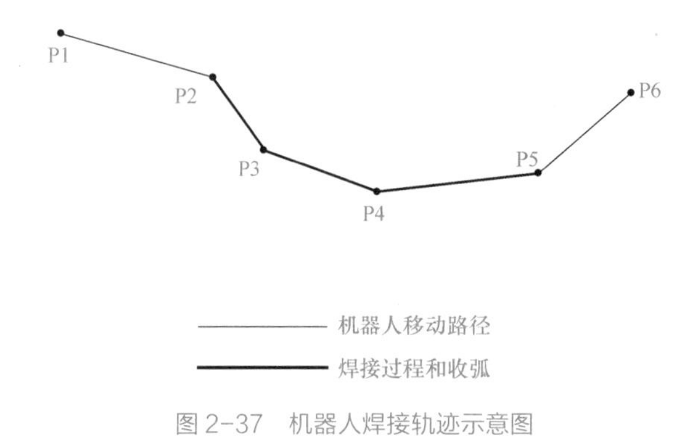

图 2–37　机器人焊接轨迹示意图

典型的焊接程序如下：

```
PTP  P1 vel=50%  PDAT1 Tool[1]  Base[0]
ArcOn WDAT1 LIN  P2 Vel=2.00m/s  CPDAT1 TOOL[1]  BASE[0]
ArcSwitch WDAT1 LIN  P3 Vel=2.00m/s  CPDAT1 TOOL[1]  BASE[0]
ArcSwitch WDAT1 LIN  P4 Vel=2.00m/s  CPDAT1 TOOL[1]  BASE[0]
ArcOff WDAT2 LIN  P5 Vel=2.00m/s  CPDAT1 TOOL[1]  BASE[0]
LIN P6 Vel=50%  PDAT1 TOOL[1]  BASE[0]
```

四、程序编辑

1. 示教点的编辑

焊接机器人程序的示教一般不能一步到位，需要不断调试和完善，因此经常会进行示教点的编辑操作，常见的有示教点的追加、变更和删除。

（1）示教点的追加　在原有的示教点 1 和点 2 之间添加一个新的示教点，之后的运行路径就改为示教点 1—新加点—示教点 2。

将光标移到需要在其后添加示教点的命令行，然后采用和示教新目标点一样的办法进行示教就可以了。

（2）示教点的位置变更　位置变更不涉及追加或者删除某一示教点，而是在保留该点的前提下，修改一下位置。通常采用的是将机器人移动到变更后的位置，然后重新更新原有示教点的位置信息。运行时，仍然按照之前的顺序，只不过变更后的路径有所改变。具体的操作如下：

首先将焊枪移至所需要的位置，然后将光标放到要更改的命令行中。接下来，按下软键“更改”，打开指令的联机表格。

对于 PTP 和 LIN 运动，按下软键“Touch Up”，将当前点作为新的示教点登录。单击“是”，确认询问。用软键指令“OK”存储以上的变更。

（3）示教点的删除　将原有的示教点删除的操作如下：

首先将光标放到要删除的程序行上。如果要删除多个相连的程序行，就将光标放在首行，然后反复单击〈SHIFT 〉+ 向下箭头，直至所有程序行都标记位置。选择菜单序列编辑，然后选择“删除”，单击【是】确认安全询问。

2. 文件编辑功能

KUKA 提供了便利的文件编辑功能，包括复制、粘贴、剪切等。

剪切是指将选中的若干命令行从程序文件中删除，将其移动到剪贴板上的操作。复制是指将选择的内容复制到剪贴板上的操作。粘贴是指将剪切或复制到剪贴板上的内容粘贴到其他位置的操作。

3. 参数修改

即对原有程序行的参数进行修改，比如修改焊接速度、到达方式、焊接电流、焊接电压等。程序界面中有一部分参数可以通过光标选择该参数后进入到参数修改界面进行修改，有一些需要在其他窗口中修改参数的设置文件。

KUKA 机器人的参数修改，只需要打开相应的参数设定窗口，然后修改和确认即可。

五、跟踪和再现

在完成机器人动作程序和作业条件输入后，需要试运行测试一下程序，以便检查各个示教点及参数设置是否有不妥的地方，这就是跟踪。它的主要目的是为了确认示教生成的动作以及末端工具指向位置是否已记录到程序中。跟踪过程中发现了问题，可以及时修改，以免影响再现作业效果。

KUKA 机器人提供正向和逆向两种跟踪方式，分别通过示教器的启动键和逆向启动键实现，如图 2-38 中的按钮 10 和 11。

正向运行和逆向运行分别表示按照程序先后顺序执行和从后向前执行。

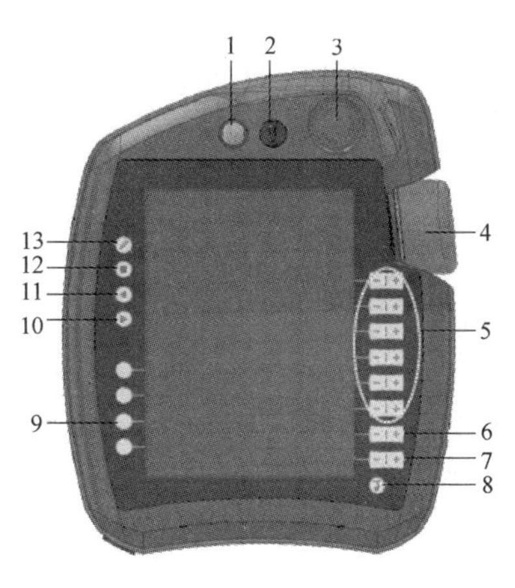

图 2-38　示教器按钮示意图

机器人的跟踪方式有单步和连续两种，通过操作示教器屏幕上的按键实现方式切换，如图 2-39 所示。具体的功能见表 2-13。

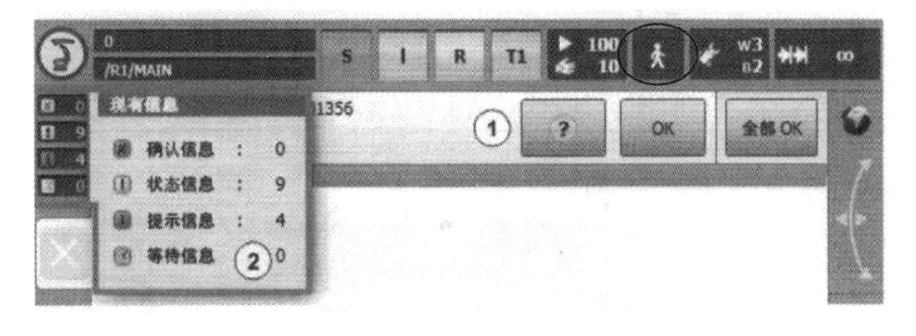

图 2-39　跟踪方式图标示意图

表 2-13　跟踪方式名称和功能

按钮图标	具体名称和功能
	GO 程序连续运行，直至程序结尾 在测试运行中必须按住启动键
	单步 在单步方式下，每个运动指令都单个执行 每一个运动结束后，都必须重新按下启动键
	单个步骤（仅供“专家”用户组使用！） 在增量步进时，逐行执行（与行中的内容无关） 每行执行后，都必须重新按下启动键

任务实施

1. 焊前准备

材料：Q235，试件尺寸：300mm × 100mm × 12mm，2 块，对接 V 形坡口，坡口尺寸如图 2-40 所示。

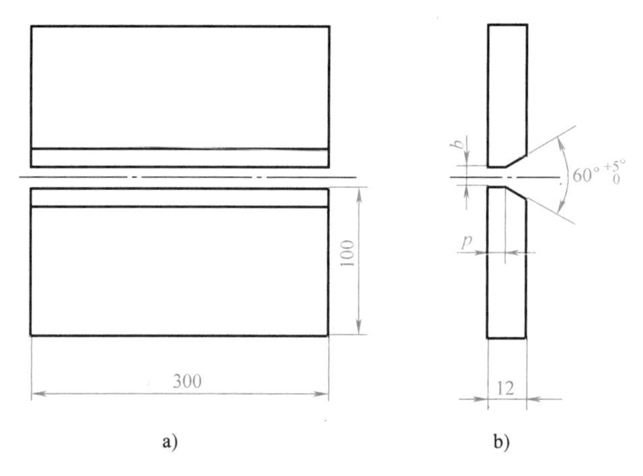

图 2-40　对接试件及坡口尺寸

2. 技术要求

1）水平位单面焊双面成形。

2）根部间隙 b=3 ～ 4mm，钝边 p=1 ～ 1.5mm，坡口角度为 60°。

3）焊后角变形量≤ 3°。

4）焊缝表面平整、无缺陷。

5）三层三道，直线摆动，单面焊双面成形。焊道分布示意图如图 2-41 所示。

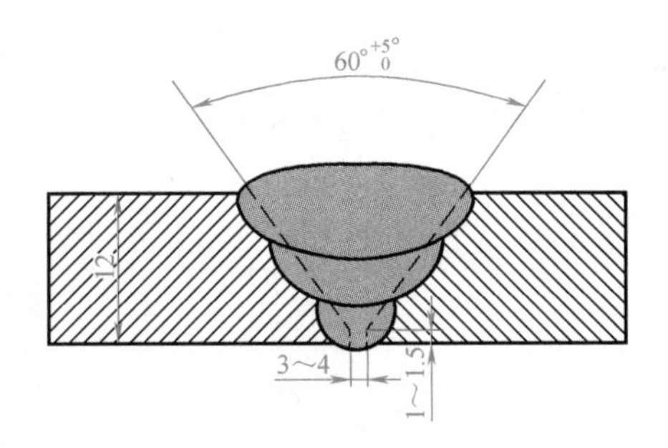

图 2-41　焊道分布示意图

3. 试件点固

1）装配间隙。起始间隙约为 2mm，收尾间隙控制约为 3.2mm，错边量≤ 0.5mm。

2）装配定位。定位焊焊接位置在试件两端 20mm 范围内，在试件坡口内定位焊。V 形坡口对接平焊装配如图 2-42 所示。

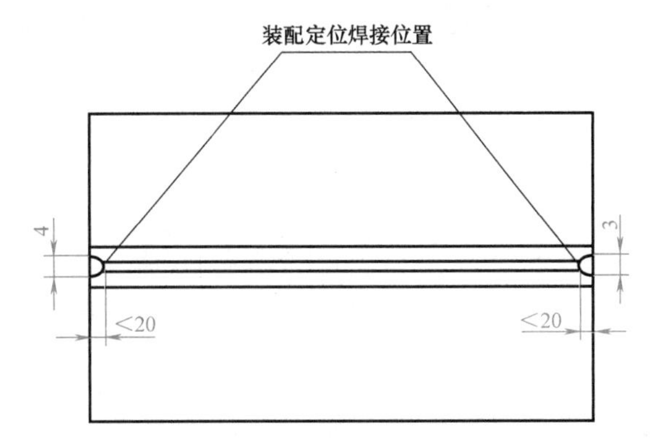

图 2-42　V 形坡口对接焊装配示意图

定位焊焊点的长度约为 15 ~ 20mm，定位焊后预置反变形夹角为 3°，如图 2-43 所示。

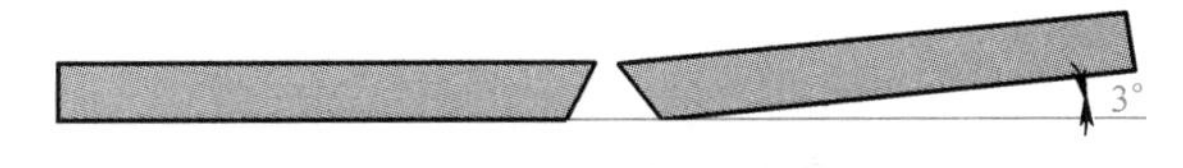

图 2-43　预置反变形夹角

4. 焊接参数

焊接参数参见表 2-14。

表 2-14　焊接参数

焊道层次	焊接电流/A	焊接电压/V	气体流量/(L/min)	焊接速度/(mm/min)	两端停留时间/s	摆动频率/Hz
打底层	80 ~ 120	17 ~ 20	12 ~ 15	200 ~ 300	0.3 ~ 0.4	0.5 ~ 0.7
填充层	120 ~ 150	19 ~ 22	12 ~ 15	200 ~ 350	0.1 ~ 0.2	0.6 ~ 0.8
盖面层	120 ~ 140	19 ~ 23	12 ~ 15	200 ~ 350	0.2 ~ 0.3	0.6 ~ 0.8

5. 操作要点及注意事项

采用左向焊法，焊接层次为三层三道，焊枪角度如图 2-44 所示。摆动焊接示意图如图 2-45 所示。

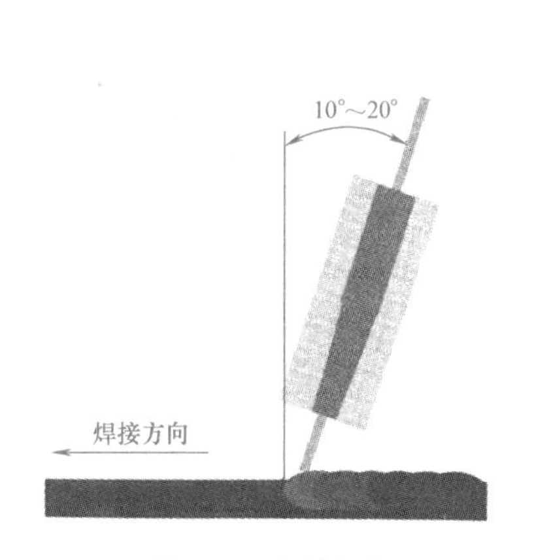

图 2-44　焊枪角度

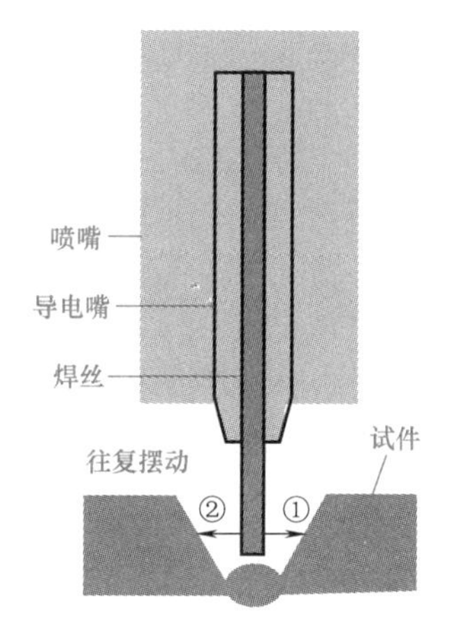

图 2-45　摆动焊接示意图

6. 示教编程

（1）打底层

1）起弧。将试件始焊端放于右侧，然后开始引弧及打底焊接。

2）采用锯齿形摆动方式。注意控制摆动幅度和焊接速度，获得宽窄和高低均匀的背面，防止烧穿。

3）控制电弧在坡口两侧的停留时间，焊打底层时为 0.3 ~ 0.4s，焊填充层时为 0.1 ~ 0.2s，焊盖面层时为 0.2 ~ 0.3s，以保证坡口两侧熔合良好。

（2）填充层　调试填充层焊接参数，焊枪的摆动幅度大于打底层焊缝宽度。注意熔池两侧熔合情况，保证焊道表面平整并稍下凹，填充层高度应低于母材表面 1.5 ~ 2.0mm。焊接时不允许熔化坡口棱边。

（3）盖面层　盖面焊时注意保持喷嘴高度，焊接熔池边缘应超过坡口棱边 0.5 ~ 2.5mm，并防止咬边。

焊枪横向摆动幅度应比填充层焊接时还要大，尽量保持焊接速度均匀。

收弧时要填满弧坑，收弧弧长要短，等熔池凝固后方能移开焊枪，以免产生弧坑裂纹和气孔。

7. 焊接质量要求

进行外观检查，要求如下：

1）焊缝边缘直线度公差≤ 2mm；焊道宽度比坡口每侧增宽 0.5 ~ 2.5mm，宽度差≤ 3mm。

2）焊缝与母材圆滑过渡；焊缝余高为 0 ~ 3mm，余高差≤ 2mm；背面凹坑≤ 2mm，总长度不得超过焊缝长度的 10%。

3）焊缝表面不得有裂纹、未熔合、夹渣、焊瘤等缺陷。

4）焊缝边缘咬边深度≤ 0.5mm，焊缝两侧咬边总长度不得超过焊缝长度的 10%。

5）焊件表面非焊道上不应有起弧痕迹，试件角变形量＜ 3° ，错边量≤ 1.2mm。

扩展知识

工业 4.0 介绍

1. 什么是工业 4.0？

工业 4.0 是由德国政府《德国 2020 高技术战略》中所提出的十大未来项目之一。该项目由德国联邦教育局及研究部和联邦经济技术部联合资助，投资预计达 2 亿欧元，旨在提升制造业的智能化水平，建立具有适应性、资源效率及人因工程学的智慧工厂，在商业流程及价值流程中整合客户及商业伙伴，其技术基础是网络实体系统及物联网。

德国所谓的工业四代（Industry4.0）是指利用物联信息系统（Cyber-Physical System，CPS）将生产中的供应、制造、销售信息数据化、智慧化，最后达到快速、有效、个性化的产品供应。

“互联网 + 制造”就是工业 4.0，如图 2-46 所示。“工业 4.0”是德国推出的概念，美国称为“工业互联网”，我国称为“中国制造 2025”，这三者的本质内容是一致的，都指向一个核心，就是智能制造。它将推动中国制造向中国创造转型，所以很多人说，工业 4.0 是整个中国时代性的革命。

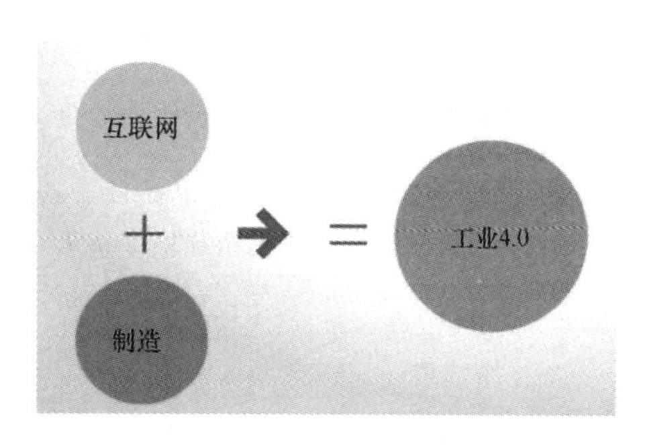

图 2-46　工业 4.0 示意图

2. 工业 4.0 有哪些特点?

工业 4.0 具有以下特点：

（1）互联　互联工业 4.0 的核心是连接，要把设备、生产线、工厂、供应商、产品和客户紧密地联系在一起。

（2）数据　工业 4.0 连接产品数据、设备数据、研发数据、工业链数据、运营数据、管理数据、销售数据和消费者数据。

（3）集成　工业 4.0 将无处不在的传感器、嵌入式终端系统、智能控制系统、通信设施通过 CPS 形成一个智能网络。通过这个智能网络，能够使人与人、人与机器、机器与机器以及服务与服务之间，形成互联，从而实现横向、纵向和端到端的高度集成。

（4）创新　工业 4.0 的实施过程是制造业创新发展的过程，从技术创新到产品创新，到模式创新，再到业态创新，最后到组织创新。

（5）转型　对于中国的传统制造业而言，转型实际上是从传统的工厂，从 2.0、3.0 的工厂转型到 4.0 的工厂，整个生产形态上，从大规模生产转向个性化定制。实际上整个生产的过程更加柔性化、个性化和定制化。

3. 工业 4.0 有哪些技术支柱?

工业 4.0 九大技术支柱包括工业物联网、云计算、工业大数据、工业机器人、3D 打印、知识工作自动化、工业网络安全、虚拟现实和人工智能。这九大支柱中会产生无数的商机和上市公司。

复习思考题

一、选择题

1. KUKA 机器人的焊接开始指令是（　　）。

   A. ArcSet　　B. ArcOn　　C. ArcOff　　D. ArcLEnd

2. KUKA 机器人的焊接结束指令是（　　）。

   A.ArcSet　　B. ArcOn　　C. ArcOff　　D. ArcLEnd

3. KUKA 机器人的直线运动指令是（　　）。

   A.LIN　　B. PTP　　C. CIRC　　D. ArcLEnd

4. KUKA 机器人的点到点运动指令是（　　）。

   A.LIN　　B. PTP　　C. CIRC　　D. ArcLEnd

5. KUKA 机器人的圆弧运动指令是（　　）。

   A.LIN　　B. PTP　　C. CIRC　　D. ArcLEnd

二、简答题

1. KUKA 机器人系统中新建和加载程序的步骤是怎样的?
2. KUKA 机器人直线轨迹运动指令和直线轨迹焊接指令是一样的吗？具体区别体现在哪里?

任务 3　FANUC 机器人焊接板板对接接头

任务解析

通过查阅有关 FANUC 机器人直线轨迹运动和焊接示教、摆动焊接、程序编辑等相关资料，了解 FANUC 机器人直线示教原理和要领等知识，了解程序编辑的种类和内容。然后手动操作 FANUC 机器人完成板板对接接头焊接示教和程序编辑，并分析焊缝质量、改进工艺参数。

必备知识

一、FANUC 机器人的程序新建和加载

在操作机器人完成作业之前，首先需要在一个特定程序下进行操作，所以作为初学者，首先要学习如何新建、加载和删除程序的方法。

FANUC 机器人系统中有关程序的操作，需要用到示教器上的〈Select〉键。

1. 创建程序的步骤

1）按〈Select〉键，显示程序目录画面。

2）按〈F2〉键，对应 Create 功能，出现如图 2-47 所示的画面。

选择程序的命名方式：

Words：默认程序名。

Upper Case：大写。

Lower Case：小写。

Options：符号。

注意：

①不能以空格作为程序名的开始字符。

②不能以符号作为程序名的开始字符。

③不能以数字作为程序名的开始字符。

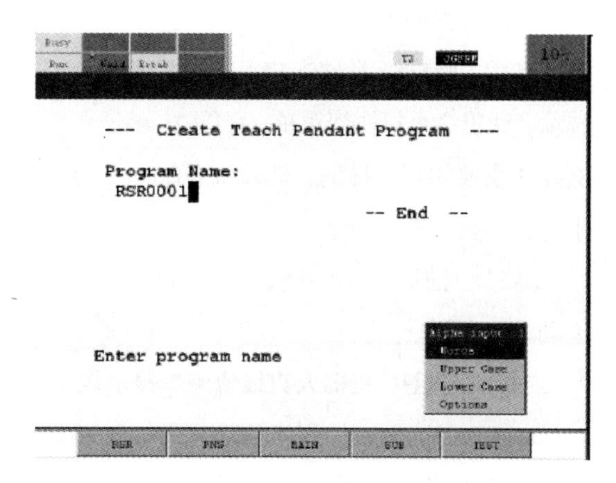

图 2-47　创建程序界面

3）移动光标到结尾的“End”处，按〈Enter〉键，进入程序编辑。

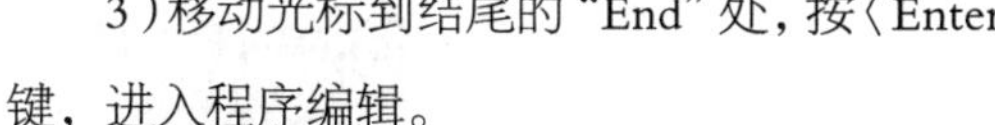

2. 加载程序

如果需要加载程序，按〈Select〉键，屏幕显示程序列表，通过上、下键选择需要加载的程序，按〈Enter〉键，实现程序加载。

3. 删除程序

按〈Select〉键，屏幕显示程序列表，通过上、下键选择需要删除的程序。

注意：

系统只允许删除非当前加载程序，例如，当前加载程序是 A，则只能删除除 A 之外的其他程序。如果想删除 A，则需要先加载其他程序，然后删除 A。通过选择对应屏幕下方“删除”的功能键，删除程序。

二、FANUC 机器人的直线轨迹运动示教

FANUC 机器人的运动指令包括关节运动 J（Joint 的首字母）、直线运动 L（Linear 的首字母）和圆弧运动 C（Circular 的首字母）。

FANUC 机器人直线运动指令写作“L”。使用直线运动指令 L 时，只需要示教确定运动路径的起点和终点即可。典型的直线运动程序如下：

L @ P[i] j% FINE ACC100;

1）L：运动类型。L 代表直线运动方式。

2）@：位置指示符号。当机器人位置与 P[i] 点位置一致时，该行出现 @ 符号。该符号可以提示操作者机器人当前所在的位置。

3）P[i]：一般位置为 P[ ]，如果为 PR[ ]，则是位置寄存器，也就是提前在系统中存储好的位置点，在程序中可直接调用。

4）j%：速度单位，可以是 %、mm/s、cm/min 等。

5）FINE：终止类型。FINE 代表精确到达该示教点。CNT 代表采用一定的转弯半径跨过改示教点，CNT 后面的数值代表转弯半径大小。

6）ACC100：附加运动语句。

示教过程如下：

在程序编辑画面，按〈F1〉对应的“POINT”选项，调出命令行快捷菜单，如图 2-48 所示，选择所需要的程序样例，然后按〈Enter〉键。于是就示教了一条指令。

通过扫描码 2-10 可以观看 FANUC 直线运动示教视频。

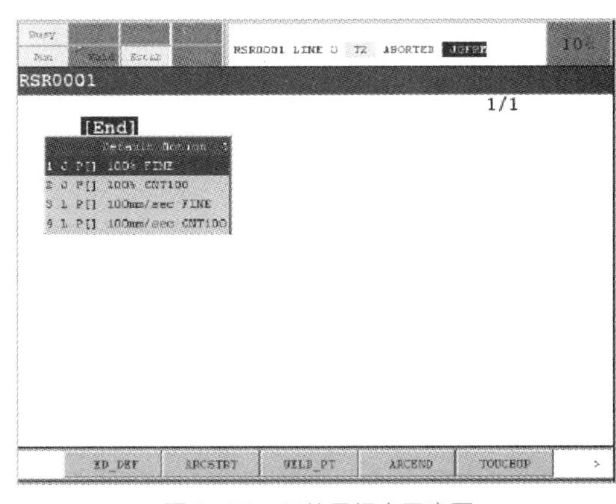

图 2-48　示教目标点示意图

三、FANUC 机器人直线轨迹焊接示教

FANUC 机器人的焊接依靠焊接开始和焊接结束指令，这两种指令与运动指令不同，焊接路径的规划依靠运动指令，焊接参数的设定依靠焊接指令。

码 2-10　FANUC 直线运动示教

1. FANUC 的焊接指令

（1）WeldStart　焊接开始指令，在焊接开始点程序行下面添加，在该点引弧焊接。WeldStart 后面可以是参数的编号，例如 [1,1]，第一个 1 代表文件 1，第二个 1 代表文件中的第一个设置，如果是第二个设置，则为 2。方括号里面也可以直接设置相关的焊接参数，比如焊接电流、焊接电压、焊接速度和停留时间等，而不调用预先设定好的参数编号。

（2）WeldEnd　焊接结束指令，在焊接结束点程序行下面添加，在该点收弧，结束焊接。

对应图 2-49 所示意的典型路径的程序如下：

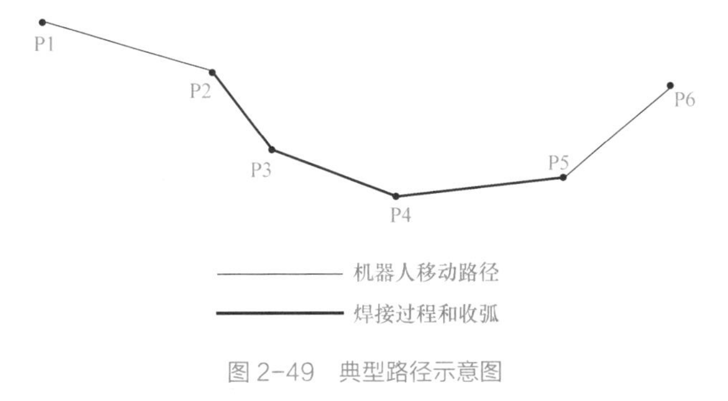

图 2-49　典型路径示意图

```
L P1，20cm/min，FINE;
L P2，20cm/min，FINE;
WeldStart [1,1];
L P3，20cm/min，FINE;
L P4，20cm/min，FINE;
L P5，20cm/min，FINE;
L P6，20cm/min，FINE;
WeldEnd[1,2];
```

通过扫描码 2-11 可以观看直线轨迹焊接（T 形接头直线轨迹）视频。

码 2-11　FANUC 直线轨迹焊接（T 形接头直线轨迹）

2. FANUC 机器人的摆动焊接方式

FANUC 机器人的摆动焊接是依靠单独的摆动指令实现的。摆动指令另起一行，附在焊接指

令的下面。

FANUC 机器人的摆动焊接有以下三种方式：

（1）Weave Sine（Hz，mm，sec，sec）　正弦波摆焊，如图 2-50 所示 。

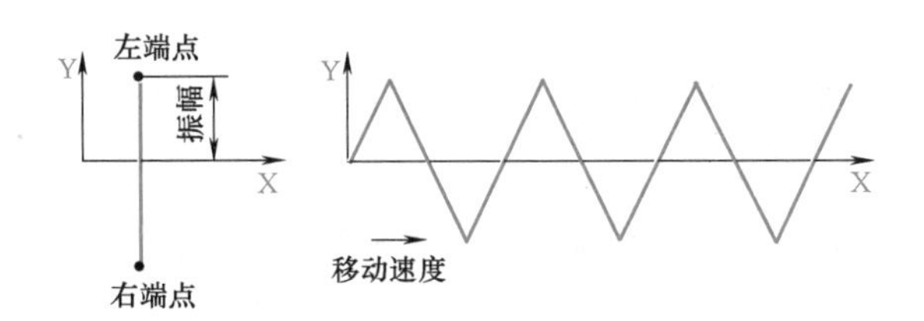

图 2-50　正弦波摆焊示意图

（2）Weave Circle（Hz，mm，sec，sec）　圆形摆焊，如图 2-51 所示 。

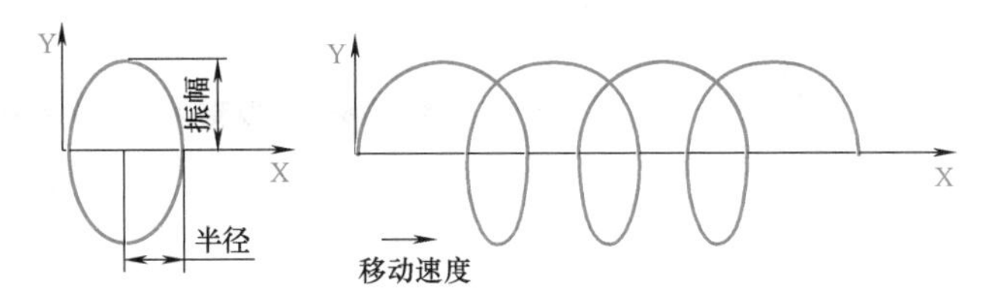

图 2-51　圆形摆焊示意图

（3）Weave Figure 8（Hz，mm，sec，sec）　8 字形摆焊，如图 2-52 所示。

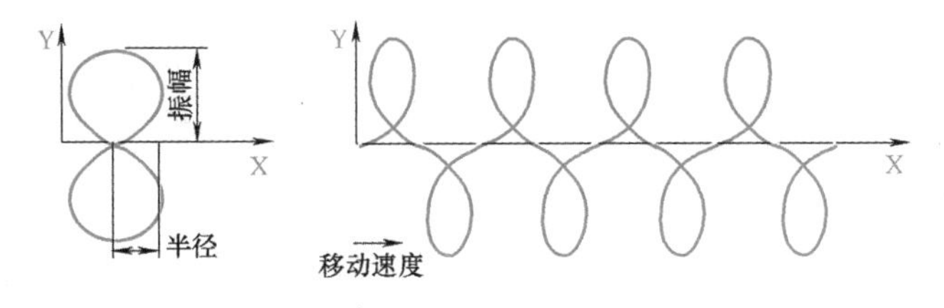

图 2-52　8 字形摆焊示意图

其中：Hz 代表摆动的频率，mm 代表摆动的振幅，两个 sec 分别代表摆动左停留时间和摆动右停留时间。

摆动结束时，采用摆动结束指令 WeaveEnd 结束摆动焊接。如果焊接过程没有结束，仍然可以继续焊接。

通过扫描码 2-12、码 2-13、码 2-14 可以观看正弦摆动、圆形摆动和 8 字形摆动视频。

码 2-12　FANUC 机器人正弦摆动

码 2-13　FANUC 机器人圆形摆动

码 2-14　FANUC 机器人8 字形摆动

四、程序编辑

1. 示教点的编辑

焊接机器人程序的示教一般不能一步到位，需要不断调试和完善，因此经常会进行示教点的编辑操作，常见的有示教点的追加、变更和删除。

（1）示教点的追加　在原有的示教点 1 和点 2 之间添加一个新的示教点，之后的运行路径就改为示教点 1—新加点—示教点 2。

将光标移到需要在其后添加示教点的命令行，然后采用和示教新目标点一样的办法进行示教就可以了。

（2）示教点的位置变更　位置变更不涉及追加或者删除某一示教点，而是在保留该点的前提下，修改一下位置。通常采用的是将机器人移动到变更后的位置，然后重新更新原有示教点的位置信息。运行时，仍然按照之前的顺序，只不过变更后的路径有所改变。具体的操作如下：

首先将机器人移至所需要的位置，然后将光标移动到要修正的运动指令的行号处。

按下〈Shift〉的同时按下〈F5〉，对应 TOUCHUP 功能，当该行出现 @ 符号，同时屏幕下方出现“Position has been recorded to P[2]”时，位置信息已更新，如图 2-53 所示。

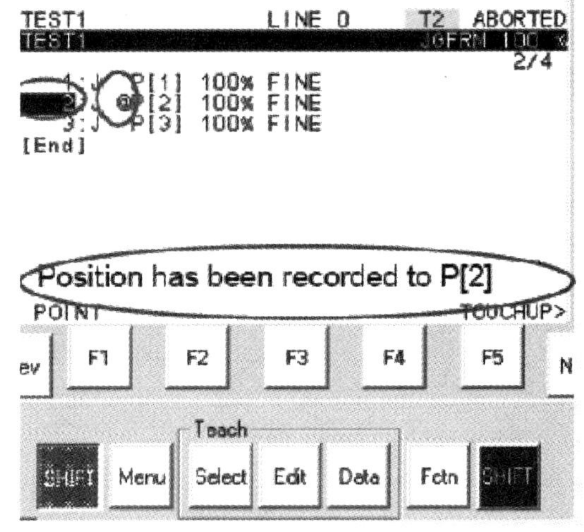

图 2-53　示教点追加示意图

（3）示教点的删除　将原有的示教点删除的操作如下：

首先将光标放到应删除的程序行前。

按〈NEXT〉键显示下一页功能菜单，然后按〈F5〉键显示编辑命令，选择〈Delete〉，删除该程序行。如果要删除多个相连的程序行，就将光标放在首行，然后反复单击〈SHIFT〉+向下箭头，直至所有程序行都标记位置，然后确认删除就可以了。

2. 文件编辑功能

FANUC 提供了便利的文件编辑功能，包括复制、粘贴、剪切等。

剪切是指将选中的若干命令行从程序文件中删除，将其移动到剪贴板上的操作。复制是指将选择的内容复制到剪贴板上的操作。粘贴是指将剪切或复制到剪贴板上的内容粘贴到其他位置的操作。

3. 参数修改

对原有程序行的参数进行修改，比如修改焊接速度、到达方式、焊接电流、焊接电压等。程序界面中有一部分参数可以通过光标选择该参数后进入到参数修改界面进行修改，有一些需要在其他窗口中修改参数的设置文件。

FANUC 机器人的参数修改，只需要打开相应的参数设定窗口，然后修改和确认即可。

五、跟踪和再现

可以采用单步和连续两种方式跟踪。通过按下示教器的〈STEP〉键在单步和连续两种方式之间切换。

（1）单步方式　选择单步运行时，当同时按下〈SHIFT〉+〈正向运行〉或〈反向运行〉，机器人就从程序行当前所在位置按照正向或反向设定，运行到下一个点，然后停止。

启动后保持按住〈SHIFT〉键，无须一直按下〈正向运行〉或〈反向运行〉键。

（2）连续方式　选择连续运行时，当同时按下〈SHIFT〉+〈正向运行〉或〈反向运行〉键，机器人就从程序行当前所在位置按照正向或反向设定，运行到程序结束或者程序开始，然后停止。启动后保持按住〈SHIFT〉键，无须一直按下〈正向运行〉或〈反向运行〉键。运行过程中，如果松开〈SHIFT〉键，机器人会立刻停下。

程序再现，可以理解为执行程序，可以采用主程序调用方式执行已经编辑好的程序。

任务实施

1. 焊前准备

材料：Q235，试件尺寸：300mm × 100mm × 12mm，2 块，对接 V 形坡口，坡口尺寸如图 2-54 所示。

2. 技术要求

1）水平位单面焊双面成形。

2）根部间隙 b=3 ~ 4mm，钝边 p=1 ~ 1.5mm，坡口角度为 60°。

3）焊后角变形量≤ 3°。

4）焊缝表面平整、无缺陷。

5）三层三道，直线摆动，单面焊双面成形。焊道分布示意图如图 2-55 所示。

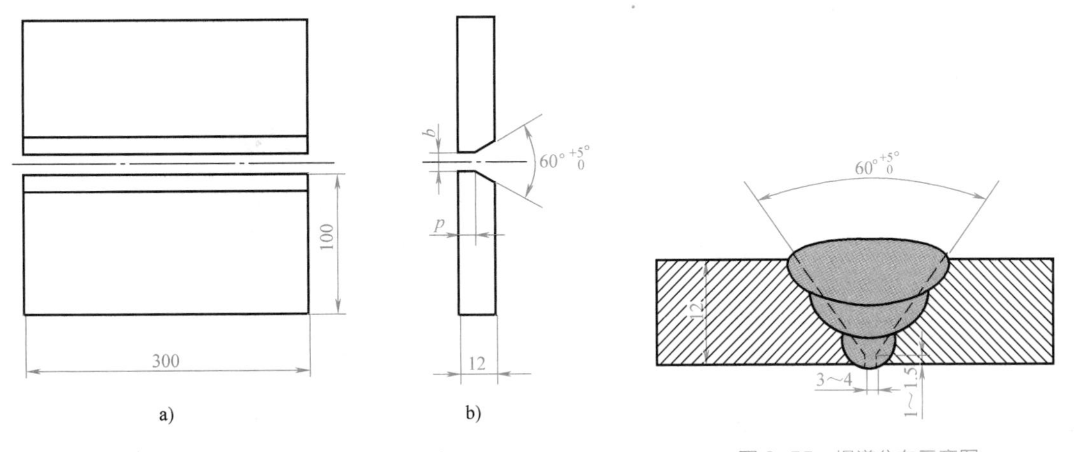

图 2-54　对接试件及坡口尺寸

图 2-55　焊道分布示意图

3. 试件点固

1）装配间隙。起始间隙约为 2mm，收尾间隙控制约为 3.2mm，错边量≤ 0.5mm。

2）装配定位。定位焊焊接位置在试件两端 20mm 范围内，在试件坡口内定位焊。V 形坡口对接平焊装配如图 2-56 所示。

定位焊焊点的长度约为 15 ~ 20mm，定位焊后预置反变形夹角为 3°，如图 2-57 所示。

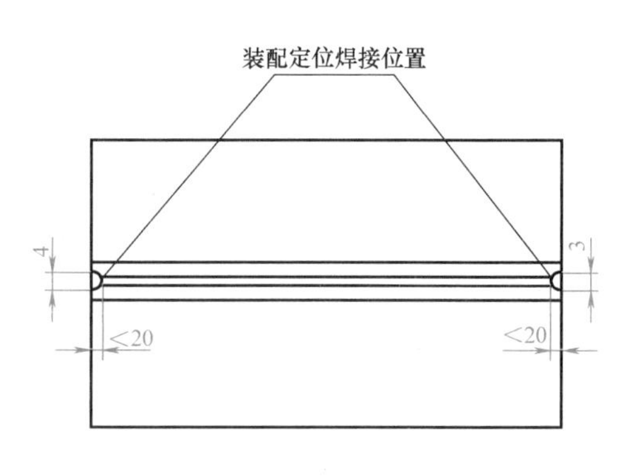

图 2-56　V 形坡口对接平焊装配示意图

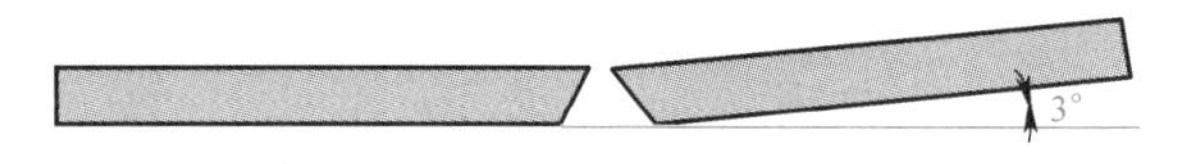

图 2-57　预置反变形夹角

4. 焊接参数

焊接参数见表 2-15。

表 2-15　焊接参数

焊道层次	焊接电流/A	焊接电压/V	气体流量/(L/min)	焊接速度/(mm/min)	两端停留时间/s	摆动频率/ Hz
打底层	80 ~ 120	17 ~ 20	12 ~ 15	200 ~ 300	0.3 ~ 0.4	0.5 ~ 0.7
填充层	120 ~ 150	19 ~ 22	12 ~ 15	200 ~ 350	0.1 ~ 0.2	0.6 ~ 0.8
盖面层	120 ~ 140	19 ~ 23	12 ~ 15	200 ~ 350	0.2 ~ 0.3	0.6 ~ 0.8

5. 操作要点及注意事项

采用左向焊法，焊接层次为三层三道，焊枪角度如图 2-58 所示。摆动焊接示意图如图 2-59 所示。

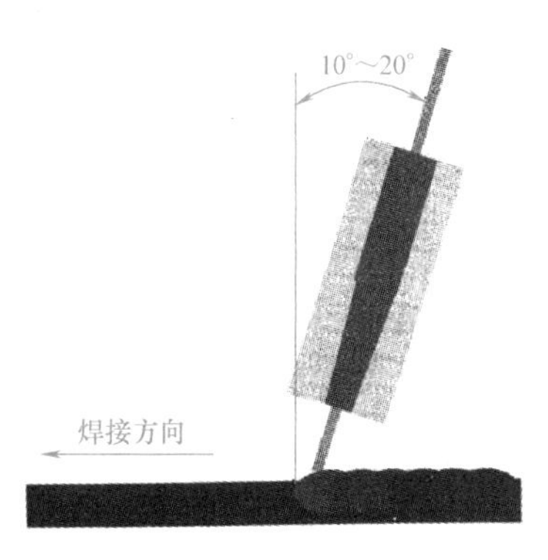

图 2-58　焊枪角度

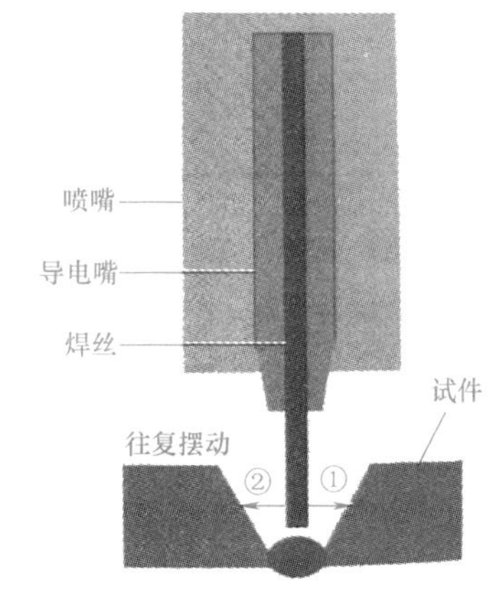

图 2-59　摆动焊接示意图

6. 示教编程

（1）打底层

1）起弧。将试件始焊端放于右侧，然后开始引弧及打底焊接。

2）采用锯齿形摆动方式。注意控制摆动幅度和焊接速度，以获得宽窄和高低均匀的背面，防止烧穿。

3）控制电弧在坡口两侧的停留时间，焊打底层时为0.3～0.4s，焊填充层时为0.1～0.2s，焊盖面层时为0.2～0.3s，以保证坡口两侧熔合良好。

（2）填充层　调试填充层焊接参数，焊枪的摆动幅度大于打底层焊缝宽度。注意熔池两侧熔合情况，保证焊道表面平整并稍下凹，填充层高度应低于母材表面1.5～2.0mm。焊接时不允许熔化坡口棱边。

（3）盖面层　焊接盖面层时注意保持喷嘴高度，焊接熔池边缘应超过坡口棱边0.5～2.5mm，并防止咬边。

焊枪横向摆动幅度应比填充层焊接时还要大，尽量保持焊接速度均匀。

收弧时要填满弧坑，收弧弧长要短，等熔池凝固后方能移开焊枪，以免产生弧坑裂纹和气孔。

7. 焊接质量要求

进行外观检查，要求如下：

1）焊缝边缘直线度公差≤2mm；焊道宽度比坡口每侧增宽0.5～2.5mm，宽度差≤3mm。

2）焊缝与母材圆滑过渡；焊缝余高0～3mm，余高差≤2mm；背面凹坑≤2mm，总长度不得超过焊缝长度的10%。

3）焊缝表面不得有裂纹、未熔合、夹渣、焊瘤等缺陷。

4）焊缝边缘咬边深度≤0.5mm，焊缝两侧咬边总长度不得超过焊缝长度的10%。

5）焊件表面非焊道上不应有起弧痕迹，试件角变形量＜3°，错边量≤1.2mm。

扩展知识

转弯区尺寸

不同品牌的机器人指令中都会涉及到转弯区尺寸这一参数的设置。

在ABB机器人中，转弯区尺寸可以是fine或者以z开头加上数字组合的数据。

其中fine代表机器人TCP达到目标点。在目标点机器人速度降为0，机器人动作有停顿。焊接路径部分必须使用fine，以保证焊接路径精确。zone指机器人TCP不达到目标点，而是在距离目标点一定长度（通过编程来确定，如z10）处圆滑绕过目标点，如图2-60所示。

FANUC机器人中，转弯区尺寸称为“终止类型”，写为FINE或者CNT，前者代表精确到达，后者代表以一定转弯区距离绕过目标点，如图2-61所示。

可以看出ABB机器人的转弯区指令表达和FANUC机器人的略有不同，一个描述的是距离目标点的距离，另一个代表的是转弯区半径大小。因此，在使用的时候，应根据不同机器人的情况，合理应用，避免出错。

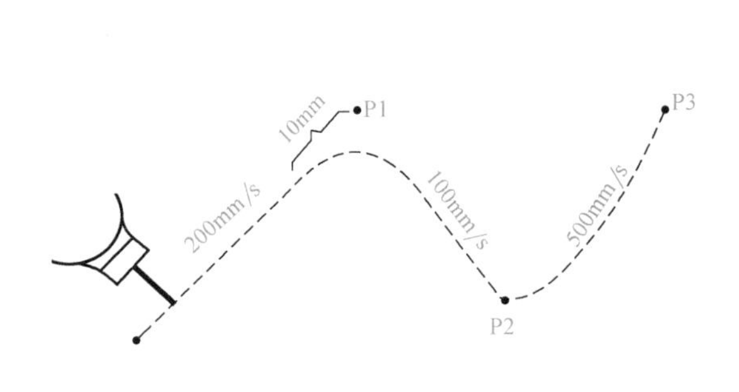

图 2-60　ABB 机器人转弯区半径示意图

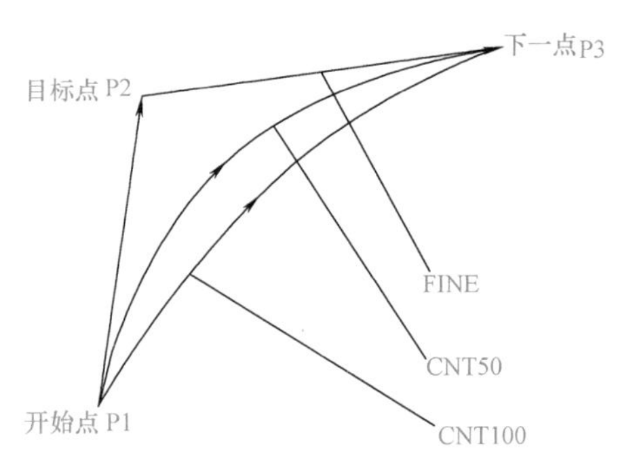

图 2-61　FANUC 机器人转弯区半径示意图

复习思考题

一、填空题

1. 先在表 2-16 中填写图标的名称，然后根据后面的应用，在括号里填写相应操作的序号。

表 2-16　图标名称表

序号	图标	名称
1		
2	F2	
3	−Z (J3) −Y (J2) −X (J1) +Z (J3) +Y (J2) +X (J1) −Z (J6) −Y (J5) −X (J4) +Z (J6) +Y (J5) +X (J4)	
4	COORD	
5	SELECT	
6	DISP	

（1）打开系统，需要操作（　　），从 OFF 打到 ON。

（2）新建和加载程序。首先，按（　　）键，显示出程序目录画面。然后按（　　）键，对应 Create 功能，出现如图 2-47 所示的画面。然后选择程序的命名方式，输入相应的程序名称。

（3）需要对窗口进行分屏操作时，按（　　）。

（4）手动操作移动机器人时，首先按（　　）来依次切换坐标系，直到切换到合适的坐标系，然后通过操作（　　）来实现在该坐标系下的对应运动轴的运动。

2. FANUC 机器人的直线运动指令是（　　）。

3. FANUC 机器人的关节运动指令是（　　）。

4. FANUC 机器人的圆弧运动指令是（　　）。

二、选择题

1. FANUC 机器人的焊接开始指令是（　　）。

A. ArcLStart　　B. ArcCStart　　C. WeldStart　　D. WeldEnd

2. FANUC 机器人的焊接结束指令是（　　）。

A. ArcLStart　　B. ArcCStart　　C. WeldStart　　D. WeldEnd

3. FANUC 机器人采用精确运动到目标点的方式运动，指令中的转弯区尺寸应该是（　　）

A. FINE　　B. CNT100　　C. CNT50　　D. CNT5

4. FANUC 机器人现在停留在示教点 p4 上，那么在示教器屏幕上，凡是涉及到 p4 点的指令前都会出现（　　）标志。

A.@　　B. !　　C. ?　　D. %

三、判断题

1. FANUC 机器人指令中 % 代表速度。（　　）

2. FANUC 机器人的运动指令和焊接指令是一致的。（　　）

3. FANUC 机器人只能进行正向跟踪运行。（　　）

四、简答题

1. 新建和加载程序的步骤是怎样的?

2. 直线轨迹运动指令和直线轨迹焊接指令是一样的吗? 具体区别体现在哪里?

3. 对于直线焊接，中间点如何添加? 采用什么指令?

项目实训

参照图 2-62 所示轨迹路径，写出典型的程序语句，并在机器人示教器上实现程序示教（也可运行程序进行表面堆焊）。P2 ~ P5 点为焊接路径，其中三段路径为不同的直线段，可以设置不同的焊接参数。P1 点和 P6 点为原点，和焊接路径不在同一平面上。

简要的操作步骤如下：

1）从原点 P1 开始，首先示教 P1 点。

2）从原点 P1 出发，选择合适的坐标系和运动轴，将机器人移动到试板上的 P2 点处，示教 P2 点。由于 P2 点是焊接开始点，请根据不同品牌机器人焊接示教的特点，完成焊接相关程序示教，保证在 P2 点进行起

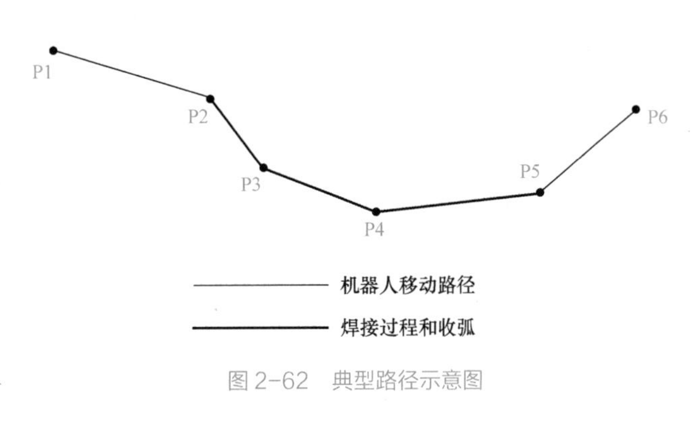

图 2-62　典型路径示意图

弧焊接。P1 到 P2 段不焊接。

3）将机器人移动到 P3 点，示教 P3 点，注意设置 P2 到 P3 段的焊接条件。

4）将机器人移动到 P4 点，示教 P4 点，注意设置 P3 到 P4 段的焊接条件，可以和 P2 到 P3 段不同。

5）将机器人移动到 P5 点，示教 P5 点，请根据不同品牌机器人焊接示教的特点，完成焊接相关程序示教，并且在 P5 点收弧结束焊接。

6）将机器人运动到原点 P6 点，示教 P6 点，P5 到 P6 段不进行焊接。

项目小结

通过本项目的学习，读者掌握了机器人示教和再现的原理，熟知了机器人的运动分为点位运动、直线运动和圆弧运动，重点掌握了不同品牌机器人的两种运动指令及焊接指令，并能够使用机器人完成板板对接接头焊接，能够设置参数、编辑程序和调试程序。

虽然每种品牌机器人的运动指令和焊接指令的表达形式不同，但这只是表述字母组合不同，或者采用的指令搭配形式不同。ABB 机器人采用了专门的直线焊接指令 ArcLStart、ArcL 和 ArcLEnd，分别代表直线焊接开始、直线焊接中间、直线焊接结束。而 KUKA 与 FANUC 则是采用了在直线运动指令基础上附加焊接指令的方式实现焊接的。比如 KUKA 采用附加 ArcOn 和 ArcOff 指令，而 FANUC 则采用附加 WeldStart 和 WeldEnd 指令，两者是异曲同工，本质是相同的。其他有关焊接需要设置的相关参数则在这些有关焊接的指令中进行设置。

机器人焊接最终还是要落实到焊接上，前期的示教、跟踪、程序编辑和调试都是为了使机器人的运动过程和焊接过程相匹配，能够焊接出满足质量要求的焊缝。操作者除了具备工业机器人的操作知识之外，还需要有焊接的相应基础知识，能够分析焊缝存在的问题，并根据分析结果找到合理的工艺解决办法。

项目三

机器人焊接圆弧轨迹焊缝

项目概述

焊接机器人具有 PTP、直线、圆弧等典型的动作功能，其他任何复杂的焊接轨迹都可拆分为这几种基本形式。本项目从基本的圆弧运动开始，这些基本的运动方式是理解圆弧轨迹焊接和进行焊接示教的基础。

在此基础上，运用 ABB、KUKA 和 FANUC 机器人进行在线示教，实现管板对接接头焊缝的机器人自动焊作业；并完成圆弧轨迹焊缝的程序修改和编辑，旨在加深读者对机器人圆弧轨迹运动示教的理解，使读者熟悉机器人示教编程的内容和流程。

学习目标

1）巩固机器人示教和再现的原理、运动轨迹跟踪的原理、焊接开始和结束设定方法和程序编辑的基本内容。

2）掌握机器人圆弧轨迹示教的原理和基本要领。

3）能够使用示教器熟练进行复制、删除、粘贴、添加示教点、删除示教点、修改示教点位置、参数修改等操作。

4）能够完成管板角接接头焊接示教和程序编辑。

5）能够评价焊接接头质量，并改进工艺。

6）能够收集和筛选信息。

7）能够制订工作计划、独立决策和实施。

8）能够团队协作、合作学习。

9）具备工作责任心和认真、严谨的工作作风。

项目实施

任务1 ABB机器人焊接管板角接接头

任务解析

通过查阅有关ABB机器人圆弧轨迹运动和焊接示教、程序编辑等相关资料，了解ABB机器人圆弧示教原理和要领等知识，了解程序编辑的种类和内容。然后手动操作机器人进行管板角接接头焊接示教和程序编辑，并根据焊缝质量修改焊接参数。

必备知识

一、ABB机器人的圆弧轨迹示教

机器人完成圆周焊缝的焊接（如管焊接）通常需示教三个以上特征点（圆弧开始点、圆弧中间点和圆弧结束点），这是由三点确定一段圆弧的原理所决定的。整圆轨迹的示教是在单一圆弧（单一圆弧是指一段圆弧，非整圆）轨迹示教的基础上，采用多段单一圆弧组成一个整圆轨迹的方法。而连续圆弧（连续圆弧是指圆心不同的两段圆弧）的示教也是由多个单一圆弧组成的。

不同品牌机器人的圆弧轨迹示教原理是一致的，指令的名称有区别，命令行的组成内容有区别。

ABB机器人的圆弧运动指令是MoveC，下面学习MoveC及其应用。

1. 单一圆弧轨迹示教

因为不在同一直线上的三点可以确定一段圆弧，所以机器人圆弧运动指令MoveC需要示教圆弧的起点、中间点和终点。典型的单一圆弧运动程序如下：

MoveC p1，p2，v100，z1，tool1；（圆弧运动起点程序语句，起始点为p0，需要确定另外两点p1和p2，即中间点和终点）

具体解释如下：

1）MoveC。圆弧运动指令。

2）p1。圆弧中间点。圆弧运动起点程序语句可以自动记录位置点数据，也可以手动输入数据。

码3-1 圆弧轨迹示教注意事项

3）p2。圆弧终点。圆弧运动起点程序语句可以自动记录位置点数据，也可以手动输入数据。

4）v100。机器人运行速度。

5）z1。转弯区尺寸。

6）tool1。工具坐标。

可通过扫描码3-1观看圆弧轨迹示教注意事项动画。

2. 整圆轨迹示教

如果要示教如图 3-1 所示的整圆轨迹，就需要多段单一圆弧组合才能形成。一条圆弧示教指令是无法实现整圆轨迹示教的（如果用一条圆弧运动指令示教一个整圆，必须让起始点和终点重合，但是这样做了的话，机器人就无法进行圆弧计算，得到圆弧轨迹了，因为，起始点和终点重合时，整个路径就只剩下两个点，两个点没有办法确定圆弧），所以至少需要两段或两段以上的单一圆弧首尾相连才能完成整圆示教。最简单的示教方法是采用两段单一圆弧示教一个整圆轨迹。整圆轨迹示教语句如下：

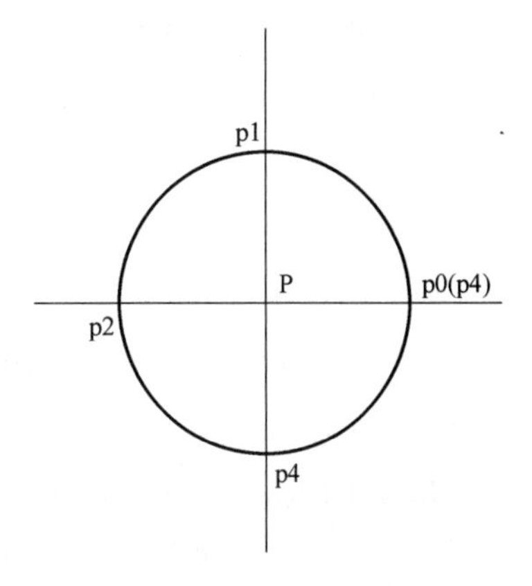

图 3-1　整圆轨迹示意图

MoveC p1，p2，v100，z1，tool1；

（第一段圆弧运动起点程序语句，起始点为 p0，需要确定另外两点 p1 和 p2，即中间点和终点）

MoveC p3，p4，v100，z1，tool1；

（第二段圆弧运动起点程序语句，起始点为 p2，需要确定另外两点 p3 和 p4，即中间点和终点，其中 p4 点和 p0 点是重合的）

码 3-2　整圆轨迹示教原理

可通过扫描码 3-2 观看整圆轨迹示教原理动画。

当然也可以利用之前所学到的 offs 函数完成轨迹规划。

典型的圆弧运动程序如下：

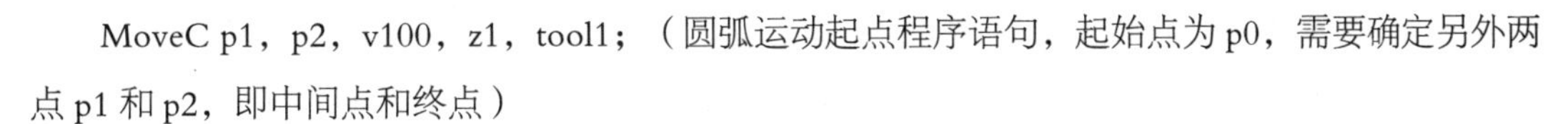
MoveC p1，p2，v100，z1，tool1；（圆弧运动起点程序语句，起始点为 p0，需要确定另外两点 p1 和 p2，即中间点和终点）

例如，机器人沿圆心为 *P* 点，半径为 100mm 的圆运动。运动程序为

MoveJ p，v500，z1，tool1；

MoveL offs（p，100，0，0），v500，z1，tool1；

MoveC offs（p，0，100，0），offs（p，−100，0，0），v500，z1，tool1；

MoveC offs（p，0，−100，0），offs（p，100，0，0），v500，z1，tool1；

MoveJ p，v500，z1，tool1；

二、ABB 机器人的圆弧轨迹焊接示教

不同品牌机器人对应的焊接示教指令不同，ABB 采用的是专门的焊接指令，与移动指令不同。

ArcC（圆弧焊接，Circular Welding）圆弧弧焊指令，类似于 MoveC，包括 3 个选项：

1）ArcCStart：开始焊接。

2）ArcCEnd：焊接结束。

3）ArcC：焊接中间点。

典型的圆弧焊接路径如图 3-2 所示。

对应图 3-2 的程序如下：

```
MoveL p1, v100, fine, tool1;
ArcLStart p2, v100, seam1, weld5/
Weave:=Weave1, fine, tool1;
ArcC p3, p4, v100, seam1, weld5/
Weave:=Weave1, fine, tool1;
ArcCEnd p5, p6, v100, seam1, weld5/
Weave:=Weave1, fine, tool1;
MoveL p7, v100, fine, tool1;
```

由于焊接过程中涉及多段不同的圆弧轨迹，所以上面这段程序使用了 ArcC 语句，在维持焊接的前提下，改变焊接的路径。

MoveL
ArcLStart
MoveL
p1
p7
p2
ArcC
p5
p6
p3
p4
ArcCEnd

———— 机器人移动路径
×××× 起弧准备阶段
———— 焊接过程和收弧

图 3-2 圆弧焊接路径

虽然圆弧焊接有 ArcCStart 的圆弧焊接开始指令，但是通常使用 ArcLStart 直线焊接开始指令作为圆弧焊接的开始指令，这是因为圆弧焊接开始指令后面需要跟两个示教点，而直线焊接开始指令只需要一个点，因此后者不会影响后续焊接路径的规划，使用方便。

可通过扫描码 3-3 观看 ABB 机器人圆弧焊接指令综合运用视频。

码 3-3 ABB 机器人圆弧焊接指令综合运用

三、程序编辑

1. 示教点的编辑

焊接机器人程序的示教一般不能一步到位，需要不断调试和完善，因此经常会进行示教点的编辑操作，常见的有示教点的追加、变更和删除。

（1）示教点的追加　圆弧轨迹示教一般是示教两个点，即圆弧轨迹的中间点和终点。如果原有的路径之外需要添加圆弧示教点，则必须以完整的圆弧指令进行添加，如同新示教一条圆弧指令的操作方法。

（2）示教点的位置变更　位置变更不涉及追加或者删除某一示教点，而是在保留该点的前提下，修改一下位置。

原有的圆弧轨迹示教的中间点和终点，如果位置不合适而需要变更，可以将机器人移动到新的位置点，然后更新该位置到已经示教的程序目标点上，就可以完成变更操作了。运行时，仍然按照之前的顺序，只不过变更后的路径有所改变。

（3）示教点的删除　由于圆弧轨迹需要示教圆弧轨迹中间点和终点，如果只删除圆弧轨迹示教指令中的一点，圆弧指令就不完整了，因此，需要删除整条圆弧示教指令。

2. 文件编辑功能和参数修改功能

这里就不再赘述，参照项目 2 任务 1 中的内容即可。

任务实施

1. 焊前准备

材料：Q235，试件尺寸如图 3-3 所示，管为 ϕ60mm×60mm×6mm，板为 80mm×80mm×4mm。

表面处理：将试件焊缝两侧 20~30mm 范围内的内外表面上的油、污物、铁锈等清理干净，使其露出金属光泽。

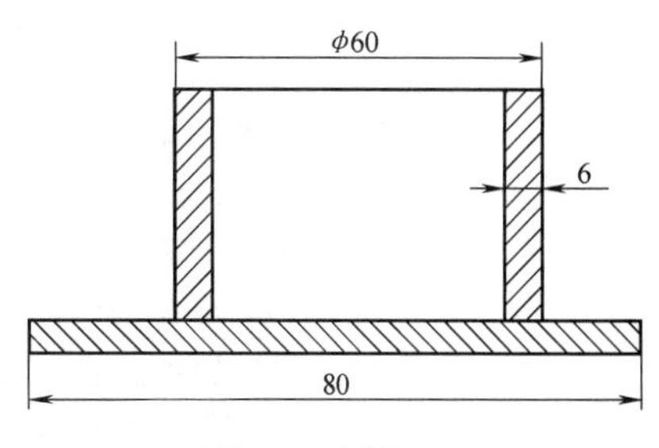

图 3-3　试件尺寸

2. 任务分析

管板角接焊缝在管子的圆周根部，即示教时焊枪的角度、电弧对中的位置需要随着管板角接接头的弧度变化而变化。

首先要分析一共需要示教几个示教点，每个示教点的焊枪姿态如何，然后进行示教、设定作业条件、运行确认和施焊。

3. 试件点固

选择合适的工艺参数，使用焊条电弧焊设备对待焊试管和试板进行定位焊。焊接点数以 2~4 点为宜（内圆对称方向点固）。定位焊时注意动作要迅速，防止因焊接变形而产生位置偏差，造成焊缝位置变动。

4. 焊接参数

焊接参数参见表 3-1。

表 3-1　焊接参数

焊接电流/A	焊接电压/V	气体流量/(L/min)	焊接速度/(mm/min)
150~170	19~23	15~20	400~500

5. 示教编程

1）示教一个圆至少要两段圆弧，包括 4 个示教点，而且要注意等距离选点，选择正确的指令和设置正确的参数。每个示教点都需要重新调整焊枪姿态，时刻保持焊枪工作角度。另外要注意每个示教点的电极伸出长度的变化。

2）结束点和开始点要有 2 ~ 3mm 的搭接距离，并且设置收弧时间。

焊接结束后要设置规避点。

6. 焊接质量要求

进行外观检查，要求如下：

1）焊缝表面不得有裂纹、未熔合、夹渣、焊瘤等缺陷。

2）焊缝边缘咬边深度≤ 0.5mm，焊缝两侧咬边总长度不得超过焊缝长度的 10%。

扩展知识

ABB 机器人其他指令介绍

ABB 机器人除了运动指令和焊接指令外，还有很多类型的指令。

1. IO 控制指令

IO 控制指令用于控制 IO 信号，以达到与机器人周边设备进行通信的目的。

（1）Set　Set 称为数字信号置位指令，用于将数字输出（Digital Output）置位为“1”。

图 3-4 所示的程序窗口中，就是通过使用 Set 指令，将 do1 这个数字输出信号置位为 1。

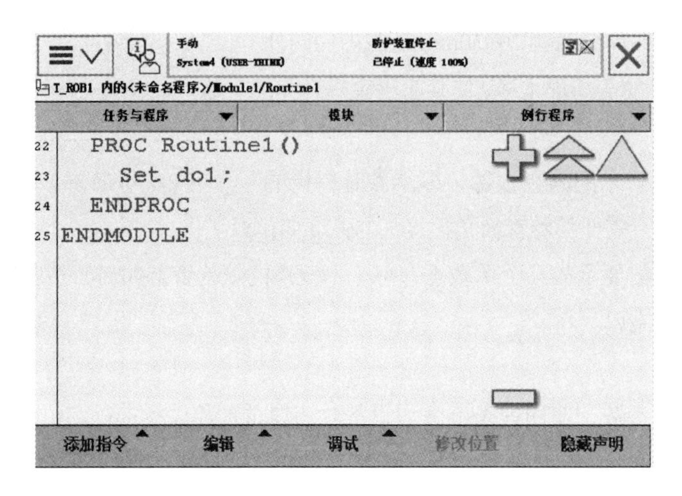

图 3-4　Set 指令设置界面

（2）Reset　Reset 称为数字信号复位指令，和 Set 指令相反，用于将数字输出（Digital Output）置位为“0”。

图 3-5 所示的程序窗口中，就是通过使用 Reset 指令，将 do1 这个数字输出信号置位为 0。

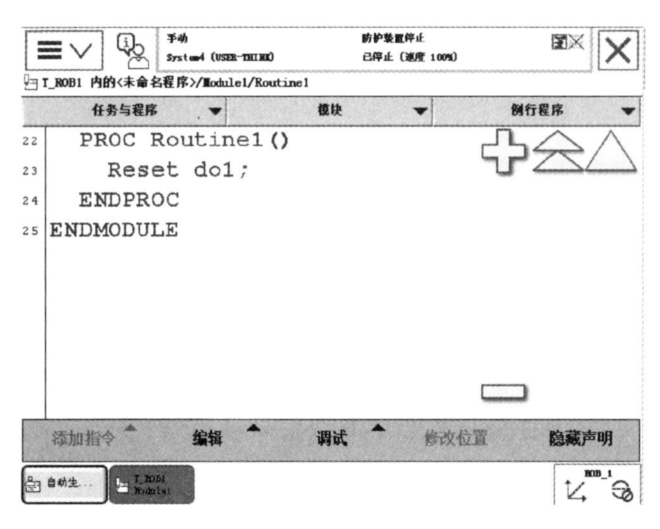

图 3-5　Reset 指令设置界面

（3）WaitDI　WaitDI 称为数字输入信号判断指令，用于判断数字输入信号的值是否与目标值一致。

图 3-6 所示的程序窗口中，WaitDI 是指令，di1 是输入信号，1 是判断的目标值。

该语句就是通过使用 WaitDI 指令，对输入信号 di1，与目标值 1 做判断。

如果 di1 的值是 1，则程序继续往下执行。如果到达了等待的最长时间 300s 后，di1 的值仍然不为 1，则机器人报警或进入出错处理程序。

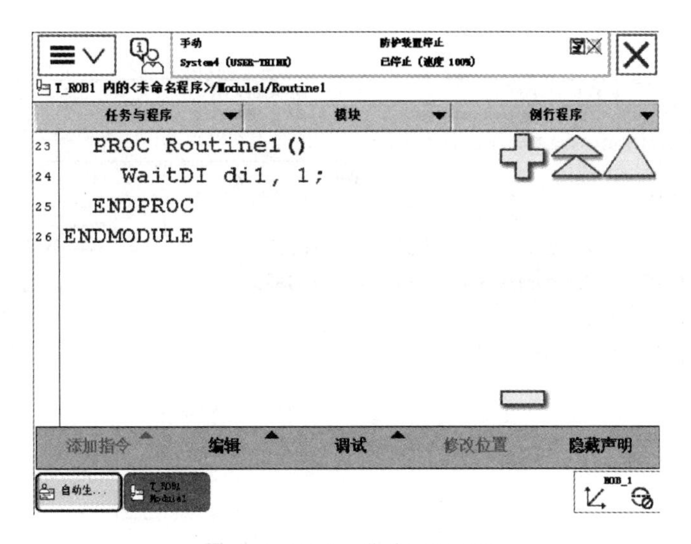

图 3-6　WaitDI 指令设置界面

（4）WaitDO　WaitDO 称为数字输出信号判断指令，用于判断数字输出信号的值是否与目标值一致。

图 3-7 所示的程序窗口中，WaitDO 是指令，do1 是输出信号，1 是判断的目标值。

该语句就是通过使用 WaitDO 指令，对输出信号 do1，与目标值 1 做判断。

如果 do1 的值是 1，则程序继续往下执行。如果到达了等待的最长时间 300s 后，do1 的值仍然不为 1，则机器人报警或进入出错处理程序。

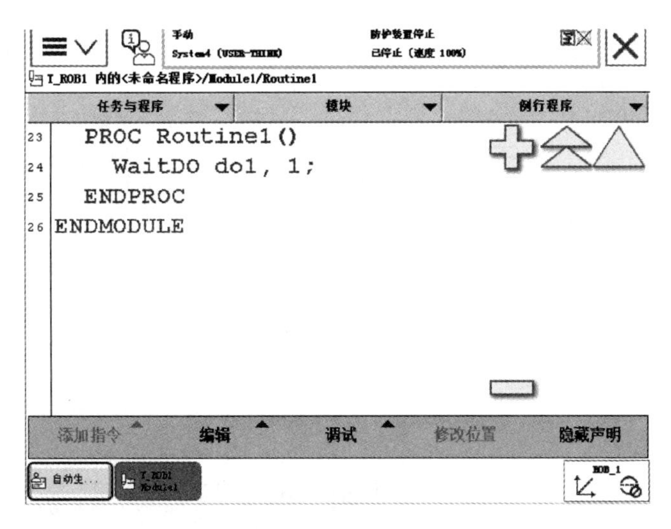

图 3-7　WaitDO 指令设置界面

（5）WaitUntil　WaitUntil 称为信号判断指令，可用于布尔量、数字量和 IO 信号值的判断。

图 3-8 所示的程序窗口中，WaitUntil 是指令，di1 是输入信号，do1 为输出信号。

该语句就是通过使用 WaitUntil 指令，对输出信号 di1，输出信号 do1 做判断。

如果 WaitUntil 指令后面的条件达成的话，程序继续往下执行；否则就一直等待，除非设定了最长等待时间。

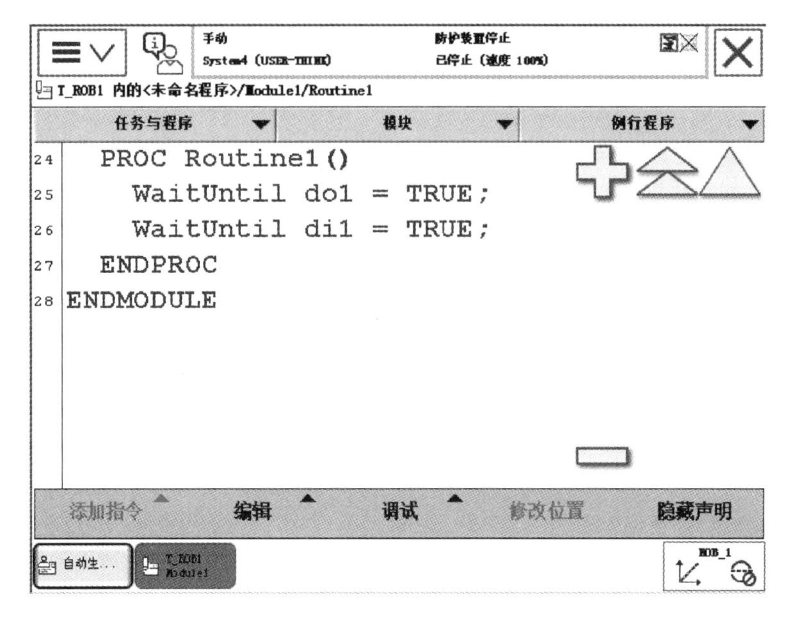

图 3-8　WaitUntil 指令设置界面

2. 条件逻辑判断指令

（1）Compact IF　Compact IF 称为紧凑型条件判断指令，用于满足一个条件就执行一句指令。图 3-9 所示的程序窗口中，IF 是判断指令，当 flag1 的状态为 TRUE 时，就将 do1 置位为 1。

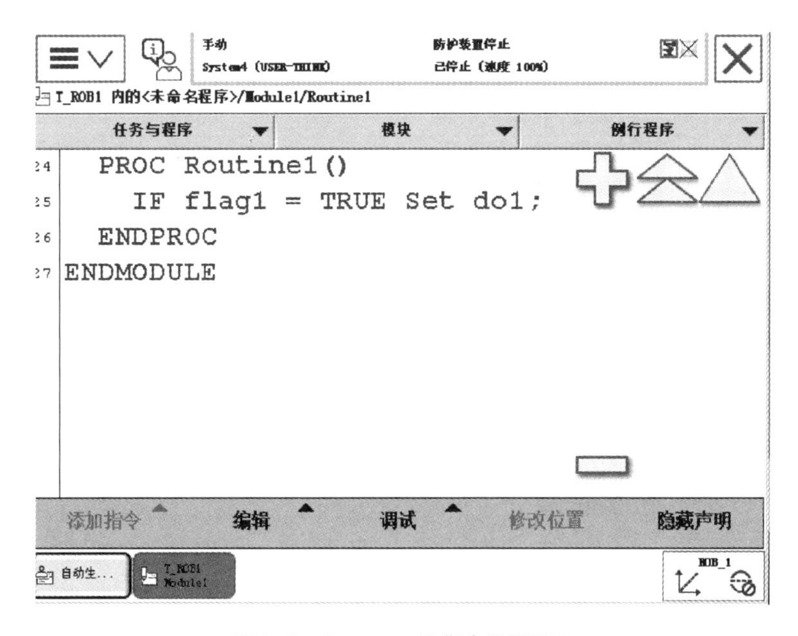

图 3-9　Compact IF 指令设置界面

（2）FOR　FOR 称为重复执行判断指令，用于一个或多个指令需要重复执行数次的情况下。

图 3-10 所示的程序窗口中，FOR 是重复执行判断指令，变量 i 从 1 开始，执行程序 Routine1，程序循环，i 不断增加 1，直到 i 等于 10 停止，例行程序 Routine1 重复执行 10 次。

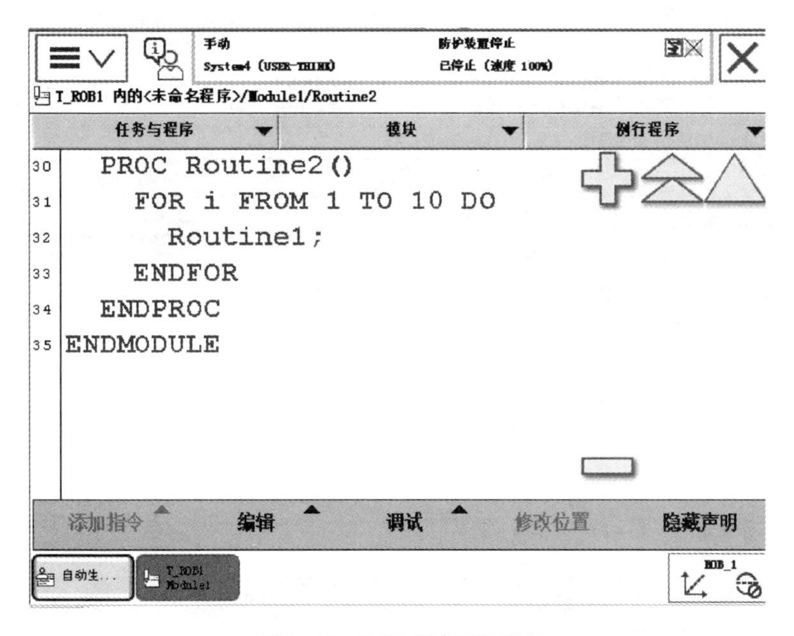

图 3-10　FOR 指令设置界面

（3）IF　IF 称为条件判断指令，可以根据不同的条件执行不同的指令。

图 3-11 所示的程序窗口中，IF 是判断指令，当 flag1 的状态为 TRUE 时，就将 do1 置位为 1。如果 flag1 为 FALSE，就将 do1 复位为 0。

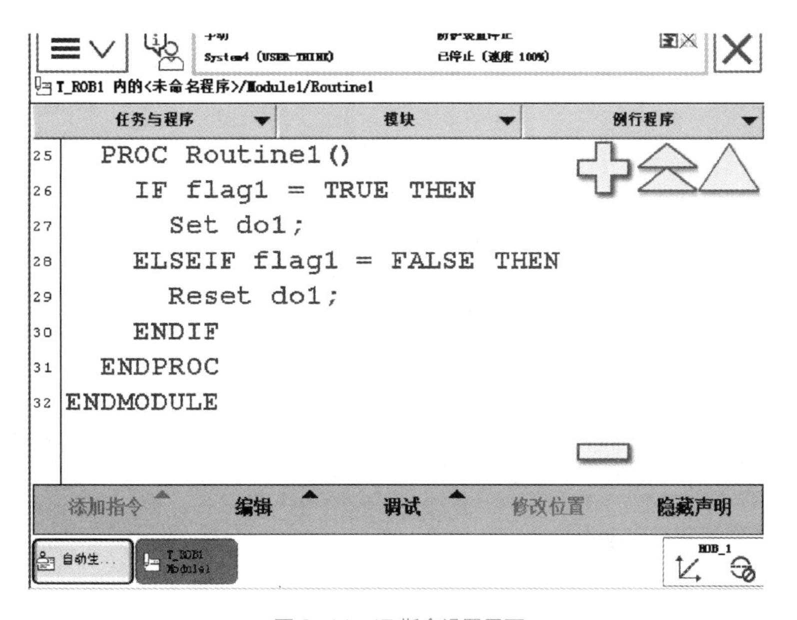

图 3-11　IF 指令设置界面

（4）WHILE　WHILE 称为条件判断指令，用于在给定条件满足的情况下一直重复执行对应的指令。

图 3-12 所示的程序窗口中，WHILE 是条件判断指令，当 num1 大于 num2 时，就执行赋值语句 num1 等于 num1 自身减去 1，程序持续循环直到 num1 不再大于 num2 时停止。

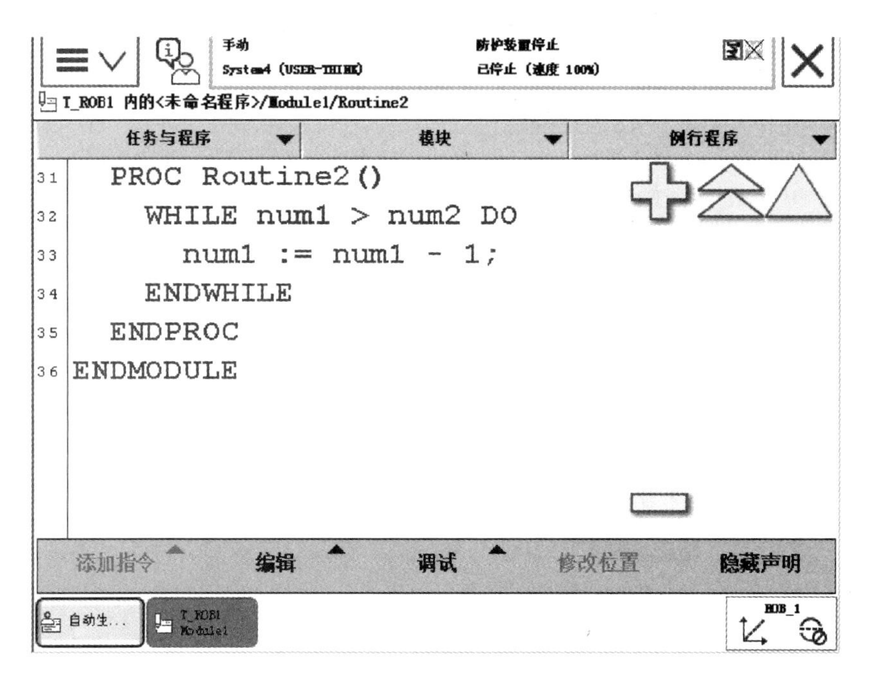

图 3-12　WHILE 指令设置界面

3. 通信指令

通信指令又称为人机对话指令，用于清屏和写屏。

（1）清屏指令　清屏指令为 TPErase。使用指令后，清除当前屏幕的内容，不是删除，是使屏幕变得清洁整齐。

（2）写屏指令　写屏指令为 TPWrite String。其中 String 为在示教器显示屏上显示的字符串。每一个写屏指令最多可显示 80 个字符。

4. 赋值指令

赋值指令采用“: =”的格式，比如 Date: =Value。其中 Date 为被赋值的变量，Value 为赋予的值。例如：ABB：=FALSE（bool）。

5. 等待指令

等待指令为 WaitTime　Time。等待指令就是让机器人运行到该段程序后等待一段时间（Time 表示机器人等待的时间）。

6. ProCall 调用例行程序指令

通过使用此指令在指定的位置调用例行程序。例如：

PROC Routine2（ ）

IF di1=1 THEN

Routine1

ENDIF

ENDPROC

上面程序中，在 Routine1 的位置，之前出现的是 <SMT>，选中后单击【添加指令】，选择【ProCall】，然后选中需要调用的程序名称“Routine1”，就可以实现调用了。也就是说，ProCall 的字符在最终完成的程序中并不会出现。

复习思考题

一、填空题

先在表 3-2 中填写图标的名称，然后根据后面的应用，在括号里填写相应操作的序号，如遇到没有可选项的情况，请填写文字。

表 3-2　图标表格

序号	图　　标	名　称
1	添加指令	
2	编辑	
3		
4		
5		
6	Common	
7	MoveC	
8	IF	
9	ProcCall	

1）添加运动指令 Movec。

首先选择（　　），然后选择（　　），在弹出的窗口中选择（　　）。

2）在程序编辑窗口中，删除程序。

首先选中（　　），然后选择（　　），然后在弹出的窗口中选择（　　）。

3）添加 IF 指令，当 flag1 为 FALSE 时，调用 Routine1 的程序。

首先选择需要添加指令的位置，然后选中（　　），然后在弹出的窗口中选择（　　），添加上 IF 指令，然后输入 flag1=FALSE。选中 <SMT>，选择（　　），接着选择（　　），然后选择 Routine1。

二、选择题

1. ABB 机器人的圆弧焊接开始指令是（　　）。

A. ArcLStart　　B. ArcCStart　　C. ArcC　　D. ArcCEnd

2. ABB 机器人的圆弧焊接结束指令是（　　）。

A. ArcLStart　　B. ArcCStart　　C. ArcC　　D. ArcCEnd

3. ABB 机器人的圆弧焊接中间点指令是（　　）。

A. ArcLStart　　B. ArcCStart　　C. ArcC　　D. ArcCEnd

三、简答题

1. 如果前后两段圆弧焊接的焊接参数不同，那么应通过什么方式设置?

2. 圆弧轨迹运动指令和圆弧轨迹焊接指令是一样的吗？具体区别体现在哪里?

任务 2　KUKA 机器人焊接管板角接接头

任务解析

通过查阅有关 KUKA 机器人圆弧轨迹运动和焊接示教、程序编辑等相关资料，了解 KUKA 机器人圆弧示教原理和要领等知识，了解程序编辑的种类和内容。然后手动操作机器人进行管板角接接头焊接示教和程序编辑，并根据焊缝质量修改焊接参数。

必备知识

一、KUKA 机器人的圆弧轨迹示教

1. 单一圆弧轨迹示数

KUKA 机器人直线运动指令写作“CIRC”（CIRC 是英文“Circular”的前几个字母缩写）。使用圆弧运动指令 CIRC 时，只需要示教确定运动路径的起点、中间点和终点，因为三点确定一段圆弧。

典型的圆弧运动程序如下：

CIRC P1 P2 Vel=2.00m/s CPDAT1 TOOL[1] BASE[0]

1）CIRC：KUKA 机器人圆弧运动指令。

2）P1：圆弧轨迹中间点。可以自动记录位置点数据，也可以手动输入数据。可以触摸箭头以编辑点数据，然后选项窗口 Frames 自动打开。

3）P2：圆弧轨迹终点。可以自动记录位置点数据，也可以手动输入数据。可以触摸箭头以编辑点数据，然后选项窗口 Frames 自动打开。

4）CONT：精确逼近。空白代表精确到达目标点。

5）Vel：机器人运行速度。PTP 运动时，采用百分比表达；LIN 和 CIRC 运动时，则采用 m/s 的速度表示方法。

6）TOOL[1]：工具坐标。

7）BASE[0]：坐标系。

KUKA 的参数修改可以在联机表格中进行。在联机表格中可以非常方便地输入相应的信息。联机表格如图 3-13 所示，Frames 窗口如图 3-14 所示，参数说明见表 3-3。

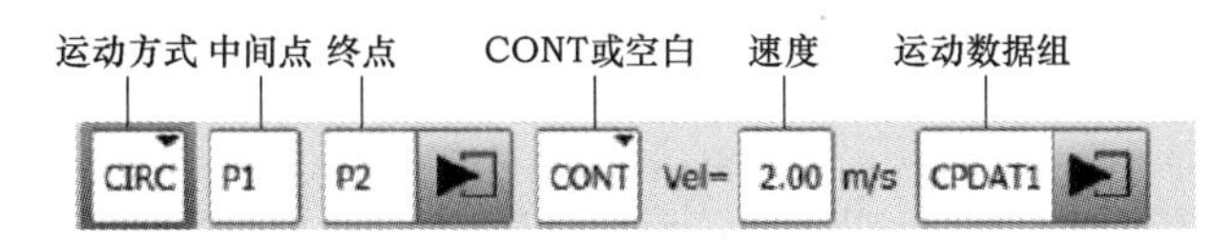

图 3-13　CIRC 指令设置示意图

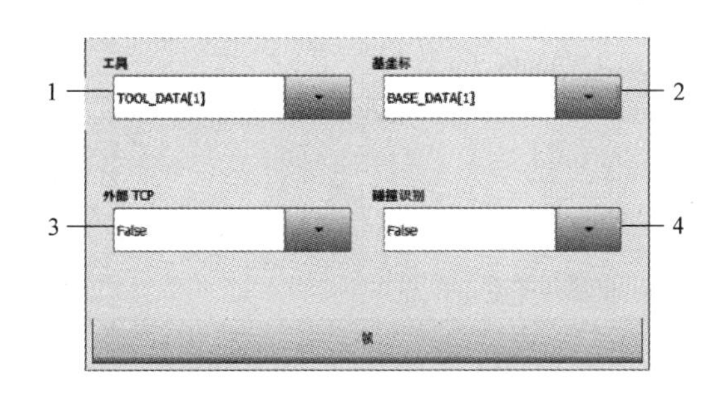

图 3-14　Frames 窗口

表 3-3　Frames 窗口参数说明

序号	说　　明
1	选择工具 值的范围为[1]~[16]
2	选择基坐标 值的范围为[1]~[32]
3	外部TCP 有True和False两个选项 1）True：表示该工具为固定工具 2）False：表示该工具已安装在连接法兰上
4	碰撞识别 有True和False两个选项 1）True：用于碰撞识别 2）False：对运动无法进行碰撞识别

运动数据选项窗口如图 3-15 所示，在窗口中可以设置多项参数，参数说明见表 3-4。

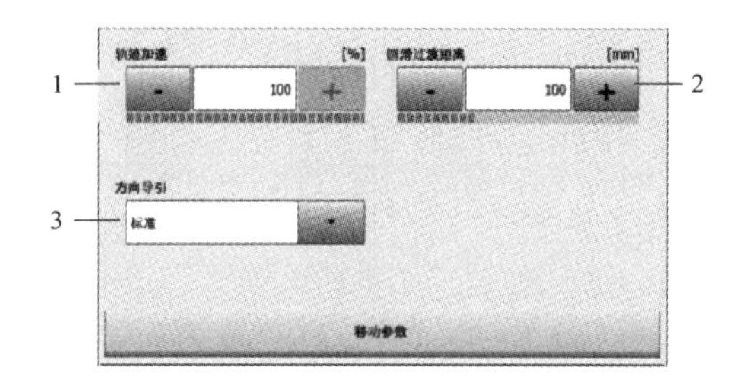

图 3-15　运动数据选项窗口示意图

表 3-4　选项窗口参数说明

序号	说　　明
1	轨迹加速 以机器数据中给出的最大值为基准，给出最大值基础上的百分比速度
2	圆滑过渡距离 只有在联机表格中选择了CONT之后，此栏才显示 此距离最大可为起始点到目标点距离的一半。如果在此输入了一个更大的数值，则系统会自动忽略输入的数值，采用可以使用的最大值
3	方向导引 方向引导分为3种 1）标准 2）手动PTP 3）稳定的姿态引导，即固定不变

在CIRC运动方式下，采用标准或手动PTP模式，工具的姿态在运动过程中不断变化，如图3-16所示。

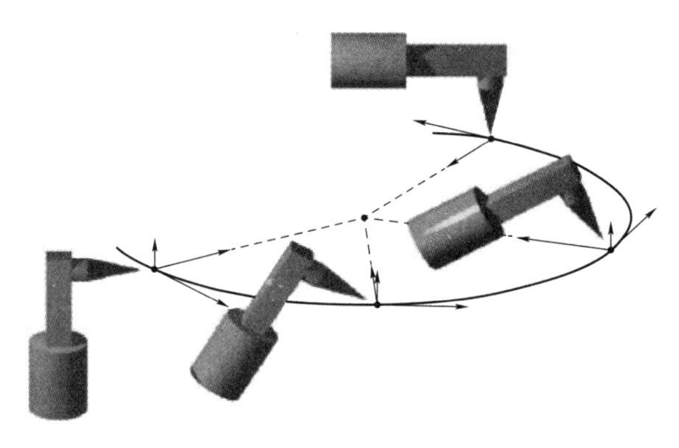

图 3-16　标准或手动 PTP 模式（CIRC 运动方式）

注意：在手动 PTP 模式下，机器人不会遇到奇点，所以，当标准模式下运行出现奇点时，可以改为 PTP 模式。但是在 PTP 模式运行过程中，机器人可能有少许偏离轨迹，因此当要求必须精确沿着轨迹运动时，比如激光焊接时，则不适宜采用 PTP 方式。这时就需要重新进行目标点示教，并校准方向，避免出现奇点。

如果采用固定不变模式，工具的姿态在运动期间保持不变，与在起点所示教的一样，在终点示教的姿态被忽略，如图 3-17 所示。

可通过扫描码 3-4 观看 KUKA 机器人的圆弧轨迹示教视频。

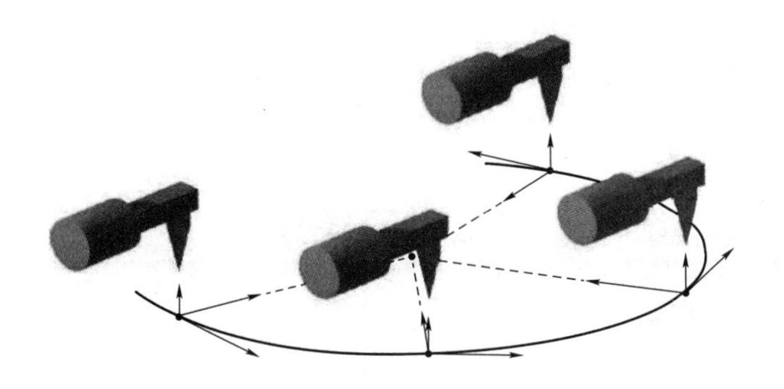

图 3-17　固定不变模式（CIRC 运动方式）

码 3-4　KUKA 机器人的圆弧轨迹示教

2. 整圆轨迹示教

如果要示教如图 3-18 所示的整圆轨迹，就需要多段单一圆弧组合才能形成。一条圆弧示教指令是无法实现整圆轨迹示教的（如果用一条圆弧运动指令示教一个整圆，必须让起始点和终点重合，但是在这种情况下，机器人就无法进行圆弧计算，因为，起始点和终点重合为一点了，整个路径就只剩下两个点，两个点没有办法确定圆弧），所以至少需要两段或两段以上的单一圆弧首尾相连才能完成整圆示教。最简单的示教方法是采用两段单一圆弧示教一个整圆轨迹。整圆轨迹示教语句如下：

图 3-18　整圆轨迹示意图

CIRC　P1 P2 Vel=2.00m/s　CPDAT1 TOOL[1]　BASE[0]

（第一段圆弧运动起点程序语句，起始点为 P0，需要确定另外两点 P1 和 P2，即中间点和终点）

CIRC　P3 P4 Vel=2.00m/s　CPDAT1 TOOL[1]　BASE[0]

（第二段圆弧运动起点程序语句，起始点为 P2，需要确定另外两点 P3 和 P4，即中间点和终点，其中 P4 点和 P0 点是重合的）

可通过扫描码 3-5 观看 KUKA 机器人的整圆轨迹示教视频。

码 3-5　KUKA 机器人的整圆轨迹示教

二、KUKA 机器人的圆弧焊接轨迹示教

不同品牌机器人对应的焊接示教指令不同，KUKA 采用的是在原有运动指令基础上附加焊接开始、焊接结束等相应指令的方式。

KUKA 机器人的焊接依靠焊接开始和焊接结束指令，这两种指令与运动指令不同，焊接路径的规划依靠运动指令，焊接参数的设定依靠焊接指令。

KUKA 的焊接指令如下：

1）Arcon。

2）ArcSwitch。

3）ArcOff。

具体的设置参考项目二中的任务 2，和直线轨迹焊接示教中的参数设置相同。

具体的操作如下：

1）选择“指令”→“Arc Tech Basic”→“ARC 开”。在示教器屏幕上会显示 ArcOn。ArcOn 设置示意图如图 3-19 所示。

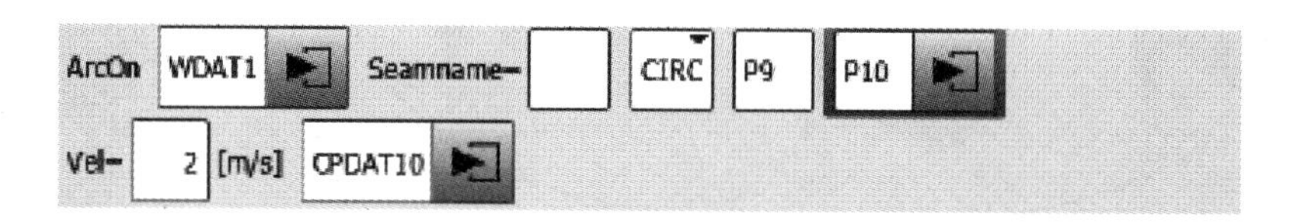

图 3-19　ArcOn 设置示意图

ArcOn 包含了上一点移动到焊接开始点的运动、引弧、焊接、摆动参数。焊接开始点不能采用轨迹逼近方式。引弧和焊接参数启用后，指令 ArcOn 执行完毕。

2）ArcOff。选择“指令”→“Arc Tech Basic”→“Arc 关”。在示教器屏幕上会显示 ArcOff。ArcOff 设置示意图如图 3-20 所示。

在焊接结束点位置结束焊接操作。在焊接结束点填满弧坑，不能采用轨迹逼近方式。

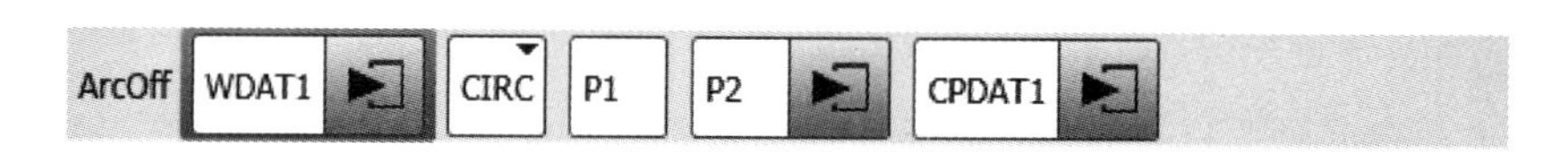

图 3-20　ArcOff 设置示意图

3）ArcSwitch。ArcSwitch 是焊接中间指令，如图 3-21 所示。当前一段焊接路径和后一段焊接路径的参数有变化，或者路径有转折时，可以通过使用 ArcSwitch 指令来过渡。使用 ArcSwitch 指令后，从该示教点之后的焊接条件发生变化。

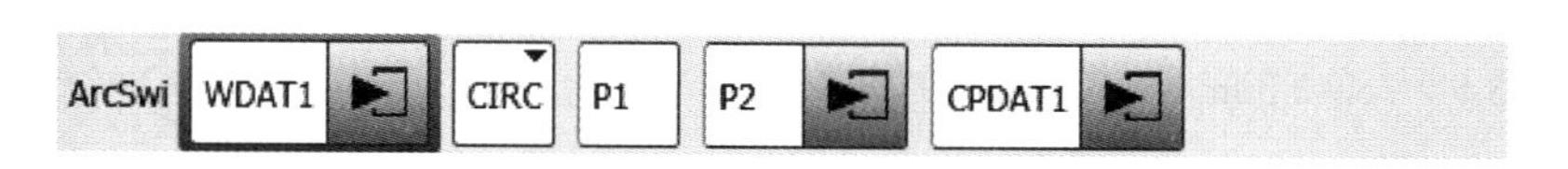

图 3-21　ArcSwitch 设置示意图

圆弧轨迹焊接的起弧，需要使用 ArcOn LIN 指令。

典型的焊接路径如图 3-22 所示，对应的程序如下：

```
PTP  P1 Vel=50%  PDAT1 TOOL[1]  BASE[0]
ArcOn WDAT1 LIN  P2 Vel=2.00m/s  CPDAT1 TOOL[1]  BASE[0]
ArcSwitch WDAT1 CIRC  P3 P4  Vel=2.00m/s  CPDAT1 TOOL[1]  BASE[0]
ArcOff WDAT1 CIRC  P5 P6 Vel=2.00m/s  CPDAT1 TOOL[1]  BASE[0]
LIN P7 Vel=50%  PDAT1 TOOL[1]  BASE[0]
```

可通过扫描码 3–6 观看 KUKA 机器人的整圆轨迹焊接示教视频。

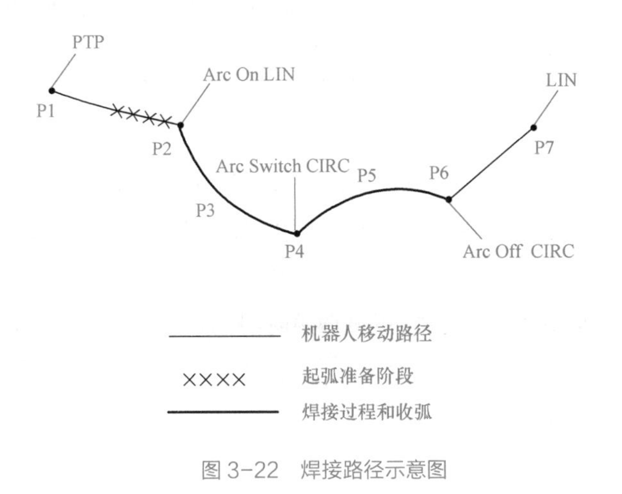

图 3–22　焊接路径示意图

码 3–6　KUKA 机器人的整圆轨迹焊接示教

三、程序编辑

参考项目二中任务 2 的相应内容。

任务实施

1. 焊前准备

材料：Q235，试件尺寸如图 3–23 所示，管为 ϕ60mm × 60mm × 6mm，板为 80mm × 80mm × 4mm。

表面处理：将试件焊缝两侧 20~30mm 范围内的内外表面上的油、污物、铁锈等清理干净，使其露出金属光泽。

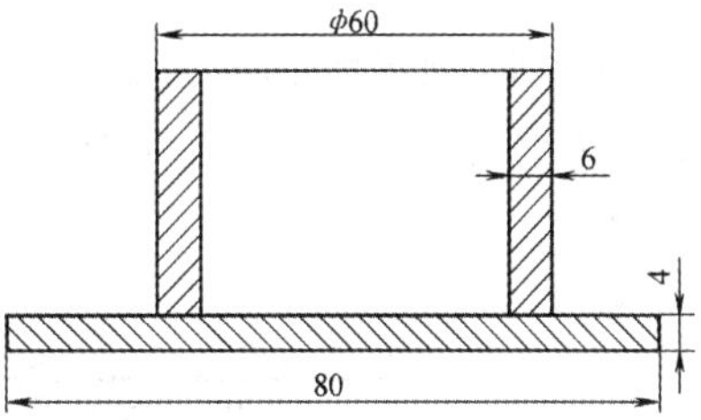

图 3–23　试件尺寸

2. 任务分析

管板角接焊缝在管子的圆周根部，即示教时焊枪的角度、电弧对中的位置需要随着管板角接接头的弧度变化而变化。

首先要分析一共需要示教几个示教点，每个示教点的焊枪姿态如何，然后进行示教、设定作业条件、运行确认和施焊。

3. 试件点固

选择合适的工艺参数，使用焊条电弧焊设备对待焊试管和试板进行定位焊。焊接点数以 2~4 点为宜（内圆对称方向点固）。定位焊时注意动作要迅速，以防止因焊接变形而产生位置偏差，从而造成焊缝位置变动。

4. 焊接参数

焊接参数参见表 3–5。

表 3-5　焊接参数

焊接电流/A	焊接电压/V	气体流量/(L/min)	焊接速度/(mm/min)
150~170	19~23	15~20	400~500

5. 示教编程

1）示教一个圆至少要两段圆弧，包括 4 个示教点，而且要注意等距离选点，选择正确的指令和设置正确的参数。每个示教点都需要重新调整焊枪姿态，时刻保持焊枪工作角度。另外要注意每个示教点的电极伸出长度变化。

2）结束点和开始点要有 2~3mm 的搭接距离，并且设置收弧时间。

焊接结束后要设置规避点。

6. 焊接质量要求

进行外观检查，要求如下：

1）焊缝表面不得有裂纹、未熔合、夹渣、焊瘤等缺陷。

2）焊缝边缘咬边深度≤ 0.5mm，焊缝两侧咬边总长度不得超过焊缝长度的 10%。

扩展知识

KUKA 机器人其他指令介绍

1. 计算机预进

计算机预进时预先读入（操作人员不可见）运动语句，以便控制系统能够在有轨迹逼近指令时进行轨迹设计。但处理的不仅仅是预进运动数据，而且还有数学的和控制外围设备的指令。预进示意图如图 3-24 所示。

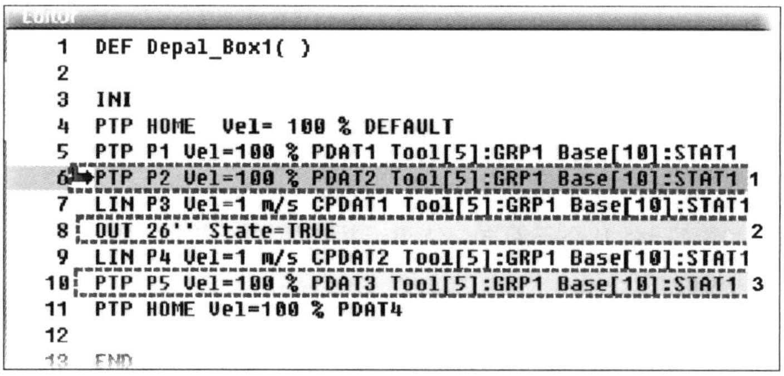

```
1  DEF Depal_Box1( )
2
3  INI
4  PTP HOME  Vel= 100 % DEFAULT
5  PTP P1 Vel=100 % PDAT1 Tool[5]:GRP1 Base[10]:STAT1
6  PTP P2 Vel=100 % PDAT2 Tool[5]:GRP1 Base[10]:STAT1   1
7  LIN P3 Vel=1 m/s CPDAT1 Tool[5]:GRP1 Base[10]:STAT1
8  OUT 26'' State=TRUE                                  2
9  LIN P4 Vel=1 m/s CPDAT2 Tool[5]:GRP1 Base[10]:STAT1
10 PTP P5 Vel=100 % PDAT3 Tool[5]:GRP1 Base[10]:STAT1   3
11 PTP HOME Vel=100 % PDAT4
12
13 END
```

图 3-24　预进示意图

1—主运行指针（灰色语句条）　2—触发预进停止的指令语句

3—可能的预进指针位置（不可见）

某些指令将触发一个预进停止，其中包括影响外围设备的指令，如 OUT 指令（抓爪关闭，焊钳打开）。如果预进指针暂停，则不能进行轨迹逼近。

2. WAIT 指令

如图 3−25 所示，运动程序中的等待功能可以很简单地通过联机表格进行编程。在这种情况下，等待功能被区分为与时间有关的等待功能和与信号有关的等待功能。

用 WAIT 可以使机器人的运动按编程设定的时间暂停。WAIT 总是触发一次预进停止。逻辑运动示意图如图 3−26 所示。

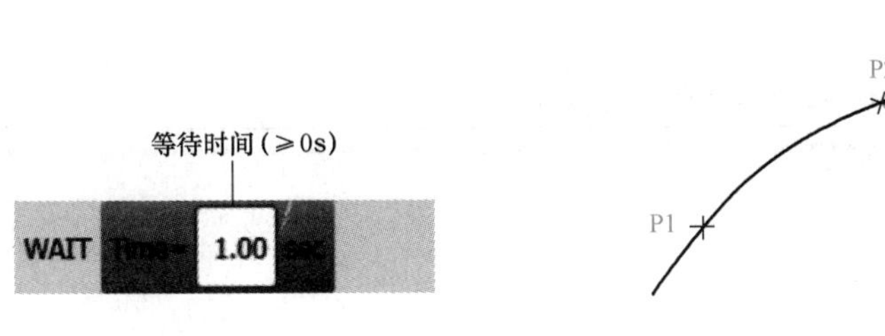

图 3−25　WAIT 联机表格

图 3−26　逻辑运动示意图

逻辑运动程序为

```
PTP P1 Vel=100% PDAT1
PTP P2 Vel=100% PDAT2
WAIT Time=2 sec
PTP P3 Vel=100% PDAT3
```

WAIT FOR 设定一个与信号有关的等待功能，如图 3−27 所示，具体的参数说明见表 3−6。

需要时可将多个信号（最多 12 个）按逻辑连接。如果添加了一个逻辑连接，则联机表格中会出现用于附加信号和其他逻辑连接的栏。

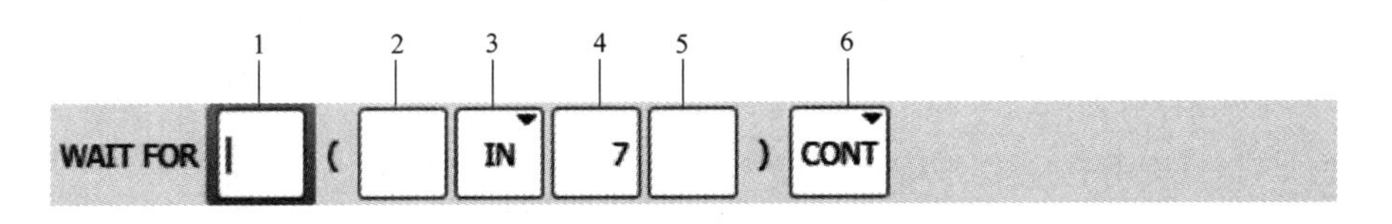

图 3−27　WAIT FOR 联机表格

表 3−6　WAIT FOR 参数说明表

序号	说　　明
1	1）添加外部连接。运算符位于加括号的表达式之间 AND OR EXOR 2）添加 NOT NOT [空白] 3）用相应的按键添加所需的运算符

（续）

序号	说　明
2	1）添加内部连接。运算符位于一个加括号的表达式内 AND OR EXOR 2）添加 NOT NOT [空白] 2）用相应的按键添加所需的运算符
3	等待的信号 IN OUT CYCFLAG TIMER FLAG
4	信号的编号 1~4096
5	如果信号已有名称，则会显示出来 仅限于专家用户组使用 通过单击长文本可输入名称。名称可以自由选择
6	CONT：在预进过程中加工 [空白]：带预进停止的加工

3. 逻辑连接

如图 3-28 所示，在应用与信号相关的等待功能时也会用到逻辑连接。用逻辑连接可将对不同信号或状态的查询组合起来，例如可定义相关性，或排除特定的状态。一个具有逻辑运算符的函数始终以一个真值为结果，即最后始终给出“真”（值 1）或“假”（值 0）。

逻辑连接的运算符为

NOT：该运算符用于否定，即使值逆反（由“真”变为“假”）。

AND：当连接的两个表达式为真时，该表达式的结果为真。

OR：当连接的两个表达式中至少一个为真时，该表达式的结果为真。

EXOR：当由该运算符连接的命题有不同的真值时，该表达式的结果为真。

与信号有关的等待功能在有预进或者没有预进的加工条件下都可以进行编程设定。没有预进表示在任何情况下都会将运动停在某点，并在该处检测信号，如图 3-29 所示，即该点不能轨迹逼近。

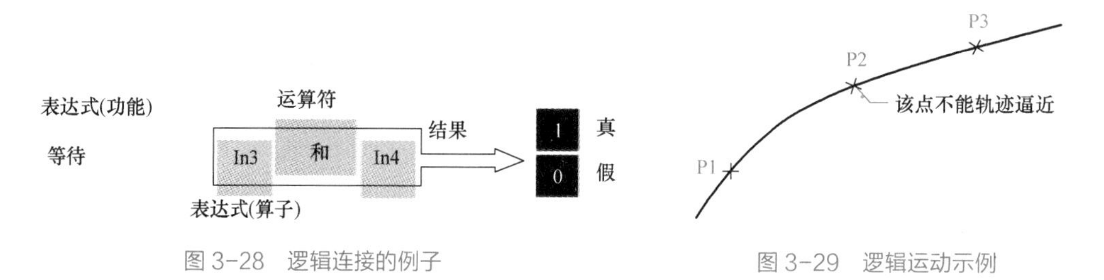

图 3-28　逻辑连接的例子　　图 3-29　逻辑运动示例

逻辑运动程序为

PTP P1 Vel=100% PDAT1

PTP P2 CONT Vel=100% PDAT2

WAIT FOR IN 10　‘door_signal’

PTP P3 Vel=100% PDAT3

有预进编程设定的与信号有关的等待功能允许在指令行前创建的点进行轨迹逼近。但预进指针的当前位置却不唯一（标准值：三个运动语句），因此无法明确确定信号检测的准确时间，如图 3-30 所示，除此之外，信号检测后也不能识别信号更改。

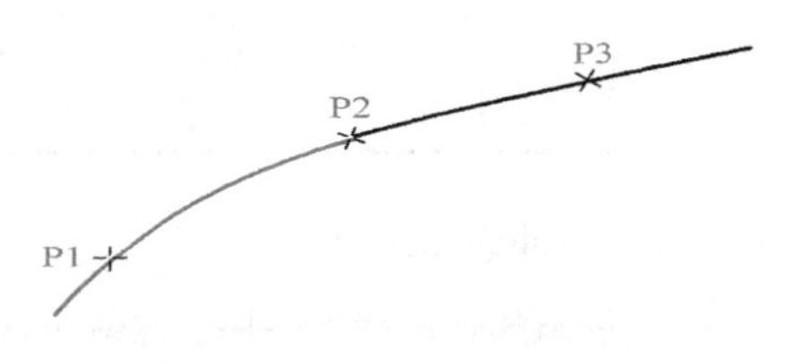

图 3-30　带预进的逻辑运动示例

逻辑运动程序为

PTP P1 Vel=100% PDAT1

PTP P2 CONT Vel=100% PDAT2

WAIT FOR IN 10 'door_signal' CONT

PTP P3 Vel=100% PDAT3

4. 简单切换功能的编程

通过切换功能可将数字信号传送给外围设备。为此要使用先前相应分配给接口的输出端编号。静态切换示意图如图 3-31 所示。

带预进的逻辑运动示例信号设为静态，即它一直存在，直至赋予输出端另一个值。切换功能在程序中通过联机表格实现，如图 3-32 所示，参数说明见表 3-7。

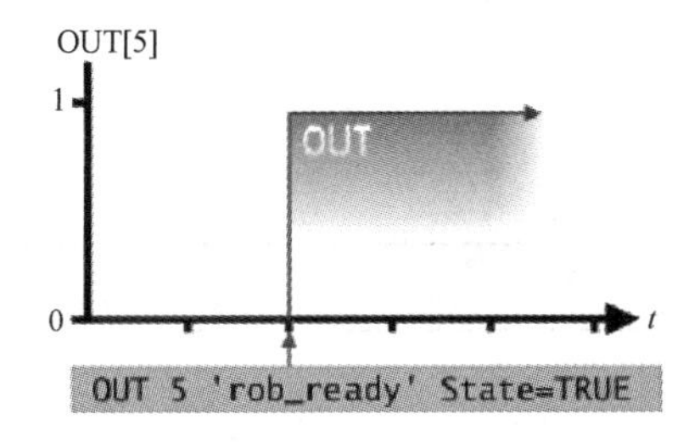

图 3-31　静态切换示意图

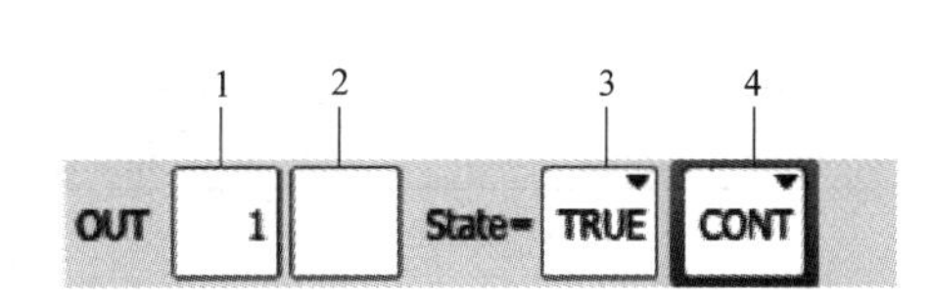

图 3-32　OUT 联机表格

表 3-7　切换功能参数说明表

序号	说　　明
1	输出端编号 1 ~ 4096
2	如果输出端已有名称，则会显示出来 仅限于专家用户组使用 通过单击长文本可输入名称。名称可以自由选择

（续）

序号	说　　明
3	输出端接通的状态 TRUE FALSE
4	CONT：在预进中进行的编辑 [空白]：含预进停止的处理

5. **脉冲切换功能**

与简单的切换功能一样，在输出端的信号发生变化。然而，设定的时间过去之后，输出端信号又消失。脉冲电平示意图如图 3-33 所示。

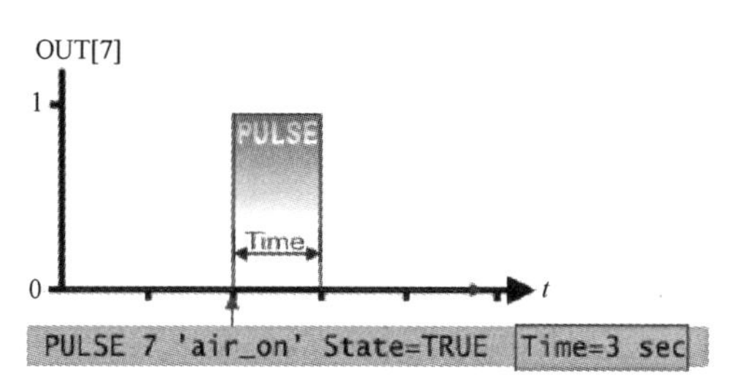

图 3-33　脉冲电平

编程同样使用联机表格，如图 3-34 所示，其中给脉冲设置了一定的时间长度，具体的参数说明见表 3-8。

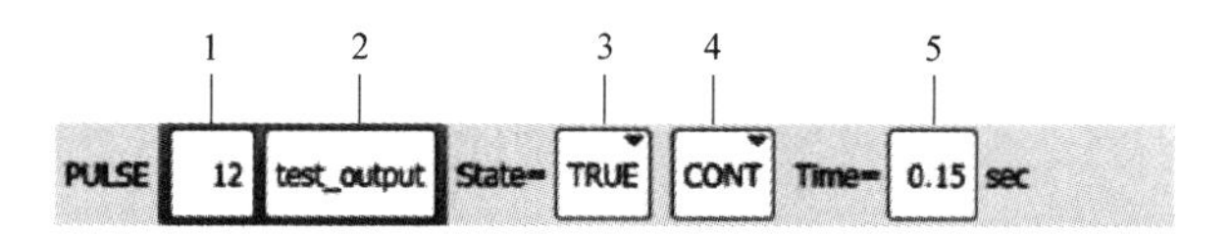

图 3-34　PULSE 联机表格

表 3-8　PULSE 参数说明表

序号	说　　明
1	输出端编号 1 ~ 4096
2	如果输出端已有名称，则会显示出来 仅限于专家用户组使用 通过单击长文本可输入名称。名称可以自由选择
3	输出端接通的状态 TRUE：“高”电平 FALSE：“低”电平
4	CONT：在预进中进行的编辑 [空白]：含预进停止的处理
5	脉冲长度 0.10 ~ 3.00 s

如果在 OUT 联机表格中去掉条目 CONT，则在切换过程时必须执行预进停止，并接着在切换指令前于点上进行精确暂停。给输出端赋值后继续该运动。含切换和预进停止指令的运动示例如图 3-35 所示。对应的程序为

LIN P1 Vel=0.2 m/s CPDAT1

LIN P2 CONT Vel=0.2 m/s CPDAT2

LIN P3 CONT Vel=0.2 m/s CPDAT3

OUT 5 'rob_ready' State=TRUE

LIN P4 Vel=0.2 m/s CPDAT4

插入条目 CONT 的作用是，预进指针不被暂停（不触发预进停止）。因此，在切换指令前运动可以轨迹逼近。在预进时发出信号。

含切换和预进指令的运动示例如图 3-36 所示。对应的程序为：

LIN P1 Vel=0.2 m/s CPDAT1

LIN P2 CONT Vel=0.2 m/s CPDAT2

LIN P3 CONT Vel=0.2 m/s CPDAT3

OUT 5 'rob_ready' State=TRUE CONT

LIN P4 Vel=0.2 m/s CPDAT4

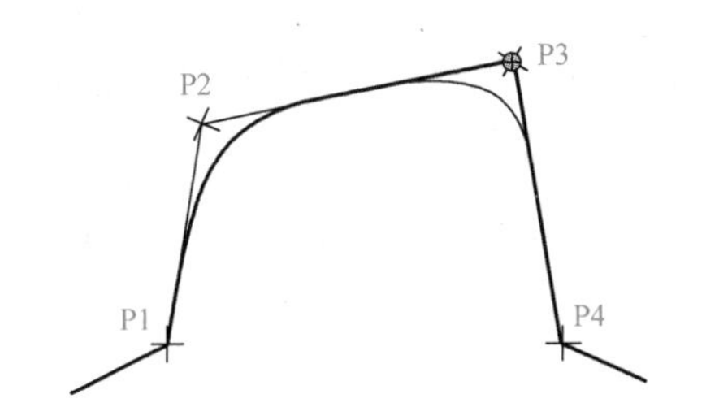

图 3-35　含切换和预进停止指令的运动示例

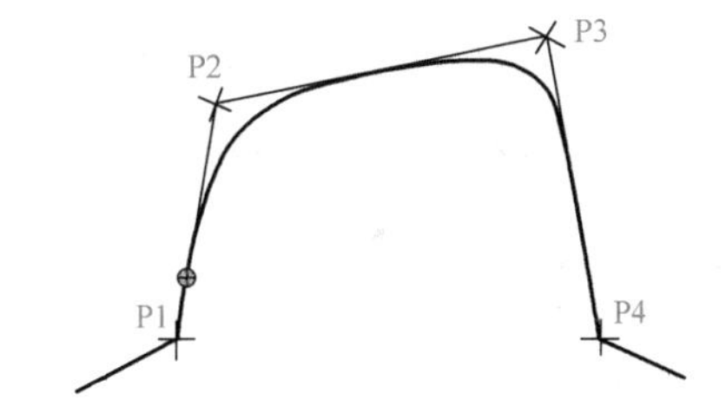

图 3-36　含切换和预进指令的运动示例

复习思考题

一、填空题

先在表 3-9 中填写图标的名称，然后根据后面的应用，在括号里填写相应操作的序号，如遇到没有可选项的情况，请填写文字。

表 3-9　图标表格

序号	图　标	名称
1	CIRC	

（续）

序号	图　标	名称
2	CONT	
3	CPDAT1	
4	Vel= 2.00 m/s	
5		

（1）添加运动指令 CIRC。首先选择（　　），然后选择（　　），在弹出的菜单中选择 CIRC 指令。

（2）在程序编辑窗口中，修改指令的速度。首先选中所要修改的指令行，然后选择（　　），然后在弹出的窗口中输入新的数据。

（3）在程序编辑窗口中，修改转弯半径数据。首先选中所要修改的指令行，然后选择（　　），然后在弹出的窗口中输入新的数据。

二、选择题

1. KUKA 机器人的圆弧焊接开始指令是（　　）。

A. ArcOn… CIRC　　B. ArcOn… LIN　　C. ArcOff… CIRC　　D. ArcOff… LIN

2. KUKA 机器人的圆弧焊接结束指令是（　　）。

A. ArcOn… CIRC　　B. ArcOn… LIN　　C. ArcOff… CIRC　　D. ArcOff… LIN

3. KUKA 机器人的等待指令写做（　　）。

A. WAIT FOR　　B. OUT　　C. AND　　D. NOT

三、简答题

1. 如果前后两段圆弧焊接的焊接参数不同，那么应通过什么方式设置？

2. 圆弧轨迹运动指令和圆弧轨迹焊接指令是一样的吗？具体区别体现在哪里？

任务 3　FANUC 机器人焊接管板角接接头

任务解析

通过查阅 FANUC 机器人圆弧轨迹运动和焊接示教、程序编辑等相关资料，了解 FANUC 机器人圆弧示教原理和要领等知识，了解程序编辑的种类和内容。然后手动操作机器人进行管板角接接头焊接示教和程序编辑，并根据焊缝质量修改焊接参数。

必备知识

一、FANUC 机器人的圆弧轨迹示教

1. 单一圆弧轨迹示教

FANUC 机器人圆弧运动指令写作“C”（C 取自英文“Circular”的首字母）。使用圆弧运动指令 C 时，只需要示教圆弧的第二和第三点，因为三点确定一段圆弧，程序会自动将圆弧示教程序行的前一示教点与圆弧示教的两点进行组合，共同确定这一段圆弧轨迹。

典型的圆弧轨迹运动程序如下：

C @ P[i]，j% FINE

1）C：运动类型，C 代表圆弧运动方式。

2）@：位置指示符号，当机器人位置与 P[i] 点位置一致时，该行出现 @ 符号。该符号可以提示操作者机器人当前所在位置。

3）P[i]：一般位置为 P[ ]，如果为 PR[ ]，则是位置寄存器，也就是提前在系统中存储好的位置点，在程序中直接调用。

4）j%：速度，单位可以是 %、mm/s、cm/min 等。

5）Fine：终止类型。FINE 代表精确到达该示教点。CNT 代表采用一定的转弯半径跨过该示教点，CNT 后面紧跟的数值代表转弯半径大小。

2. 整圆轨迹示教

如果要示教如图 3-37 所示的整圆轨迹，就需要多段单一圆弧组合才能形成。一条圆弧示教指令是无法实现整圆轨迹示教的（如果用一条圆弧运动指令示教一个整圆，必须让起始点和终点重合，但是在这种情况下，机器人无法进行圆弧计算，因为，起始点和终点重合为一点，整个路径就只剩下两个点，两个点没有办法确定圆弧），所以至少需要两段或两段以上的单一圆弧首尾相连才能完成整圆示教。最简单的示教方法是采用两段单一圆弧示教一个整圆轨迹。整圆轨迹示教语句如下：

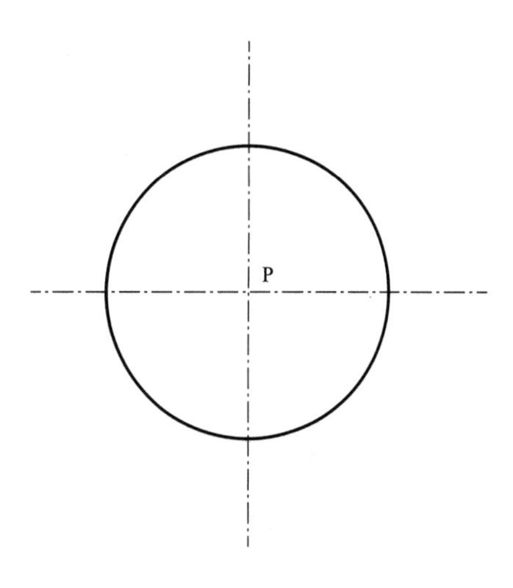

图 3-37　整圆轨迹示意图

C P[1]，P[2]，0.2m/min FINE;

（第一段圆弧运动起点程序语句，起始点为 P0，需要确定另外两点 P1 和 P2，即中间点和终点）

C P[3]，P[4]，0.2m/min FINE;

（第二段圆弧运动起点程序语句，起始点为 P2，需要确定另外两点 P3 和 P4，即中间点和终点，其中 P4 点和 P0 点是重合的）

二、FANUC 机器人的圆弧焊接轨迹示教

FANUC 机器人的焊接依靠焊接开始和焊接结束指令，这两种指令与运动指令不同，焊接路

径的规划依靠运动指令，焊接参数的设定依靠焊接指令。

FANUC 的焊接指令见项目二任务 3 中直线轨迹焊接示教中有关“WeldStart”和“WeldEnd”的介绍。典型的圆弧焊接轨迹如图 3–38 所示。

对应图 3–38 的程序如下：

```
J P1，20cm/min，FINE;
L P2，20cm/min，FINE;
WeldStart [1,1];
C P3，P4，20cm/min，FINE;
C P5，P6，20cm/min，FINE;
WeldEnd[1,2]
```

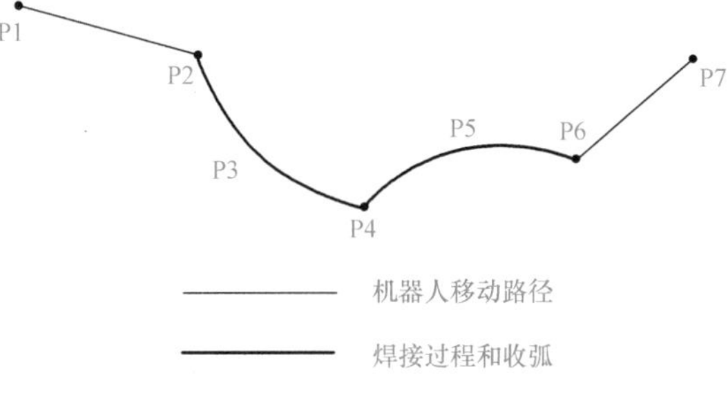

图 3–38　圆弧焊接轨迹示意图

任务实施

1. 焊前准备

材料：Q235，试件尺寸如图 3–39 所示：管为 ϕ60mm × 60mm × 6mm，板为 80mm × 80mm × 4mm。

表面处理：将试件焊缝两侧 20~30mm 范围内的内外表面上的油、污物、铁锈等清理干净，使其露出金属光泽。

图 3–39　试件尺寸

2. 任务分析

管板角接焊缝在管子的圆周根部，即示教时焊枪的角度、电弧对中的位置需要随着管板角接接头的弧度变化而变化。

首先要分析一共需要示教几个示教点，每个示教点的焊枪姿态如何，然后进行示教、设定作业条件、运行确认和施焊。

3. 试件点固

选择合适的工艺参数，使用焊条电弧焊设备对待焊试管和试板进行定位焊。焊接点数以 2~4 点为宜（内圆对称方向点固）。定位焊时注意动作要迅速，以防止因焊接变形而产生位置偏差，从而造成焊缝位置变动。

4. 焊接参数

焊接参数参见表 3–10。

表 3–10　焊接参数

焊接电流/A	焊接电压/V	气体流量/(L/min)	焊接速度/(mm/min)
150~170	19~23	15~20	400~500

5. 示教编程

1）示教一个圆至少要两段圆弧，包括 4 个示教点，而且要注意等距离选点，选择正确的指令和设置正确的参数。每个示教点都需要重新调整焊枪姿态，时刻保持焊枪工作角度。另外要注意每个示教点的电极伸出长度的变化。

2）结束点和开始点要有 2~3mm 的搭接距离，并且设置收弧时间。

焊接结束后要设置规避点。

6. 焊接质量要求

进行外观检查，要求如下：

1）焊缝表面不得有裂纹、未熔合、夹渣、焊瘤等缺陷。

2）焊缝边缘咬边深度≤ 0.5mm，焊缝两侧咬边总长度不得超过焊缝长度的 10%。

码 3-7　FANUC 机器人焊接管板角接接头

扫描码 3-7 可观看 FANUC 机器人焊接管板角接接头视频。

扩展知识

FANUC 机器人其他指令介绍

1. I/O 指令

在程序中加入 I/O 指令的步骤如下：

1）进入编辑界面。

2）按 <F1>（INST）键。

3）选择 I/O，按 <ENTER> 键确认；

4）选择所需要的项，按 <ENTER> 键确认，如图 3-40 所示。

5）根据光标位置输入值或选择相应的项并输入值即可。

6）选择后会出现图 3-41 所示画面，按照需求选择适合的形式。

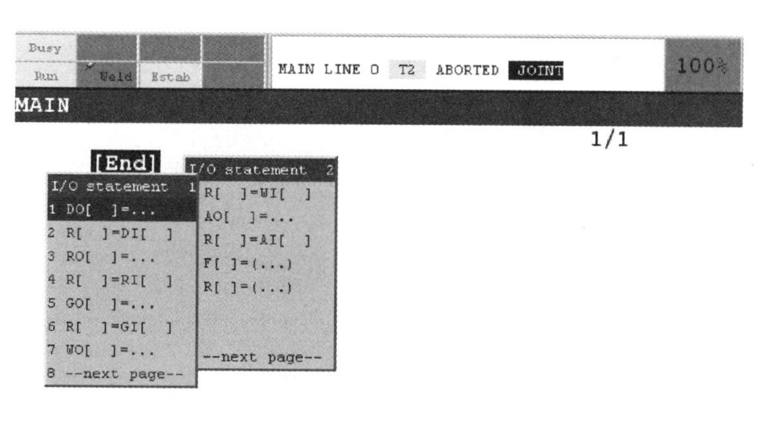

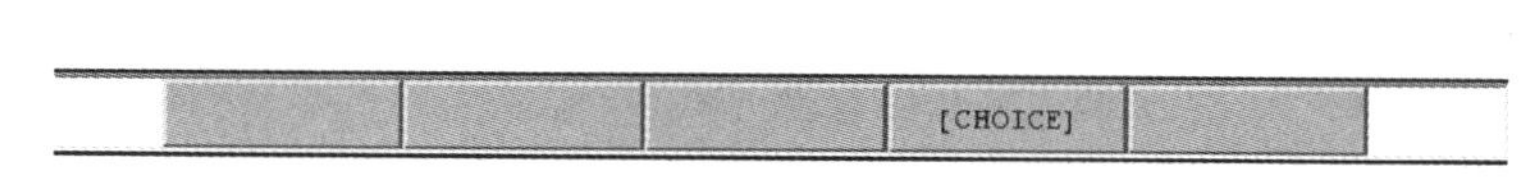

图 3-40　I/O 指令选择界面示意图

图 3-41　I/O 指令参数设置

2. 呼叫指令

Call (Program) Program：程序名

具体的操作步骤如下：

1）进入编辑界面，如图 3-42 所示。

2）按 <F1>（INST）键。

3）选择 CALL，按 <ENTER> 键确认。

4）选择 1，按 <ENTER> 键，再选择所调用的程序名。

5）选择 2，按 <ENTER> 键即可。

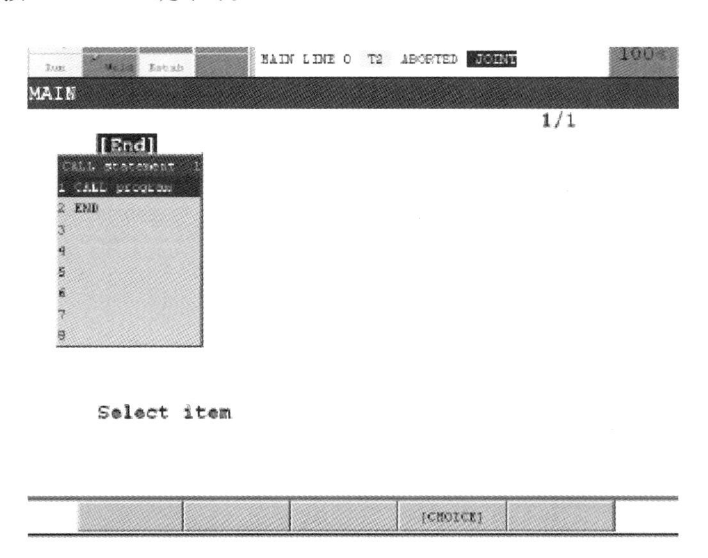

图 3-42　呼叫指令参数设置

3. 等待指令

具体的操作步骤如下：

1）进入程序编辑界面如图 3-43 所示，按 <F1>（INST）键，选择 WAIT。

2）进入图 3-44 所示画面，按照需求选择合适的指令。

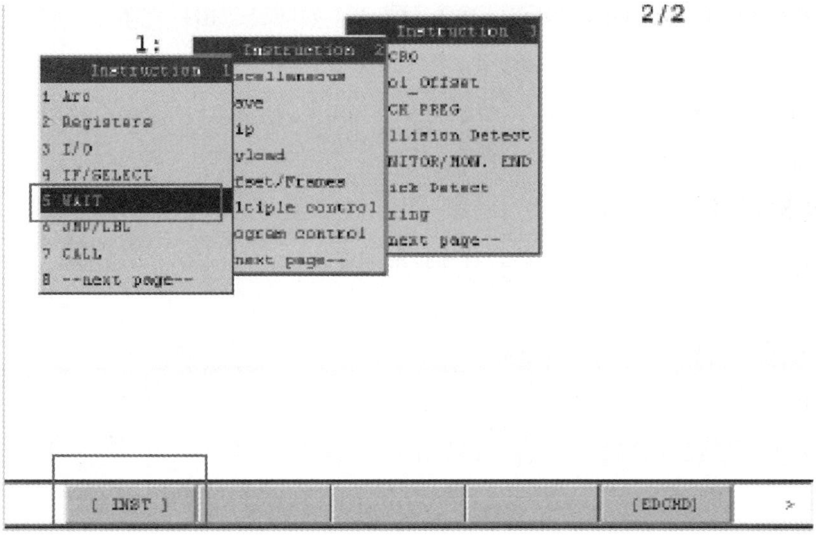

图 3-43　等待指令选择示意图

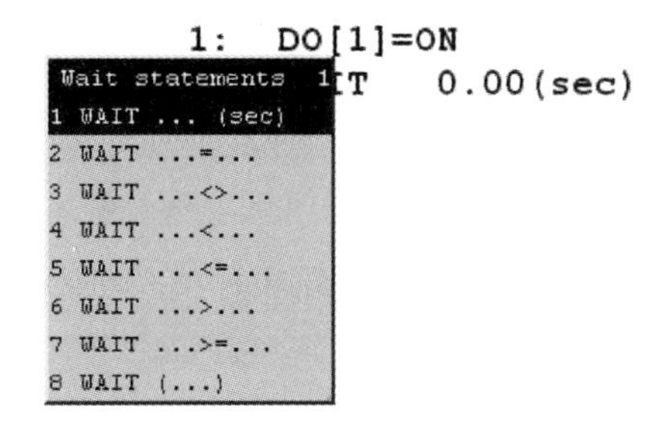

图 3-44　等待指令参数设置

4. 条件指令 IF

条件指令就是对某种条件进行判断，如果满足条件，则执行后续指令对应的行为，否则就不执行。

典型格式如下：

IF< 表达式 >，< 行为 >

也可以通过逻辑运算符“or”和“and”将多个条件组合在一起，但是“or”和“and”不能在同一行使用。

例如：IF< 条件 1>and< 条件 2>and< 条件 3>，是正确的。

IF< 条件 1>and< 条件 2>or< 条件 3>，则是错误的。

典型应用如下：

（1）IF R[1]<3，JMP LBL[1]　如果满足 R[1] 的值小于 3 的条件，则跳转到标签 1 处。

（2）IF DI[1]=ON，CALL TEST　如果满足 DI[1] 等于 ON 的条件，则调用程序 TEST。

（3）IF R[1]<=3 AND DI[1]<>ON，JMP LBL[2]　如果满足 R[1] 的值小于或等于 3 及 DI[1] 不等于 ON 的条件，则跳转到标签 2 处。

（4）IF R[1]>=3 OR DI[1]=ON，CALL TEST2　如果满足 R[1] 的值大于或等于 3 或 DI[1] 等于 ON 的条件，则调用程序 TEST2。

5. 条件选择指令 SELECT

条件选择指令提供了多种条件判断，程序按照顺序逐一进行判断，当满足某一条件时执行后续的指令行为。

注：只能用一般寄存器进行条件选择。

程序结构如下：

SELECT R[i]=(值)，(行为)

=(值)，(行为)

=(值)，(行为)

ELSE，(行为)

例如：

SELECT R[1]=1,CALL TEST1

=2, JMP LBL[1]

ELSE, JMP LBL[2]

满足条件 R[1]=1，调用 TEST1 程序；满足条件 R[1]=2，跳转到标签 1 处；否则，跳转到标签 2 处。

6. 跳转 / 标签指令 JMP/LBL

跳转指令和标签指令搭配使用，标签指令用来做标记，跳转指令用于将程序跳转到标签指令事先标记的位置。

程序结构如下：

1）标签指令： LBL [i : Comment]

其中，i 可以是 1~32766 的整数，对应程序行号；Comment 是注释（最多 16 个字符）。

2）跳转指令：JMP LBL [i]

跳转到标签 i 处。

其中，i 为 1~32766 的整数。

复习思考题

一、填空题

先在表 3-11 中填写图标的名称，然后根据后面的应用，在括号里填写相应操作的序号，如遇到没有可选项的情况，请填写文字。

表 3–11　图标表格

序号	图　标	名　称
1	F1	
2	F5	
3	EDIT	
4	DATA	
5	STATUS	
6	ENTER	
7	SELECT	
8	F3	

1）添加运动指令 C。首先选择（　　），对应 POINT 功能，然后在弹出的下拉列表框中选择合适的程序行。

2）在程序编辑窗口中，删除程序行。首先将光标移动到需要删除的程序行的行号处，然后选中（　　），再移动光标到 DELETE 选项，按（　　）确认，屏幕上会出现确认窗口，确认后就删除了。

3）添加 IF 或 SELECT 指令。首先按（　　），出现指令添加画面，然后选择 IF 或 SELECT 指令，按（　　）确认，出现程序格式画面，挑选所需要的程序格式，按（　　）确认。然后输入相应的值等内容，来完成指令。

4）删除当前编辑程序。首先要保证退出当前正在编辑的程序，因为系统不允许直接删除正在编辑的程序，只能删除已经关闭的程序。先选择（　　），显示所有的程序目录，随便加载其他一个程序文件，然后选择（　　），显示所有程序目录，将光标移动到需要删除的程序名称上，按（　　），确认，就删除了程序。

二、选择题

1. FANUC 机器人的圆弧焊接开始指令是（　　）。

　A. ArcLStart　　B. WeldStart　　C. ArcC　　D. ArcCEnd

2. FANUC 机器人的圆弧焊接结束指令是（　　）。

　A. ArcLStart　　B. ArcCStart　　C. ArcC　　D. WeldEnd

3. FANUC 机器人的圆弧运动指令是（　　）。

　A. ArcL　　B. C　　C. J　　D. ArcCEnd

三、简答题

1. 如果前后两段圆弧焊接的焊接参数不同，那么应通过什么方式设置?

2. 圆弧轨迹运动指令和圆弧轨迹焊接指令是一样的吗? 具体区别体现在哪里?

项目实训

为了熟练参照图 3-45 的轨迹路径，写出典型的程序语句，并在示教器上实现程序示教（也可运行程序进行表面堆焊）。P2~P6 点为焊接路径，其中两段路径为不同的圆弧段，可以设置不同的焊接参数。P1 点和 P7 点为原点，和焊接路径不在同一平面上。

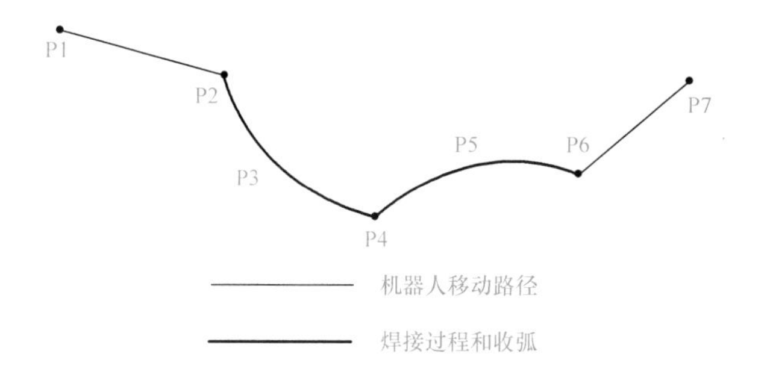

图 3-45　机器人焊接路径示意图

简要的操作步骤如下：

1）从原点 P1 开始，首先示教 P1 点。

2）从原点 P1 出发，选择合适的坐标系和运动轴，将机器人移动到试板上的 P2 点处，示教 P2 点。由于 P2 点是焊接开始点，请根据不同品牌机器人焊接示教的特点，完成焊接相关程序示教，保证在 P2 点进行起弧焊接。P1 到 P2 段不焊接。

3）将机器人移动到 P3 点，示教 P3 点（采用圆弧类指令），然后移动机器人到 P4 点，示教 P4 点，P3 和 P4 一起形成完成的圆弧焊接过程，注意设置 P2 到 P4 段的焊接条件。

4）将机器人移动到 P5 点，示教 P5 点（采用圆弧类指令），然后移动机器人到 P6 点，示教 P6 点，P5 和 P6 一起形成完成的圆弧焊接过程，注意设置 P4 到 P6 段的焊接条件，可以和 P2 到 P4 段不同，并且在 P6 点收弧结束焊接。

5）将机器人运动到原点 P7 点，示教 P7 点，P6 到 P7 段不进行焊接。

项目小结

通过本项目的学习，巩固了项目二中所学习的“示教－再现”原理、示教的流程、运动指令、焊接指令、参数设置、跟踪和再现。同时在掌握圆弧运动和圆弧焊接指令和参数设置的基础上，能够结合前面学习的内容，综合运用完成管板角接接头焊接。

对于圆弧焊缝的作业，一般需要示教 3 个程序点即可，选用圆弧插补进行示教。不同品牌的机器人针对圆弧焊缝示教采用了不同的处理方式。

ABB 机器人采用专门的圆弧焊接指令 ArcCStart、ArcC 和 ArcCEnd，分别代表圆弧焊接开始、圆弧焊接中间、圆弧焊接结束。而 KUKA 与 FANUC 则是采用在圆弧运动指令的基础上附加焊接指令的方式实现焊接的。比如 KUKA 采用附加 ArcOn 和 ArcOff 指令，而 FANUC 则采用附加 WeldStart 和 WeldEnd 指令，两者是异曲同工，本质是相同的。其他焊接需要设置的相关参数则在这些有关焊接的指令中进行设置。

不同品牌的机器人都具备跟踪、调试及程序编辑的功能，只是具体的示教器操作方法和步骤上略有差别，需要操作者熟悉不同的机器人示教器，掌握相应的内容，达到能够熟练操作的程度。

与人工焊接相比，机器人焊接的焊缝质量具有明显的优势，焊缝美观，整条焊缝前后质量一致性好。机器人只是实现自动化焊接的载体，机器人要和焊接设备良好配合，才能保证较高的焊接质量。因此，机器人焊接最终还是要落实到焊接上，前期的示教、跟踪、程序编辑和调试都是为了使机器人的运动过程和焊接过程相匹配，能够焊接出满足质量要求的焊缝。操作者除了具备工业机器人的操作知识之外，还需要有焊接的相应基础知识，能够分析焊缝存在的问题，并根据分析结果找到合理的工艺解决办法。

项目四

焊接机器人周边设备的示教和程序编辑

项目概述

在完整的焊接机器人系统中，除了机器人本身外还包括一些周边设备，如变位机、移动滑台、焊枪清理装置、焊钳电极修磨器、自动工具转换装置等。机器人要完成焊接作业，需要依赖控制系统与周边辅助设备的支持和配合，互相协调，以减少停机时间、降低设备故障率、提高安全性，并获得理想的焊接质量。

本项目以焊接变位机和焊枪清理装置为例，配合 ABB、KUKA 和 FANUC 机器人，实现机器人连续生产作业过程中的周边设备控制与操作，旨在加深读者对焊接机器人系统及典型周边设备运动控制的理解。

学习目标

1）熟悉焊接机器人的典型周边设备。

2）掌握焊接机器人周边设备的示教要领。

3）能够使用示教器进行机器人外部轴的示教编程。

4）能够使用示教器进行焊枪清理装置的示教编程。

5）能够使用示教器熟练编辑机器人周边设备作业程序。

6）能够收集和筛选信息。

7）能够制订工作计划、独立决策和实施。

8）能够团队协作、合作学习。

9）具备工作责任心和认真、严谨的工作作风。

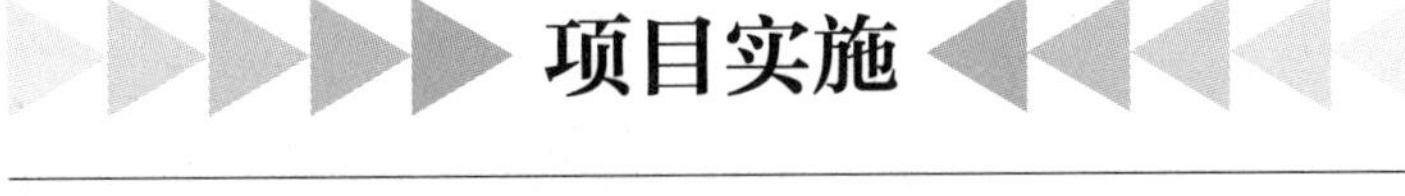

项目实施

任务1　外部轴的示教和程序编辑

任务解析

阅读任务书，通过查阅有关周边设备的相关资料，了解外部轴的定义和常用周边设备的种类和类型，掌握机器人外部轴的切换方法，最终完成骑坐式管板船形焊的示教和程序编辑。

必备知识

一、机器人外部轴的组成

机器人运动轴按其功能可划分为机器人轴、基座轴和工装轴。基座轴和工装轴统称为外部轴，如图4-1所示。机器人轴是指机器人本体的轴，属于机器人本身；基座轴是使机器人移动的轴的总称，主要指移动滑台；工装轴是除了机器人轴、基座轴以外的轴的总称，是指使工装夹具翻转和回转的轴，如变位机、翻转机等。

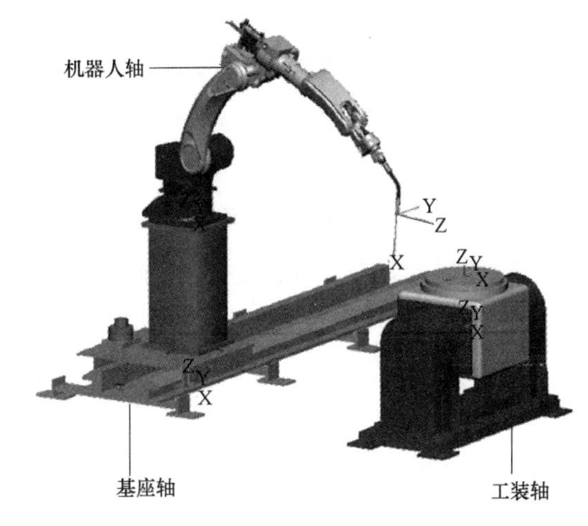

图4-1　机器人轴示意图

有些焊接场合由于工件过大或空间几何形状过于复杂，使得焊接机器人的焊枪（或焊钳）无法到达指定的焊接位置或姿态，这时必须通过增加1~3个外部轴的办法来增加机器人的自由度。通常有两种做法：一是把机器人操作机装在可以移动的滑移平台或龙门架上，扩大机器人本身的作业空间；二是采用焊接变位机让工件移动或转动，使工件上的待焊部位进入机器人的作业空间。此外，还有的同时采用上述两种办法，让工件的焊接部位和机器人都处于最佳焊接位置。

1. 移动滑台

移动滑台是焊接机器人的一个重要周边装置，如图4-2所示，其主要用途是安置机器人或焊丝支架，特别是在焊接大型工件时，移动滑台可显著加大机器人的工作范围。

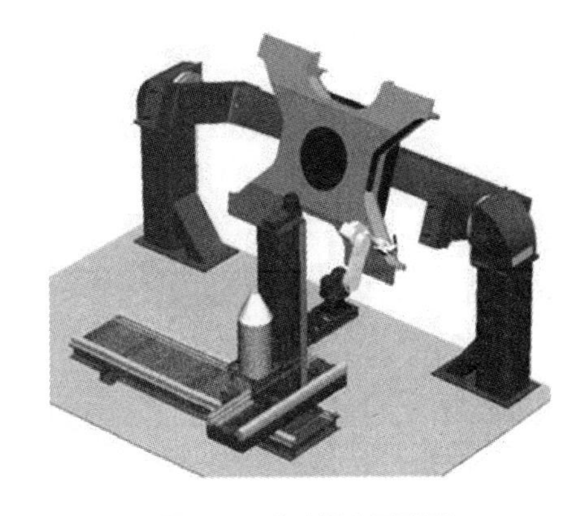

图4-2　移动滑台示意图

2. 焊接变位机

焊接变位机是机器人焊接生产线及焊接柔性加工单元的重要组成部分，在焊接作业前和焊接过程中，变位机通过夹具来装卡和定位被焊工件。根据实际生产的需要，焊接变位机可以有多种形式，如双回转式、单回转式和倾翻回转式等。选用什么形式的变位机，取决于工件的结构特点和工艺程序。同时，为了使机器人操作机能够充分发挥效能，焊接机器人系统通常采用两台及两台以上变位机，如图 4-3 所示。当其中的一台进行焊接作业时，另一台则完成工件的上装和卸载，从而使整个系统获得最高的费用效能比。

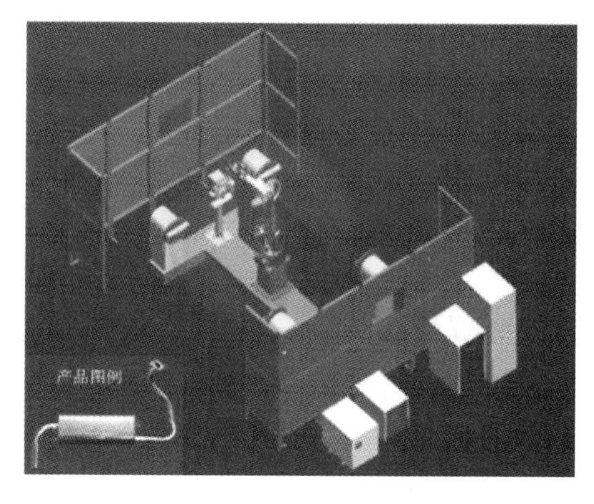

图 4-3 焊接变位机示意图

可通过扫描码 4-1 观看移动滑台视频，扫描码 4-2 观看单轴变位机视频。

码 4-1 移动滑台

二、机器人外部轴的切换

手动操作机器人外部轴运动的方法与操作机器人本体相似，首先要选中预移动的外部轴，然后选择具体要移动的运动轴。

ABB 机器人外部轴切换的过程如下：

1）将模式选择旋钮放在手动模式。

2）选择运动单元。选择方法有两种。一是在 ABB 菜单下，按手动操纵键 ，显示操作属性；按机械单元键，出现可用的机械单元列表，如图 4-4 所示。若选择机器人，则摇杆控制机器人本体运动；若选择外部轴，则摇杆控制外部轴运动，如图 4-5 所示。

码 4-2 单轴变位机

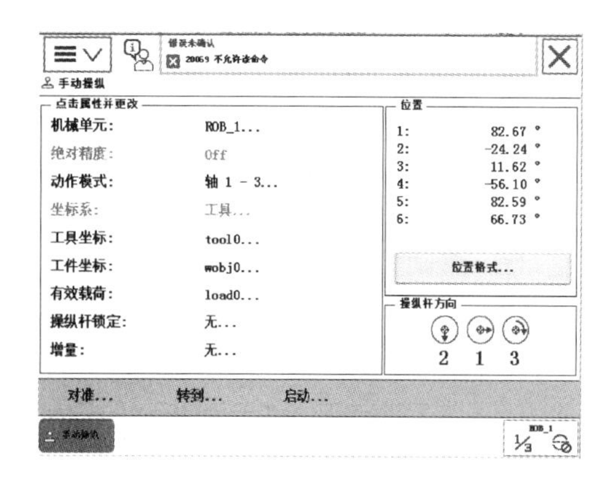

图 4-4 手动操纵界面

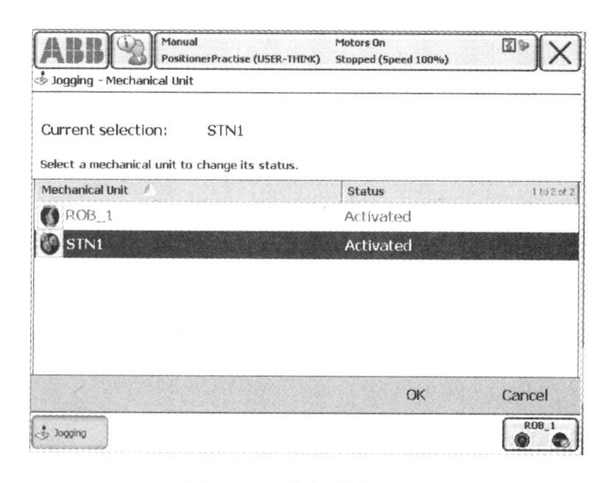

图 4-5 选择外部轴

第二种方法是使用快捷键进行选择。按示教器右下角的快捷键，如图 4-6 所示，然后出现如图 4-7 所示的界面，再按机械单元键，也会出现选择列表，选择想要的控制的运动单元就可以了。

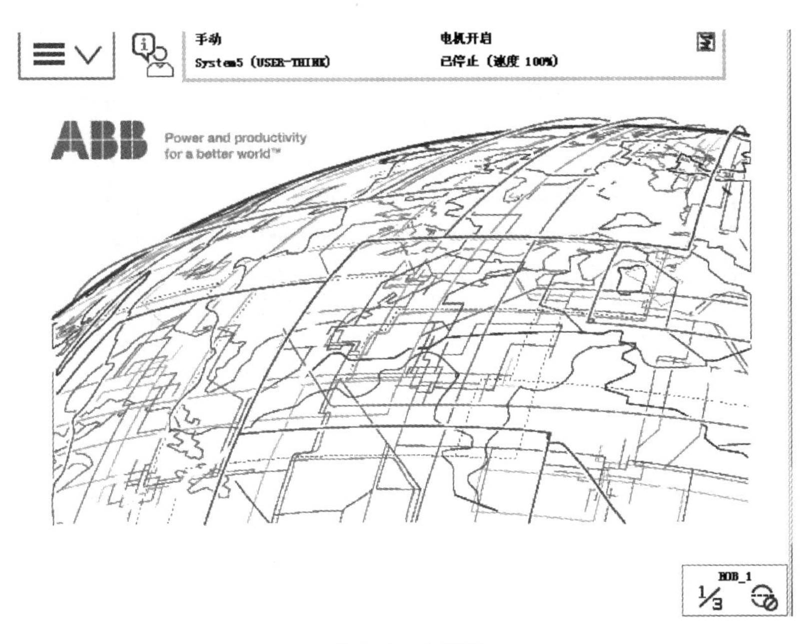

图 4-6　主界面

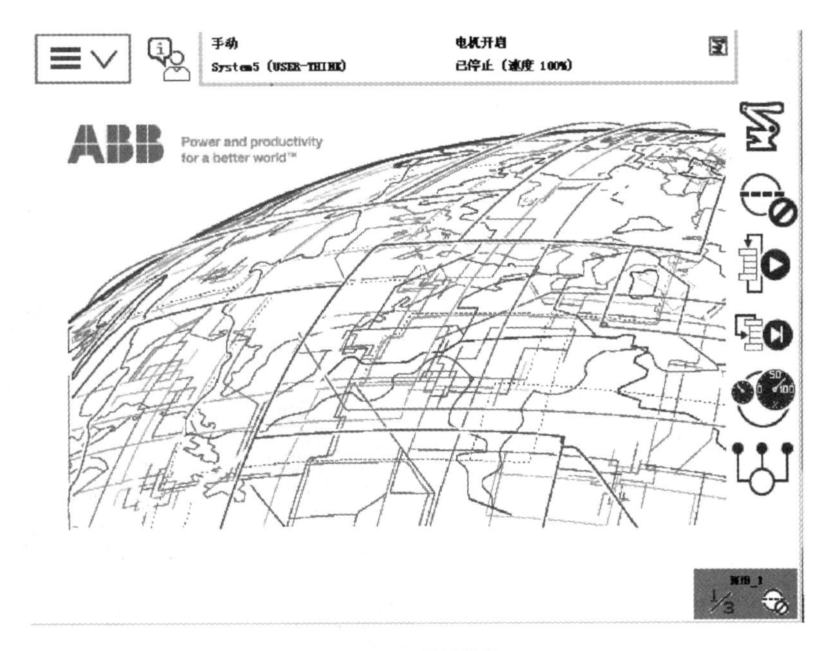

图 4-7　快捷菜单

3）选择运动方式。选择相应的运动方式，如图 4-8 所示，如 1-3 轴，然后操控摇杆运动即可。

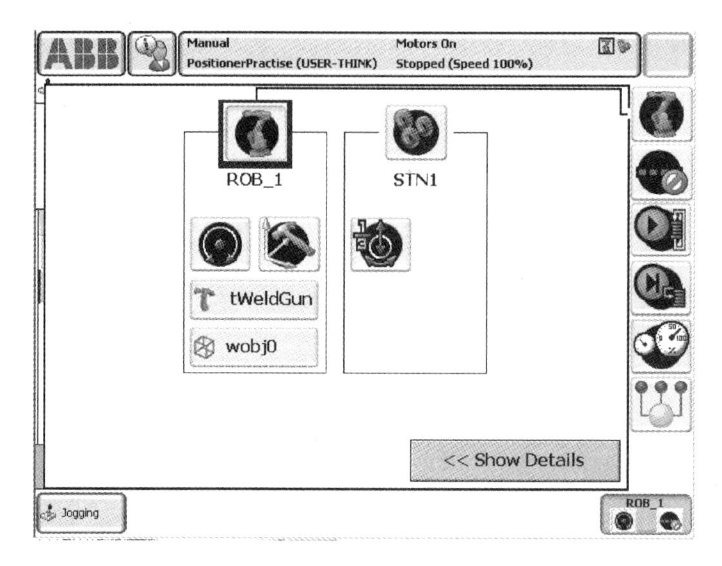

图 4-8　运动轴的选择

任务实施

1. 示教前的准备

具体的准备工作如下：

1）工件表面清理。将待焊工件表面清理干净，不能有铁锈、油污等杂质。

2）工件装配与点固。选择合适的工艺参数，使用焊条电弧焊设备对待焊试板进行定位焊。

3）工件装夹。利用夹具将试管、试板固定在机器人工作台上。

4）机器人原点确认。可通过运行控制器内已有的原点程序，让机器人回到待机位置。

2. 轨迹示教

具体的示教流程如下：

1）新建程序。新建一个作业程序并输入程序名“Externalaxis”（外部轴）。

2）轨迹示教。图 4-9 所示是骑坐式管板船形焊示意图，要完成该作业，需要给机器人输入一段环形焊缝附加变位机动作的作业程序，此程序由编号 1~9 的 9 个示教点组成。处于待机位置的示教点 1 和 9 要处于与工件、夹具不干涉的位置。另外，示教点 7 在向示教点 8 移动时，也要处于与工件、夹具不干涉的位置。

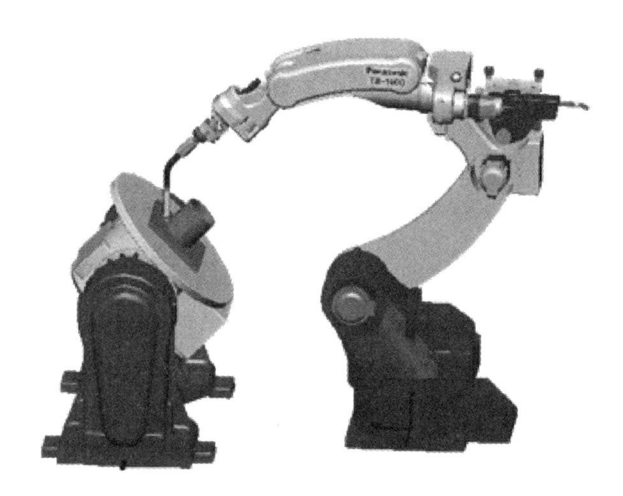

图 4-9　骑坐式管板船形焊示意图

具体的示教点名称和位置见表 4-1。

表 4–1　示教点名称和位置列表

示教点	名　称	变位机位置
1	原点	原点
2	焊接临近点	第一轴旋转45°
3	焊接/圆弧开始点	保持位置
4	焊接/圆弧中间点	第二轴旋转45°
5	焊接/圆弧中间点	第二轴旋转45°
6	焊接/圆弧中间点	第二轴旋转45°
7	焊接/圆弧结束点	第二轴旋转45°
8	规避点	保持位置
9	原点	第一轴、第二轴回到原点

扩展知识

机器人工作站的方案设计

一个完整的焊接机器人工作站，包括多方面的内容，比如机器人系统（包括本体和控制柜）、变位机、焊接电源和焊枪、清枪剪丝器、防护装置和其他电气控制系统。针对不同的产品还要设计适宜的工装夹具。为了实现全自动化，上下料过程也需要设计成自动化系统等。

由此可见，一个完整的工作站更为复杂，所需要考虑的问题涉及面更广。下面就做个简单的介绍。

首先根据生产产品的需要，对机器人进行选型，在保证任务完成质量的前提下，选择价格低、维护成本低同时可靠性好的机器人系统。生产厂家往往优先选择已经有过合作的机器人品牌厂商，而不是优先考虑价格因素，主要是考虑到售后服务等因素。

同时需要根据生产产品的工艺需求，选择合适的焊接电源和焊枪，并设计相应的工装夹具。

如果想实现工作站全自动化、封闭化生产，还需要配备变位机、上下料系统、清枪剪丝器等周边配套设备，以及整体的防护装置和工作站外围封闭装置等。

在工作站设计中，要合理考虑设备摆放，给出系统的布局图样。如果采用多机位协同作业，还需要考虑干涉区的问题，即在应用中有效、合理地避免机器之间的干涉行为。

对整个生产过程也需要进行节拍计算，合理调节运行流程，以提高生产率。

由于添加了众多周边设备，需要考虑采用上位机对整个工作系统进行控制和协调，比如采用 PLC 对整个系统进行控制，给出相应的电气控制方案。

复习思考题

一、填空题

1. 焊接机器人常见的周边设备有（　　　　）、（　　　　）、（　　　　）和（　　　　）。

2. 机器人运动轴按其功能可划分为（　　　　）、（　　　　）和（　　　　）。

3. 焊接变位机和机器人两者之间的运动大体可以分为（　　　　）和（　　　　）。

4. 请先在表 4–2 中填写图标的名称，然后选取表内图标中的一个或几个，按照一定的组合填入括号中，使得配有双回转式变位机的弧焊机器人系统完成所指定的操作。

表 4–2　图标表格

序号	图　标	名称
1		
2		
3		
4		
5		
6	STN1	
7		

1）切换至机器人的外部轴，具体的操作步骤是先选择（　　），然后选择外部轴（　　），最后选择需要操作的具体的轴（　　）。

2）移动不同的轴，调整变位机的角度，需要操作（　　）。

二、简答题

1. 变位机通常有几种模式?

2. 常用周边设备有哪些类型?

3. 较完整的机器人工作站应该配备哪些设备？

任务 2　清枪剪丝示教和程序编辑

任务解析

阅读任务书，通过查阅有关清枪剪丝站的相关资料，了解清枪剪丝站的组成、工作原理和工作过程，掌握清枪剪丝的示教方法，最终完成任务书中所要求的任务，并形成任务报告。

必备知识

一、清枪剪丝站介绍

机器人可以 24h 不知疲倦地工作，具有生产率高和焊接质量稳定等突出特点。然而，在熔化极弧焊机器人的施焊过程中，在焊枪喷嘴内外残留的焊渣、焊丝伸出长度的变化都会严重影响产品的焊接质量及其稳定性。焊枪清理装置（也称为清枪剪丝站或自动清枪站）正是为应对这种应用而生的。目前国内焊接机器人配套使用的焊枪清理装置主要为宾采尔（BINZEL）和泰伯亿（TBI）两大品牌。

焊枪清理装置主要包括焊枪清洗机、喷化器和焊丝剪断装置三部分，如图 4-10 所示。

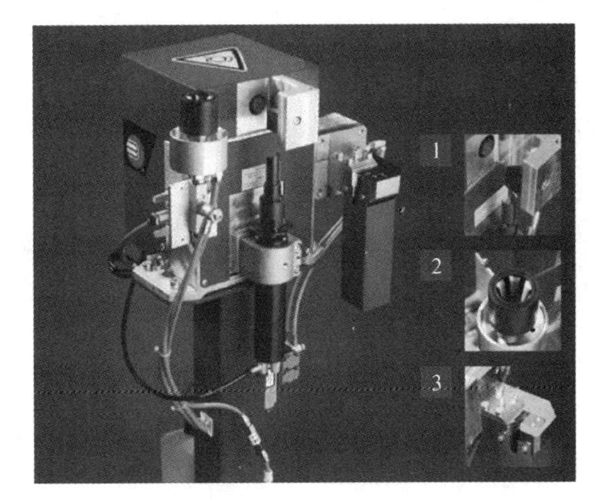

图 4-10　清枪剪丝站
1—焊枪清洗机　2—喷化器　3—焊丝剪断装置

（1）焊枪清洗机　焊枪清洗机可清除喷嘴内表面的飞溅，以保证保护气体的通畅。能够精确和高效地为几乎所有机器人焊枪清渣。气体喷嘴采用三点夹持方式，可以确保清渣过程中焊枪被夹紧。具备成熟和可靠的剪切装置，即使是焊渣飞溅严重的场合也能胜任。

（2）喷化器　喷化器喷出的防溅液可以减少焊渣的附着，降低维护频率。装置采用了密封的喷头和残余脏油接油盘，不会污染环境。残油处理简单，防溅剂添加方便（更换瓶装防溅液即可）。

（3）焊丝剪断装置　焊丝剪断装置主要用于用焊丝进行起始点检出的场合，以保证焊丝伸出长度一定，提高检出精度和起弧性能。夹持和剪切动作结合，保证了精确剪丝，起弧性能最佳，精确测量 TCP 位置。

二、清枪效果

图 4-11 是焊枪喷嘴在喷了防溅液和没喷防溅液的两种情况下，分别进行一段时间的弧焊焊接后，焊枪喷嘴状态的比较，可以明显地看出，喷过防溅液的喷嘴，能够有效地防止焊渣等飞溅的附着，延长焊枪的有效工作时间。

请扫描码 4-3 观看 KUKA 清枪剪丝视频。

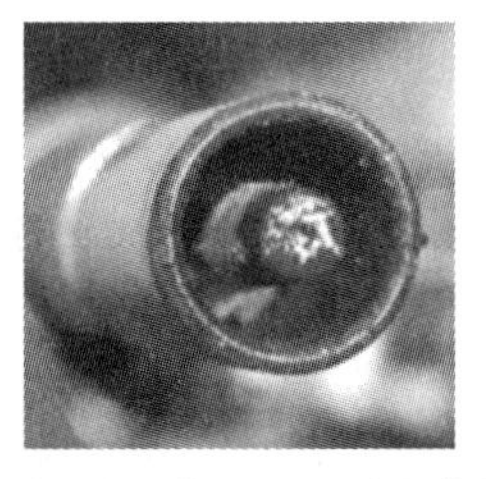

a) 喷了防溅液之后的喷嘴(焊接前)

b) 没有喷防溅液的喷嘴(焊接前)

c) 焊接20min后的喷嘴(喷防溅液)

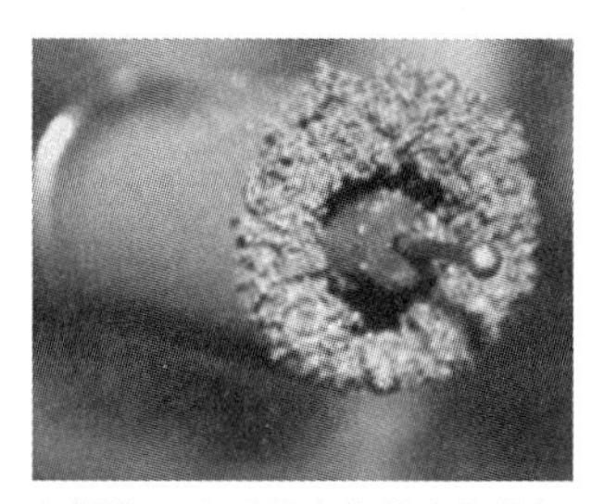

d) 焊接10min后的喷嘴(没喷防溅液)

图 4-11　焊接前后喷嘴状态图

码 4-3　KUKA 清枪剪丝

任务实施

具体工作如下：

1）机器人原点确认。可通过运行控制器内已有的原点程序，使机器人回到待机位置。

2）新建程序。新建一个作业程序，输入程序名“Torchcleaning”。

3）示教运行轨迹。整个清枪剪丝程序需要示教 8 个点，见表 4-3。

表 4-3　清枪轨迹示教点的姿态和用途

示教点	焊枪姿态			用　途
	Ex	Ey	Ez	
1	180°	45°	180°	机器人原点
2	0°	0°	0°	清枪临近点
3	0°	0°	0°	清枪点
4	0°	0°	0°	清枪规避点
5	0°	0°	0°	喷油临近点
6	0°	0°	0°	喷油点
7	0°	0°	0°	喷油规避点
8	180°	45°	180°	机器人原点

4）示教清枪和剪丝程序。示教清枪、喷油和剪丝程序之前，要先在机器人上配置相应的 I/O 信号。这里需要配置三个信号，根据不同品牌的不同情况，可以设置“GunWash”“GunSpray”和“FeedCut”三个输出信号，用于输出信号控制清枪剪丝站。

① ABB 清枪剪丝程序如下：

PROC weldgunset()

! 清枪系统例行程序

MoveJ Offs(pGunWash,0,0,150),v200,z10,tWeldGun/WObj:=wobj0;

MoveL pGunWash, v200,fine,tWeldGun/WObj:=wobj0;

! 机器人先运行到清焊渣目标点 pGunWash 点上方 150mm 处，然后线性下降，运行到目标点，这样可以保证机器人在动作的过程中不会和其他设备干涉

Set GunWash；

Waittime2；

Reset GunWash；

！将清焊渣信号置位，此时清焊渣装置开始运行，清除焊渣；等待设定的一个时间后将信号复位，清焊渣动作完成。等待的时间就是清焊渣装置的运行时间，可以根据实际效果延长或缩短时间

MoveJ Offs(pGunWash,0,0,150),v200,z10,tWeldGun/WObj:=wobj0;

！清焊渣完成后使用偏移函数将机器人线性运行到 pGunWash 点上方位置，然后准备进行下一步动作

MoveL Offs(pGunSpray,0,0,150),v200,z10,tWeldGun/WObj:=wobj0;

MoveL pGunSpray,v200,fine,tWeldGun/WObj:=wobj0;

！机器人先运行到喷雾目标点 pGunSpray 点上方 150mm 处，然后线性下降，运行到目标点，这样可以保证机器人在动作的过程中不会和其他设备干涉

Set GunSpray；

Waittime2；

Reset GunSpray；

！将喷雾信号置位，此时喷雾装置开始运行，对焊枪进行喷雾；等待设定的一个时间后将信号复位，喷雾动作完成。等待的时间就是喷雾装置的运行时间，可以根据实际效果延长或缩短时间

MoveL Offs(pGunSpray,0,0,150),v200,z10,tWeldGun/WObj:=wobj0;

！喷雾完成后使用偏移函数将机器人线性运行到 pGunSpray 点上方位置，然后准备进行下一步动作

MoveL Offs(pFeedCut,0,0,150),v200,z10,tWeldGun/WObj:=wobj0;

MoveL pFeedCut,v200,fine,tWeldGun/WObj:=wobj0;

！机器人先运行到剪焊丝目标点 pFeedCut 点上方 150mm 处，然后线性下降，运行到目标点，这样可以保证机器人在动作的过程中不会和其他设备干涉

Set FeedCut；

Waittime2；

Reset FeedCut;

！将剪焊丝信号置位，此时剪焊丝装置开始运行，将焊丝剪切到最佳的长度；等待设定的一个时间后将信号复位，剪焊丝动作完成。等待的时间就是剪焊丝装置的运行时间，可以根据实际效果延长或缩短时间

MoveL Offs(pFeedCut,0,0,150),v200,z10,tWeldGun/WObj:=wobj0;

！剪切完成后使用偏移函数将机器人线性运行到 pFeedCut 点上方位置，至此整个焊枪维护完成，机器人将继续进行焊接工作

ENDPROC

② KUKA 清枪剪丝程序如下：

DEF clean(　　)

；程序名

IN1

PTP P1 Vel= 90 % PDAT1 Tool[1]:tcp Base[0]

；空间点

PTP P2 CONT Vel= 90 % PDAT2 Tool[1]:tcp Base[0]

；空间点

LIN P3 Vel= 1.5 m/s CPDAT5 Tool[1]:tcp Base[0]

；空间点

OUT 49 'gas' State= TRUE

；保护气打开，代替吹渣气

WAIT FOR (IN 1 '')

；检测是否有清枪检测信号，有则继续往下执行程序，无则在此位置停止，直至满足此条件（检测清枪站顶紧气缸是否顶出，有顶出则程序停止运行）

LIN P4 Vel= 0.08 m/s CPDAT1 Tool[1]:tcp Base[0]

；清枪位置点

OUT 1 'clean start' State= TRUE

；清枪指令打开

WAIT Time= 5 sec

；等待 5 s

WAIT FOR NOT (IN 1 '')

；检测是否无清枪检测信号，无则继续往下执行程序，有则停止运行（检测清枪站顶紧气缸是否顶出，有顶出则程序继续运行）

OUT 49 'gas' State= FALSE

；保护气关闭停止吹渣（需要吹硅油）

OUT 1 'clean start' State= FALSE

```
; 清枪停止
WAIT Time= 3 sec
; 等待 3 s
WAIT FOR ( IN 1'' )
; 检测是否有清枪检测信号，有则继续往下执行程序，无则在此位置停止，直至满足此条件（检测清枪站顶紧气缸是否收回，无顶出则程序继续运行）
LIN P5  Vel= 1.5 m/s CPDAT4 Tool[1]:tcp Base[0]
; 空间点
PTP P6 CONT Vel= 90 % PDAT5 Tool[1]:tcp Base[0]
; 空间点
PTP P7 CONT Vel= 90 % PDAT7 Tool[1]:tcp Base[0]
; 空间点
PULSE 50 'wfd+'  State= TRUE   Time= 1.5 sec
; 送丝 1.5 s（脉冲控制送丝输出位打开 1.5 s 后自动关闭）
WAIT Time= 1.5 sec
; 等待 1.5 s
PULSE 51 'wfd-'  State= TRUE   Time= 0.2 sec
; 回抽丝 0.2 s（脉冲控制回抽丝输出位打开）
WAIT Time= 0.5 sec
; 等待 0.5 s
LIN P8 CONT Vel= 1.5 m/s CPDAT2 Tool[1]:tcp Base[0]
; 剪丝位置点
PULSE 2 'jian si'  State= TRUE   Time= 1 sec
; 剪丝（脉冲控制打开 1 s）
WAIT Time= 0.5 sec
; 等待 0.5 s
OUT 4 'Jia  Si'  State= TRUE
; 夹丝打开
LIN P9  Vel= 1.5 m/s CPDAT3 Tool[1]:tcp Base[0]
PTP P10 CONT Vel= 90 % PDAT9 Tool[1]:tcp Base[0]
; wire=18mm 备注焊丝长度
END
```

③ FANUC 清枪剪丝程序如下：

```
（以下为焊接机器人清枪前的状态判断）
J PR[1:HOME] 45% CNT100
```

！焊接机器人回到 home 点

DO[11:Robot At Clean State]=ON

！焊接机器人处于清洗状态，置为“ON”

DO[13:2_Robot can enter TBI]=OFF

！对应的焊接机器人可以清洗状态，置为“OFF”

DO[12:Robot Clean Completed]=OFF

！焊接机器人清洗完成状态，置为“OFF”

（以下为焊接机器人清枪的工作流程）

J PR[12:GunWashup] 60% Fine

！焊接机器人运行至清洗机构上方位置

WAIT DI[12:GunSpray is Ready]=ON

！等待清洗机构准备完成，状态置为“ON”

L PR[13:GunWash] 900mm/sec Fine

！焊接机器人下降至清洗位置

DO[12:GunWash]=PULSE,0.8sec

！清洗机构开启，对焊枪中的导电嘴进行清理

WAIT1.50(sec)

！等待 1.5 s

L PR[12:GunWaShup] 900mm/sec Fine

！焊接机器人上升至清洗机构上方位置

（以下为焊接机器人喷油过程）

J PR[21:GunSprayup] 40% Fine

！焊接机器人运行至喷油机构上方

L PR[22:GunSpray] 900mm/sec Fine

！焊接机器人下降至喷油位置

DO[16:GunSpray]=PULSE，0.5sec

！喷油机构开启喷油 0.5 s，对焊枪进行喷油清洗

WAIT 0.50(sec)

！等待 0.5 s

J PR[21:GunSprayup] 60% Fine

！焊接机器人运行至喷油机构上方

（以下为焊接机器人剪丝过程）

J PR[31:FeedCutup] 80% Fine

！焊接机器人运行至剪丝位置上方

L PR[31:FeedCut] 600mm/sec Fine

```
! 焊接机器人水平运行至剪丝位置
WAIT 0.10(sec)
! 等待 0.1 s
DO[17:FeedCut]=PULSE，0.5sec
! 剪丝机构对焊丝进行剪切
WAIT 0.70(sec)
! 等待 0.7 s
J PR[31:FeedCutup] 30% Fine
! 焊接机器人运行至剪丝位置上方
```

5）同前面项目，运行测试程序，如果轨迹合适便可进行实际清枪作业。作业后应观察清枪效果，通过清枪参数的微调达到预期效果。

扩展知识

机器人其他周边设备

除了变位机、清枪剪丝站等设备，机器人生产中应用较多的周边设备还有自动换枪装置和电极修磨器。

1. 自动换枪装置

自动换枪装置属于机器人工具快换装置的一种应用。

机器人工具快换装置（Robotic Tool Changer）使单个机器人能够在制造和装备过程中交换使用不同的末端执行器以增加柔性，被广泛应用于自动点焊、弧焊、材料抓举、冲压、检测、卷边、装配、材料去除、毛刺清理、包装等操作，具有生产线更换快速、有效降低停工时间等多种优势。

目前，国外在机器人自动更换技术方面比较先进，生产的自动更换器都有各自的特点，起步早，专业化程度高，但价格昂贵，技术不对外。国内一些大学和研究所也进行了一定的研究，但都没有形成产业化，只是对于某个特殊领域进行研究，大多数产品都存在质量、可靠性较低，通用性较差等缺点，与国外先进水平差距较大。国外较有名的快换装置品牌有美国 DE-STA-CO、ATI、AGI、RAD 等，另外部分机器人公司如 STAUBLI 等也有不同型号的快换装置。

机器人工具快换装置通过使机器人自动更换不同的末端执行器或外围设备，使机器人的应用更具柔性。这些末端执行器和外围设备包含点焊焊枪、抓手、真空工具、气动和电动马达等。工具快换装置包括一个机器人侧用来安装在机器人手臂上，还包括一个工具侧用来安装在末端执行器上。工具快换装置能够让不同的介质如气体、电信号、液体、视频、超声波等从机器人手臂连通到末端执行器。

机器人工具快换装置的优点在于：

1）生产线更换可以在数秒内完成。

2）维护和修理工具可以快速更换，大大降低停工时间。

3）通过在应用中使用 1 个以上的末端执行器，从而使柔性增加。

4）使用自动交换单一功能的末端执行器，代替原有笨重复杂的多功能工装执行器。

工具快换装置分为机器人侧（Master side）和工具侧（Tool side）。机器人侧安装在机器人前端手臂上，工具侧安装在执行工具上（焊钳、抓手等）。工具快换装置能快捷地实现机器人侧与执行工具之间电、气体和液体相通。一个机器人侧可以根据用户的实际情况与多个工具侧配合使用，以增加机器人生产线的柔性制造、增加机器人生产线的效率和降低生产成本。

在实际机器人的焊接作业过程中，焊枪作为一个固定工具单元影响着机器人的生产率。例如，更换或清理焊枪配件（如导电嘴、喷嘴等）不仅浪费工时，且会增加维护费用。

采用自动换枪装置（图 4-12）可有效解决此问题，使得机器人空闲时间大为缩短，过程的稳定性、系统的可用性、焊接质量和生产率都得以提高，适用于不同填充材料或必须在工作过程中改变焊接方法的自动焊接。

2. 电极修磨器

电极修磨器用于点焊机器人焊钳电极的自动修磨，如图 4-13 所示。为点焊机器人配备自动电极修磨器，可实现电极头工作面氧化磨损后的修磨过程自动完成，从而提高生产线节拍。同时，也可避免人员频繁进入生产线带来的安全隐患。电极修磨器由机器人控制，通过示教专门的电极修磨程序来完成电极修磨。

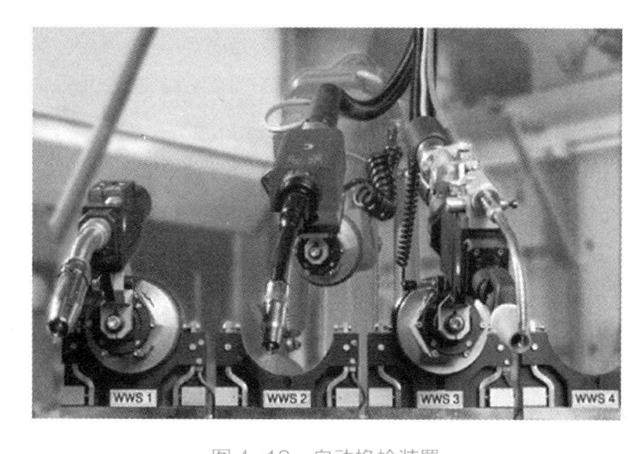

图 4-12　自动换枪装置

图 4-13　电极修磨器

复习思考题

一、填空题

1. 焊枪清理装置主要包括（　　）、（　　）和（　　）三部分。

2. （　　）可清除喷嘴内表面的飞溅，以保证保护气体的通畅。能够精确和高效地为几乎所有机器人焊枪清渣。

3. （　　）可以喷出防溅液，减少焊渣的附着，降低维护频率。

4. （　　）主要用于用焊丝进行起始点检出的场合，以保证焊丝伸出长度一定，提高检出精度和起弧性能。

二、简答题

1. 焊接机器人的周边设备除了变位机和清枪剪丝站之外还有哪些常用设备？具体的功能如何？

2. 焊枪清理装置主要由哪几部分组成？每一部分具体的功能如何？

项目实训

如图 4-14 所示，用机器人焊接系统完成骑坐式管板船形焊连续作业，要求每焊完一个试件必须进行清枪动作，简述其示教操作过程，有条件的情况下可以实际示教和编辑程序。

图 4-14　带双变位机和清枪剪丝站的示意图

具体工作如下：

1）机器人原点确认。可通过运行控制器内已有的原点程序，使机器人回到待机位置。

2）新建程序。新建一个作业程序，输入程序名“Weldandclean”。

3）示教运行轨迹。整个焊接和清枪轨迹示教点的姿态和用途见表 4-4。

表 4-4　焊接和清枪轨迹示教点的姿态和用途

示教点	焊枪姿态			变位机1姿态	变位机2姿态	用途
	Ex	Ey	Ez			
1	180°	45°	180°	原点	原点	机器人原点
2	180°	90°	180°	第一轴旋转45°	原点	焊接临近点
3	180°	90°	180°	保持位置	原点	焊接/圆弧开始点
4	180°	90°	180°	第二轴旋转45°	原点	焊接/圆弧中间点
5	180°	90°	180°	第二轴旋转45°	原点	焊接/圆弧中间点
6	180°	90°	180°	第二轴旋转45°	原点	焊接/圆弧中间点
7	180°	90°	180°	第二轴旋转45°	原点	焊接/圆弧结束点
8	180°	90°	180°	保持位置	原点	规避点
9	180°	45°	180°	原点	原点	原点
10	0°	0°	0°	原点	原点	清枪临近点
11	0°	0°	0°	原点	原点	清枪点
12	0°	0°	0°	原点	原点	清枪规避点
13	0°	0°	0°	原点	原点	喷油临近点
14	0°	0°	0°	原点	原点	喷油点

（续）

示教点	焊枪姿态			变位机1姿态	变位机2姿态	用途
	Ex	Ey	Ez			
15	0°	0°	0°	原点	原点	喷油规避点
16	180°	45°	180°	原点	原点	机器人原点
17	180°	45°	180°	原点	原点	机器人原点
18	180°	45°	180°	原点	原点	机器人原点
19	180°	90°	180°	原点	第一轴旋转45°	焊接临近点
20	180°	90°	180°	原点	保持位置	焊接/圆弧开始点
21	180°	90°	180°	原点	第二轴旋转45°	焊接/圆弧中间点
22	180°	90°	180°	原点	第二轴旋转45°	焊接/圆弧中间点
23	180°	90°	180°	原点	第二轴旋转45°	焊接/圆弧中间点
24	180°	90°	180°	原点	第二轴旋转45°	焊接/圆弧结束点
25	180°	90°	180°	原点	保持位置	规避点
26	180°	45°	180°	原点	原点	原点

4）示教清枪和剪丝程序。示教清枪、喷油和剪丝程序之前，要先在机器人上配置相应的I/O信号。这里需要配置三个信号，根据不同品牌的不同情况，可以设置“GunWash”“GunSpray”和“FeedCut”三个输出信号，用于输出信号控制清枪剪丝站。

5）同前面项目，运行测试程序。

项目小结

实际生产中的机器人作业往往需要变位机和其他周边设备与机器人系统协同作业，因此需要操作者具备操作周边设备的能力。

通过本项目的学习，读者掌握了机器人周边设备的分类及应用，特别是对变位机和清枪剪丝机构的功能有了深入的认识，能够使用示教器进行机器人外部轴的示教编程，进行焊枪清理装置的示教编程并可以编辑机器人周边设备作业程序。

很多周边设备属于非标类设备，但是变位机示教的核心思想是将周边设备作为机器人的外部轴来控制，如同控制机器人本体运动轴一样，掌握好这一点，就能够顺利完成示教和编程任务。

项目五
焊接机器人的离线编程

项目概述

焊接机器人在现代工业制造过程中的应用日趋广泛，它的使用灵活性和智能程度在很大程度上取决于它的编程能力。在进行焊接机器人的作业规划时，可以采用在线示教和离线编程。早期机器人主要应用于大批量生产，在自动生产线上点焊，其工作任务简单且不变化，采用在线示教的方式就可以完成机器人的工作规划。随着机器人应用到中、小批量生产中，任务的复杂程度增加，同时产品寿命周期缩短、生产任务更迭加快，用在线示教方式就难以满足高质量的编程要求。解决此问题的有效途径之一就是采用离线编程，把机器人从在线编程中解放出来。

本项目以 ABB 机器人为例，采用 RobotStudio 系统，实现简易焊接机器人工作站的离线编程。通过创建简易离线工作站，学习下载和安装离线编程软件，掌握软件界面和功能，通过示教和编程，复习之前项目中学习的相关知识，最终达到加深读者对焊接机器人离线编程的理解的目的。

学习目标

1）了解常用的机器人编程方法。

2）了解离线编程系统的组成。

3）能够下载和安装离线编程软件。

4）能够创建仿真工作站。

5）能够进行离线编程和程序调试。

6）能够收集和筛选信息。

7）能够制订工作计划、独立决策和实施。

8）能够团队协作、合作学习。

9）具备工作责任心和认真、严谨的工作作风。

项目实施

任务1　焊接机器人工作站的建立

任务解析

通过查阅有关机器人离线编程的相关资料，了解常用的机器人编程方法、离线编程系统的组成，下载和安装离线软件，并创建如图5-1所示的带变位机的仿真工作站，实现工具沿着两段圆弧轨迹运动的程序示教和编辑。

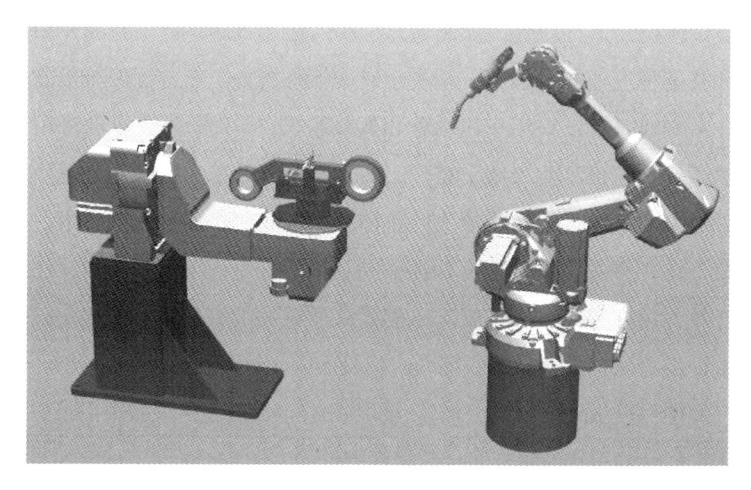

图5-1　带变位机的仿真工作站示意图

必备知识

一、机器人的编程方法

弧焊机器人自动化水平的发挥在很大程度上取决于编程技术。目前，焊接机器人的编程方法主要有三种：

（1）在线示教　在线示教通常是指示教再现法，它是目前大多数工业机器人的主要编程方式。采用这种方法时，程序编制是在机器人现场进行的。首先，操作者必须把机器人终端移动至目标位置，并将此位置对应的机器人关节角度信息写入存储单元，这就是示教过程。当要求复现这些动作时，顺序控制器从存储单元中读出相应位置，机器人就可重现示教时的轨迹和各种操作。

该方法在焊接机器人中得到广泛应用，其示教方式包括手把手示教和示教器示教两种类型。

1）手把手示教。手把手示教是指操作人员牵引装有力－力矩传感器的机器人末端执行器对工件施焊，机器人实时记录整个示教轨迹及各种焊接参数后，就能根据这些在线参数准确再现这一焊接过程。

2）示教器示教。示教器示教的过程可以分为三步：

第一步，根据任务的需要，通过示教器把机器人的末端执行器按一定姿态移动到所需要的位置，然后将每一位置的姿态存储起来。

第二步，编辑修改示教过的动作。

第三步，机器人重复运行示教的过程。

为了示教方便及信息获取快捷、准确，操作者可以选择在不同坐标系下示教。

在线示教的优点是：只需要简单的设备和控制装置即可进行示教，操作简单、易于掌握，而且示教再现过程很快，示教之后马上即可应用。

在线示教的缺点是：编程占用机器人操作时间；很难规划复杂的运动轨迹及准确的直线运动；难以与传感器信息相配合；难以与其他操作同步。

（2）机器人语言编程　机器人语言编程是指采用专用的机器人语言来描述机器人的运动轨迹。机器人语言可以引入传感器信息，提供一个解决人与机器人通信问题的更通用的方法。

机器人编程语言具有良好的通用性，同一种机器人语言可用于不同类型的机器人。此外，机器人编程语言可解决多个机器人间的协调工作问题。目前应用于工业的机器人语言是动作级和对象级语言。

（3）离线编程　离线编程利用计算机图形学的成果，建立起机器人及其工作环境的模型，再利用机器人语言及相关算法，通过对图形的控制和操作，在不使用实际机器人的情况下进行轨迹规划，进而生成机器人作业程序。一些离线编程系统带有仿真功能，可以在不接触机器人工作环境的情况下，在三维软件中提供一个和机器人进行交互作用的虚拟环境。

与在线示教相比，离线编程具有以下优点：

1）可减少机器人不工作的时间。

2）编程者远离危险的工作环境。

3）便于和 CAD/CAM 系统集成，做到 CAD/CAM/ROBOTICS 一体化。

4）可对复杂任务进行精确编程和作业过程仿真。

5）便于修改机器人程序，从而适应中小批量的生产要求。

6）可减小编程的劳动强度，提高工作效率。

二、机器人离线编程系统的组成

机器人离线编程软件是机器人应用与研究必不可少的工具。目前，美国、英国、法国、德国等国家的大学实验室、研究所、制造公司等都对机器人离线编程与仿真技术进行了大量的研究，并开发出原型系统和应用系统，见表 5-1。

表 5-1　国外商品化机器人离线编程与仿真系统

软件包	开发公司或研究机构
ROBEX	德国亚琛工业大学
GRASP	英国诺丁汉大学

（续）

软件包	开发公司或研究机构
PLACE	美国McAuto公司
Robot-SIM	美国Calma公司
RBOGRAPHIX	美国Computer Vision公司
IGRIP	美国Deneb公司
ROBCAD	美国Tecnomatix公司
CimStation	美国SILMA公司
Workspace	美国RobotSimulations公司
SMAR	法国普瓦提埃大学

离线编程系统是当前机器人实际应用的一个必要手段，也是开发和研究任务级规划方式的有力工具。离线编程系统主要由用户接口、机器人系统三维几何构型、运动学计算、轨迹规划、三维图形动态仿真、通信接口等部分组成。其相互关系如图 5-2 所示。

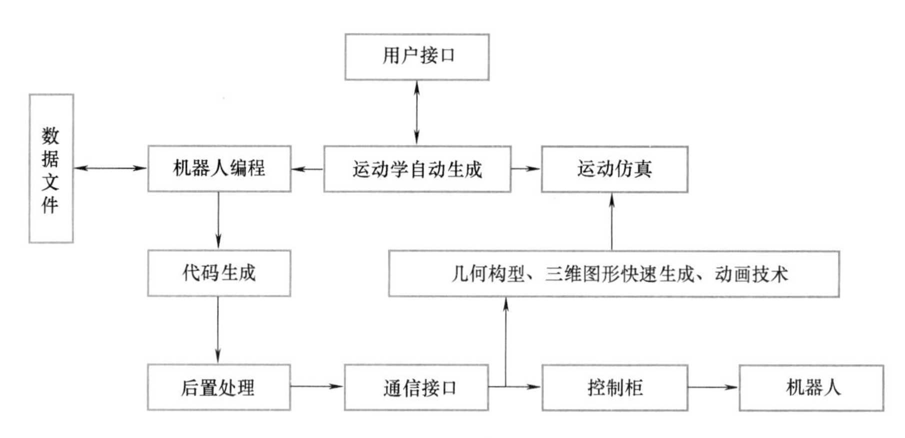

图 5-2　机器人离线编程系统组成

（1）用户接口　离线编程系统的一个关键问题是能否方便地生成三维模拟环境，便于人机交互。因此，用户接口是很重要的。工业机器人一般提供两个用户接口，一个用于示教编程，另一个用于语言编程。示教编程可以用示教器直接编制机器人程序；语言编程则是用机器人语言编制程序，使机器人完成给定的任务。

由机器人语言发展形成的离线编程系统应把机器人语言作为用户接口的一部分，用机器人语言对机器人运动程序进行编辑。用户接口的语言部分具有与机器人语言类似的功能，因此在离线编程系统中需要仔细设计。为便于操作，用户接口一般设计成交互式，用户可以用鼠标标明物体在屏幕上的方位，并能交互修改环境模型。

（2）机器人系统的三维几何构型　离线编程系统的一个基本功能是利用图形描述对机器人和工作单元进行仿真，这就要求对工作单元中的机器人所有的夹具、零件和刀具等进行三维实体几何造型。目前，用于机器人系统三维几何造型的方法主要有三种：结构的立体几何表示、扫描变换表示和边界表示。

为了构造机器人系统的三维模型，最好采用零件和工具的 CAD 模型，直接从 CAD 系统获得，使 CAD 数据共享。由于对从设计到制造的 CAD 集成系统的需求越来越迫切，所以大部分离线编程系统囊括了 CAD 建模子系统或把离线编程系统本身作为 CAD 系统的一部分。若把离线编程系统作为单独的系统，则必须具有适当的接口，以实现与外部 CAD 系统间的模型转换。

（3）运动学计算　运动学计算就是利用运动学方法在给出机器人运动参数和关节变量值的情况下，计算出机器人的末端位姿，或者是在给定末端位姿的情况下计算出机器人的关节变量值。

（4）轨迹规划　在离线编程系统中，除需要对机器人的静态位置进行运动学计算之外，还需要对机器人的空间运动轨迹进行仿真。不同机器人生产厂家所采用的轨迹规划算法有较大差别，因此，离线编程系统须对应机器人控制柜所采用的算法进行仿真。

（5）三维图形动态仿真　机器人动态仿真是离线编程系统的重要组成部分。它能逼真地模拟机器人的实际工作过程，为编程者提供直观的可视图形，进而可以检验编程的正确性和合理性。

（6）通信接口　在离线编程系统中，通信接口起着连接软件系统和机器人控制柜的桥梁作用。利用通信接口，可以把仿真系统所生成的机器人运动程序转换成机器人控制柜可以接受的代码。

三、ABB RobotStudio 介绍

离线编程在实际机器人安装前，通过可视化及可确认的解决方案和布局来降低风险，并通过创建更加精确的路径来获得更高的部件质量。为实现真正的离线编程，RobotStudio 采用了 ABBVirtualRobot 技术。ABB 在十多年前就已经发明了 ViRtualRobot 技术。RobotStudio 是市场上离线编程的领先产品。通过新的编程方法，ABB 正在世界范围内建立机器人编程标准。

在 RobotStudio 中可以实现以下的主要功能：

（1）CAD 导入　RobotStudio 可轻易地以各种主要的 CAD 格式导入数据，包括 STEP、VRML、VDAFS、CATIA、IGES 和 ACIS。通过使用导入的精确 3D 模型数据，机器人程序设计员可以生成更为精确的机器人程序，从而提高产品质量。

（2）自动路径生成　通过使用待加工部件的 CAD 模型，可在短短几分钟内自动生成跟踪曲线所需的机器人位置。如果人工执行此项任务，则可能需要数小时或数天。这是 RobotStudio 最节省时间的功能之一。

（3）自动分析伸展能力　此便捷功能可让操作者灵活移动机器人或工件，直至所有位置均可达到。可在短短几分钟内验证和优化工作单元布局。

（4）碰撞检测　在 RobotStudio 中，可以对机器人在运动过程中是否可能与周边设备发生碰撞进行验证与确认，以确保机器人离线编程得出的程序的可用性。

（5）在线作业　使用 RobotStudio 与真实的机器人进行连接通信，对机器人进行便捷的监控、程序修改、参数设定、文件传送及备份恢复的操作，使调试与维护工作更轻松。

（6）模拟仿真　根据设计，在 RobotStudio 中进行工业机器人工作站的动作模拟仿真以及周期节拍仿真，为工程的实施提供真实的验证。

（7）应用功能包　针对不同的应用推出功能强大的工艺功能包，便于机器人更好地与工艺应

用进行有效的融合。

四、安装 RobotStudio

RobotStudio 是 ABB 公司专门开发的工业机器人离线编程软件，代表了工业机器人先进编程水平，它以操作简单、界面友好和功能强大而得到广大机器人工程师的一致好评。

RobotStudio 的安装步骤：

（1）下载 RobotStudio　RobotStudio 提供可以网络下载、免费试用 30 天的全功能版本。网站上的软件每隔一段时间会更新到最新版本，官网界面如图 5-3 所示，具体下载如图 5-4 所示。

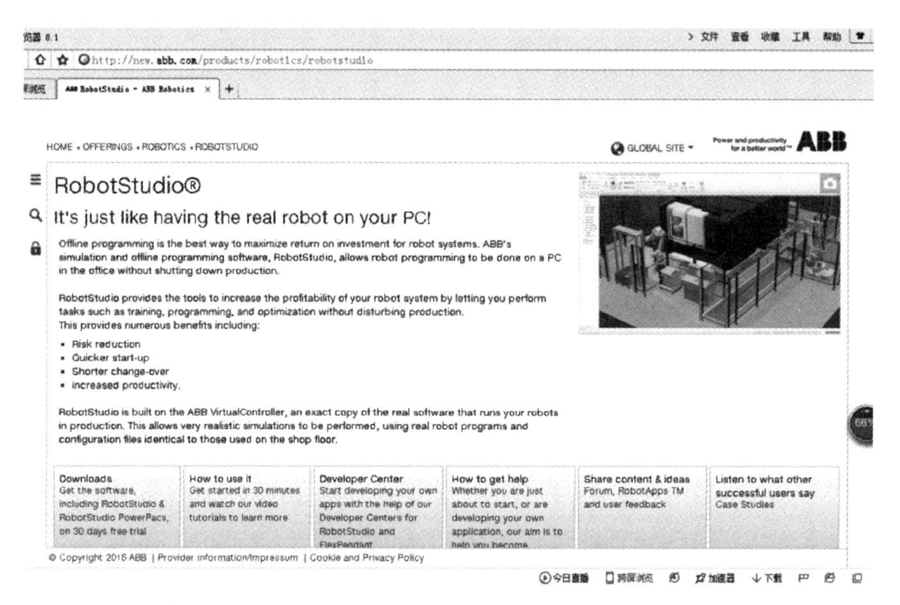

图 5-3　RobotStudio 软件下载官网界面

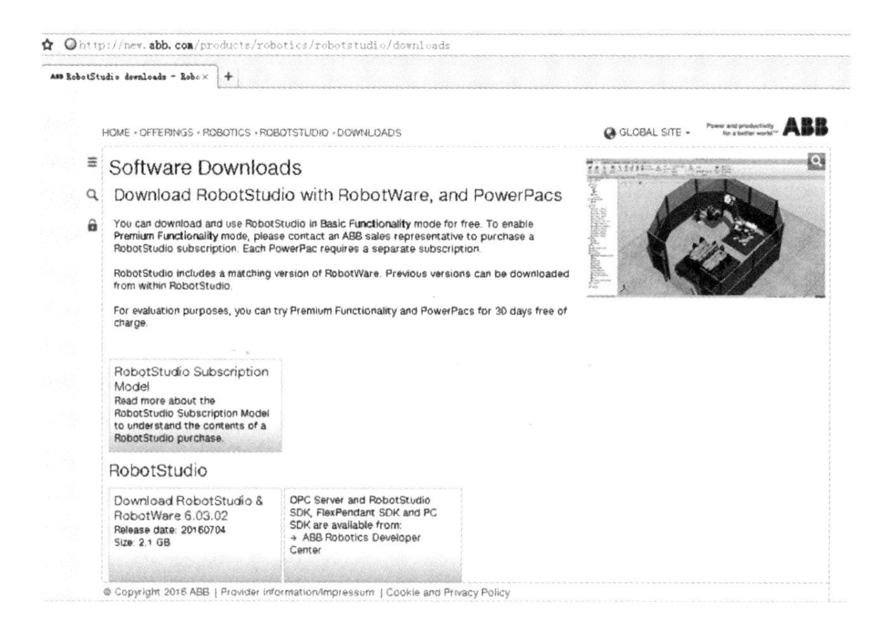

图 5-4　RobotStudio 具体下载界面

（2）安装软件　安装软件的步骤如下：

1）解压缩安装文件。从网站下载的是程序安装包，双击解压缩安装文件进行解压缩，得到解压缩后的文件夹。

2）安装。双击解压后的文件夹中的安装文件。依据提示一步一步安装程序。

五、软件界面介绍

ABB RobotStudio 软件的界面主要包括以下几个功能选项卡：

（1）“文件”功能选项卡　包含创建新工作站、创建新机器人系统、连接到控制器、将工作站另存为查看器和 RobotStudio 选项，如图 5-5 所示。

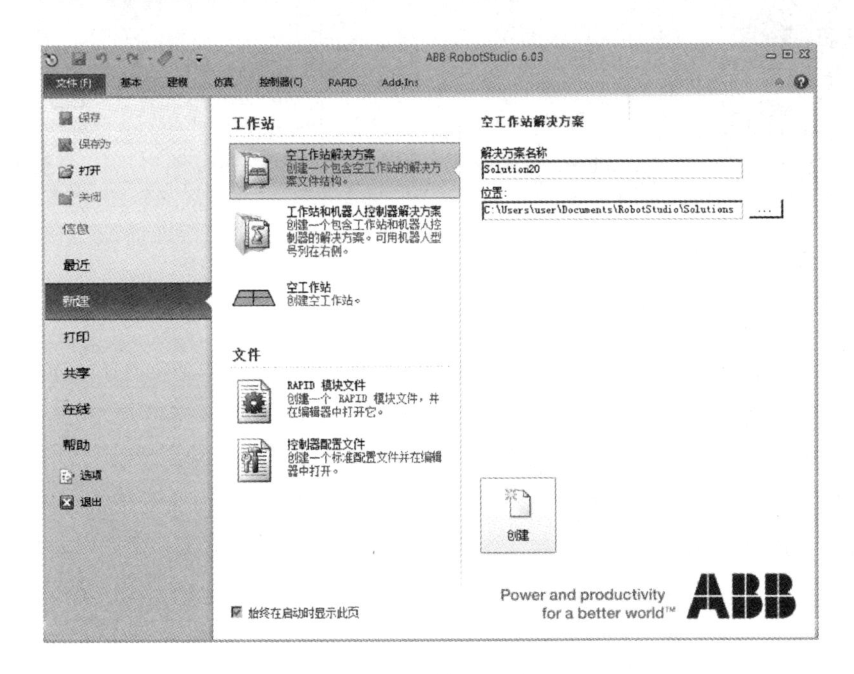

图 5-5　“文件”功能选项卡

（2）“基本”功能选项卡　包含建立工作站、创建系统、路径编程和摆放物体所需的控件，如图 5-6 所示。

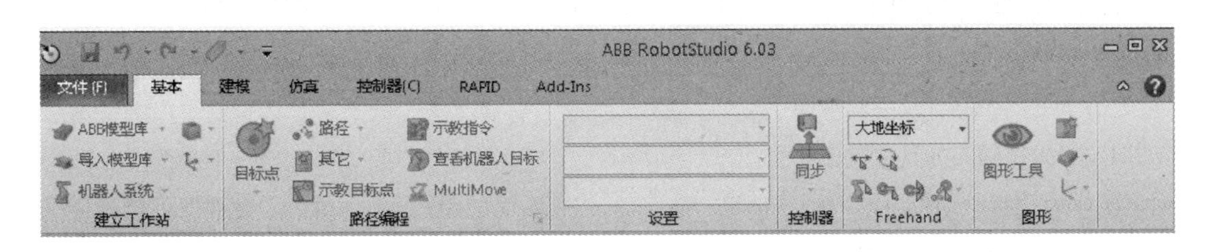

图 5-6　“基本”功能选项卡

（3）“建模”功能选项卡　包含创建和分组工作站组件、创建实体、测量及其他 CAD 操作所需的控件，如图 5-7 所示。

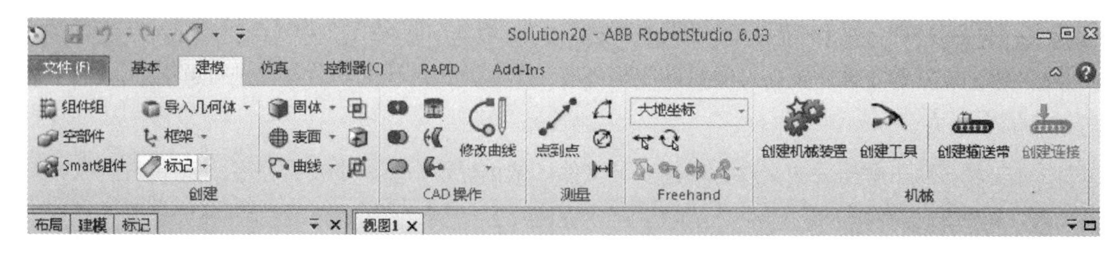

图 5-7 “建模”功能选项卡

（4）“仿真”功能选项卡　包含创建、控制、监控和记录仿真所需的控件，如图 5-8 所示。

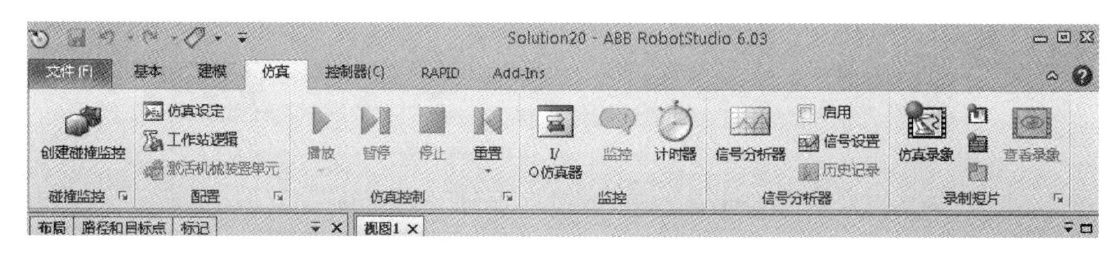

图 5-8 “仿真”功能选项卡

（5）“控制器”功能选项卡　包含用于虚拟控制器的同步、配置和分配给它的任务控制工具，如图 5-9 所示。

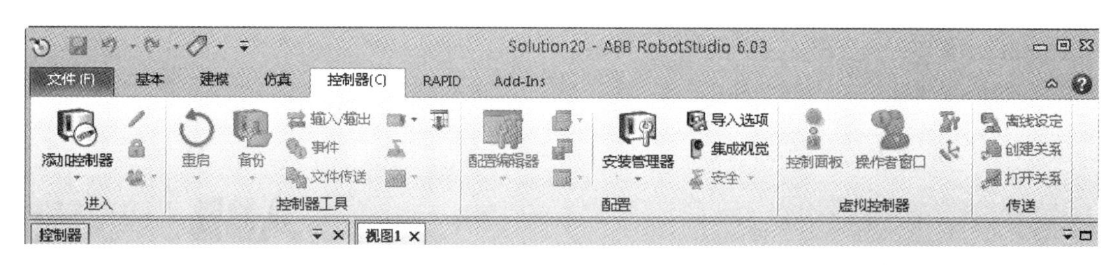

图 5-9 “控制器”功能选项卡

界面中还包含用于管理真实控制器的控制功能“RAPID”功能选项卡，包括 RAPID 编辑器的功能、RAPID 文件的管理以及用于 RAPID 编程的其他控件。

六、构建仿真工作站

基本的工业机器人工作站包含工业机器人及工作对象。一般按照下面的步骤构建基本的仿真机器人工作站：

（1）导入机器人及其基本操作

1）导入机器人的具体操作如下：

①在“文件”功能选项卡中，选择“新建”，选择“空工作站”，单击“创建”，创建一个新的工作站，如图 5-10 所示。

②在“基本”功能选项卡中，打开“ABB 模型库”，选择“IRB2600”，如图 5-11 所示。

③在弹出的机器人参数设置对话框中，设定“容量”和“到达”的数值，然后单击“确定”，如图 5-12 所示。

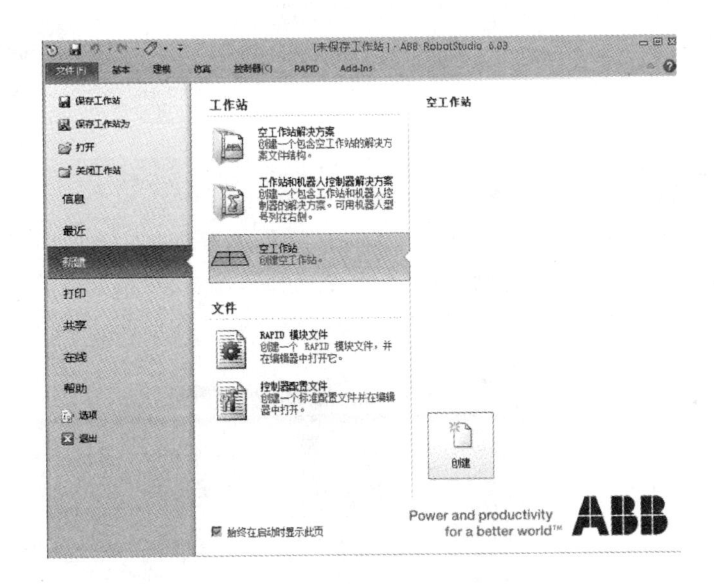

图 5-10　创建空工作站

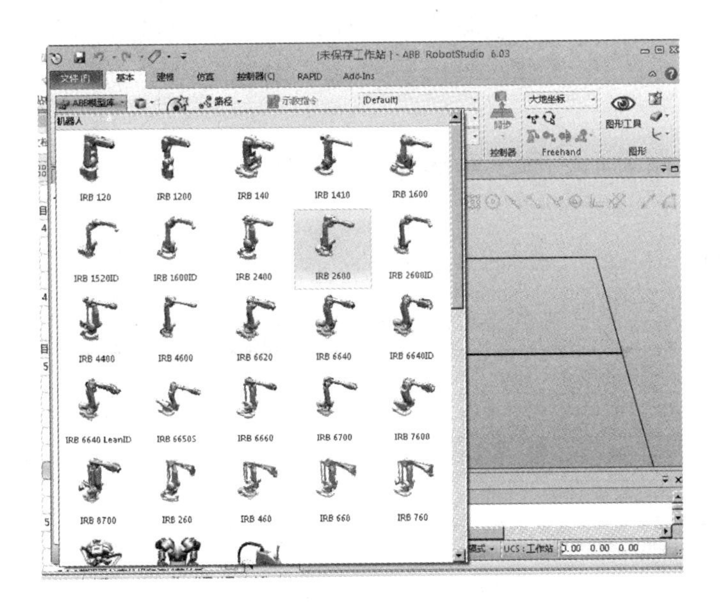

图 5-11　导入机器人本体操作界面

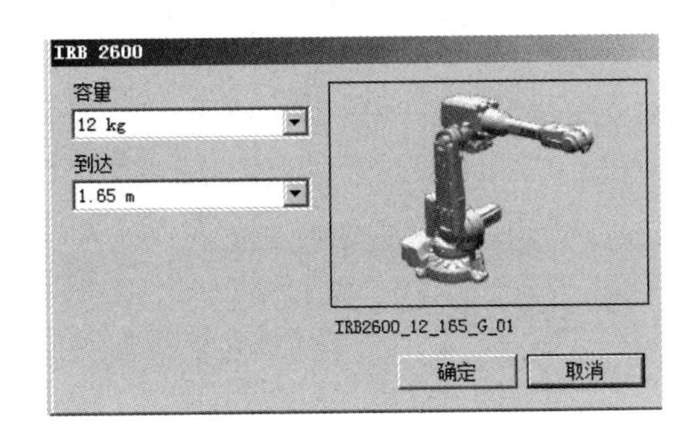

图 5-12　IRB2600 参数设置界面

至此，整个机器人已经完成导入，之后可以通过使用键盘与鼠标按键组合调整工作站视图，如图 5-13 所示。

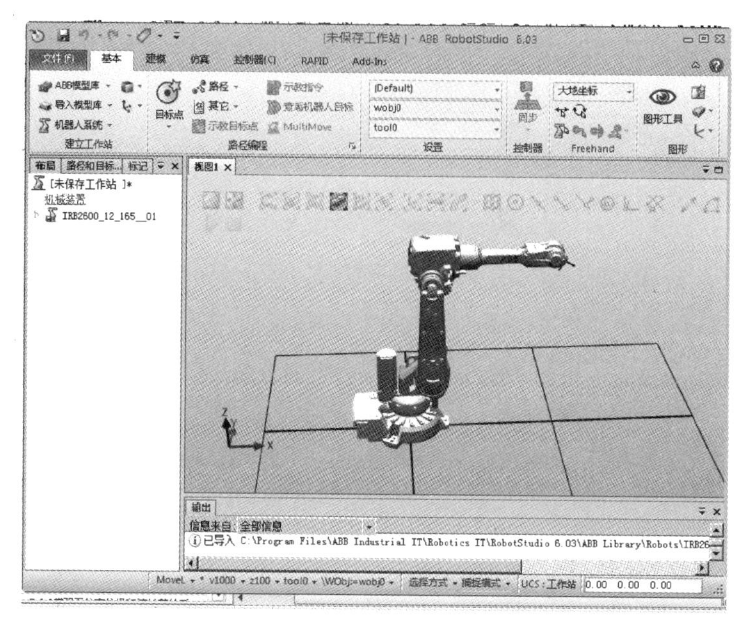

图 5-13 导入机器人本体后的显示界面

2）仿真工作站的基本操作如下：

① RobotStudio 基本操作。基本操作见表 5-2。

表 5-2 RobotStudio 的基本操作

操作方式	功能描述
单击鼠标左键	选中被单击的物体
Ctrl+Shift+鼠标左键	旋转工作站
Ctrl+鼠标左键	整体移动工作站
Ctrl+鼠标右键	放大或缩小工作站

②虚拟示教器的基本操作。单击示教器左上角的“ABB”按钮，进入示教器主界面。在主界面上可实现“手动操纵”“程序编辑器”及“程序数据”等界面的操作，这些操作与实际的示教器相同。

在虚拟示教器右侧，可单击选择机器人运行方式为“自动”或”“手动”。另外，还可以单击使能按钮，作用同实际示教器上的使能键。

请扫描码 5-1 观看导入机器人本体并进行基本操作的视频。

码 5-1 导入机器人本体并进行基本操作

（2）加载机器人工具 具体的操作如下：

1）在“基本”功能选项卡中，打开“导入模型库”，选择“设备”，选择“Binzel water 22”，如图 5-14 所示。

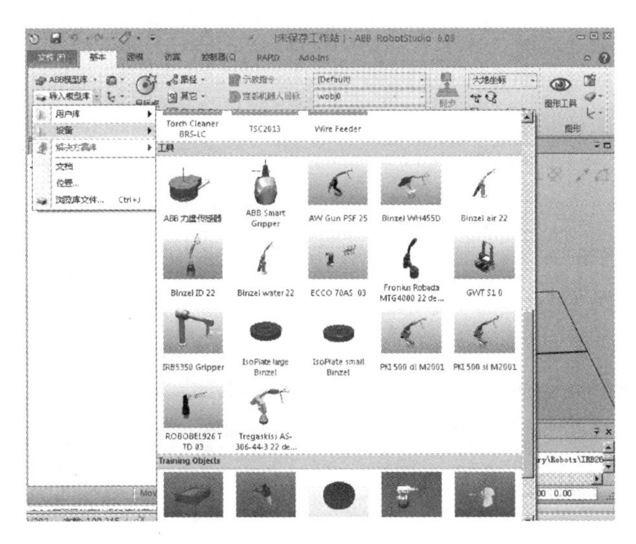

图 5-14　加载机器人工具的操作界面

2）如图 5-15 所示，在屏幕左侧“布局”窗口，选择“Binzel water 22”并按住左键，向上拖到“IRB2600”上，然后松开左键，就将工具安装到了机器人本体上。另一种安装的方法是选择“Binzel water 22”后单击右键，在显示的菜单中选择“安装到”，然后选择机器人本体，工具就安装到了本体上。

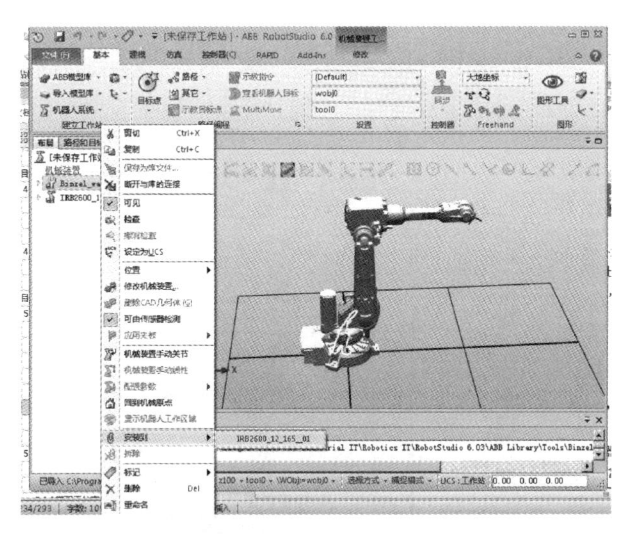

图 5-15　安装工具的操作界面

请扫描码 5-2 观看给机器人本体安装工具的视频。

码 5-2　给机器人本体安装工具

（3）摆放周边设备　具体的操作如下：

1）在“基本”功能选项卡中，在“导入模型库”下拉“设备”列表中选择“propeller table”模型并导入，如图 5-16 所示。

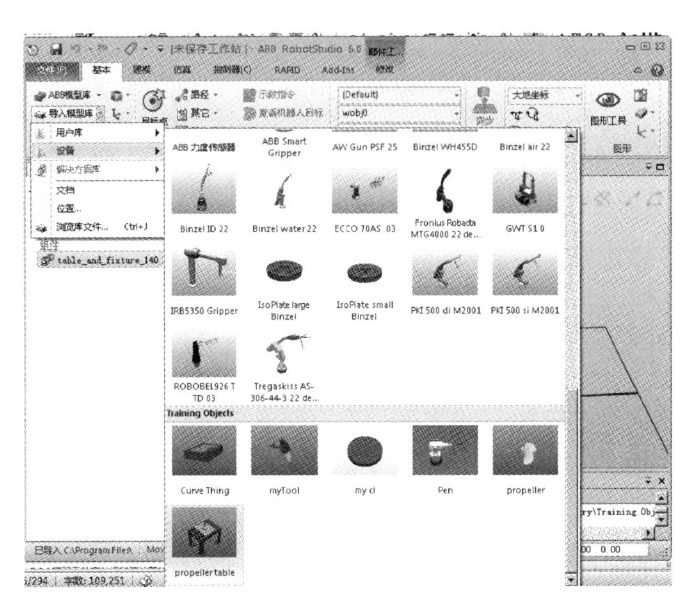

图 5-16　摆放周边设备的操作界面

2）如图 5-17 所示，选中“IRB2600”后单击右键，选择“显示机器人工作区域”，显示结果如图 5-18 所示。

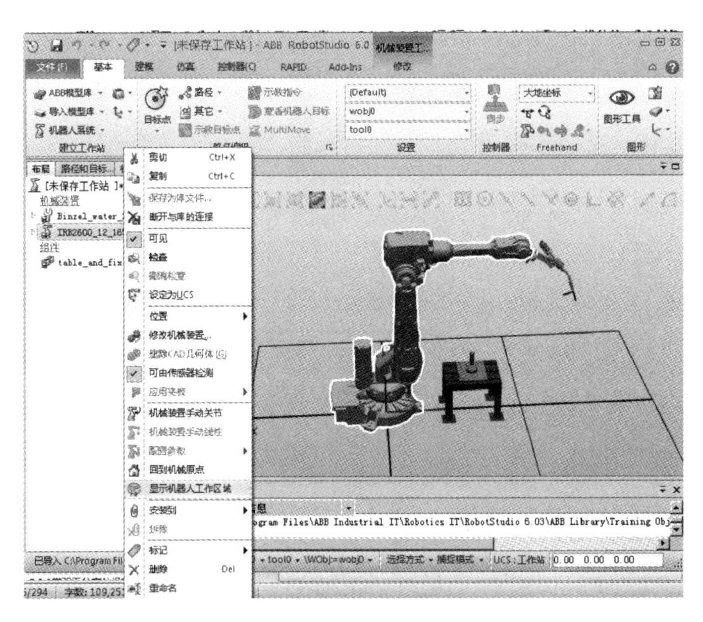

图 5-17　显示机器人工作区域的操作界面

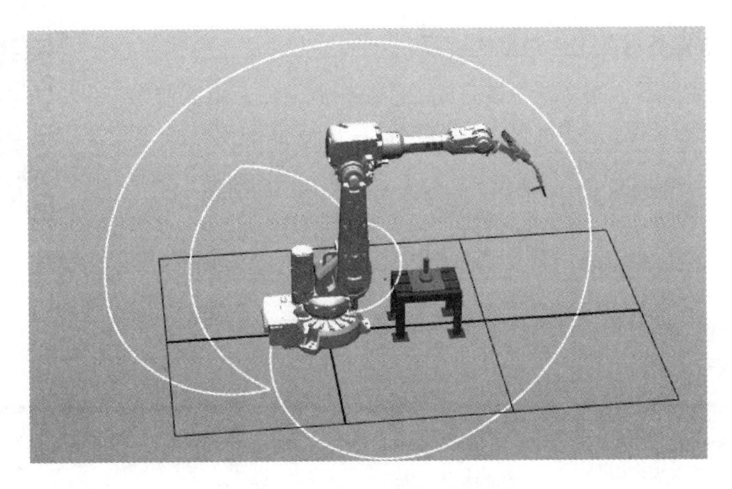

图 5-18　机器人工作区域显示

3）图 5-18 中白线内部区域为机器人可到达范围。工作对象应调整到机器人的最佳工作范围，这样才可以提高节拍和方便轨迹规划。接下来就将小桌子移到机器人的工作区域。

要移动对象，就要用到 Freehand 工具栏功能，如图 5-19 所示。

图 5-19　Freehand 工具栏

4）在 Freehand 工具栏中，选定“大地坐标”和单击“移动”按钮。

5）拖动箭头到达需要的大地坐标位置。x 为 750，其他坐标值不变，如图 5-20 所示。

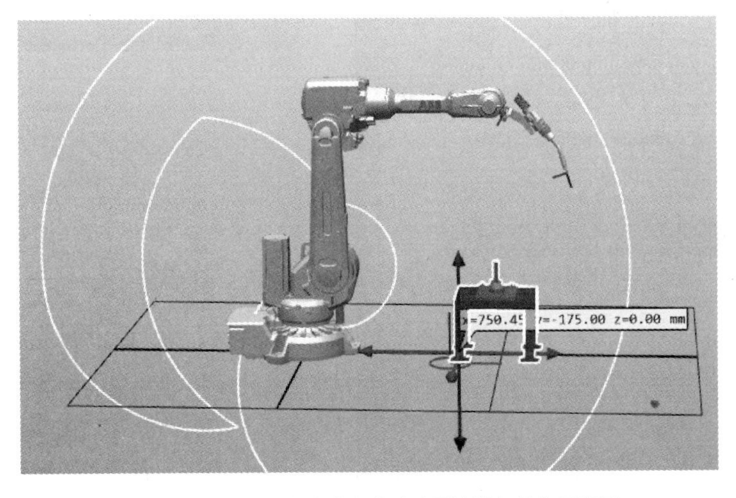

图 5-20　采用线性移动方式移动周边设备操作示意图

请扫描码 5-3 观看导入工件对象的视频。

码 5-3　导入工件对象

（4）建立工业机器人的系统　在完成工作站布局之后，就需要为机器人加载系统，建立虚拟的控制器。具体的操作步骤如下：

1）在“基本”功能选项卡中，单击“机器人系统”→“从布局……”，如图 5-21 所示。

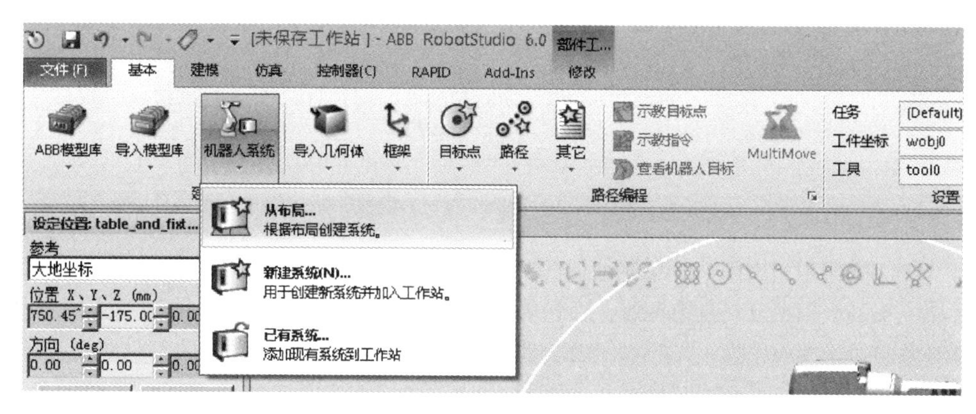

图 5-21　创建机器人系统的操作界面

2）如图 5-22 所示，在弹出的对话框中，设定系统名称与保存的位置后，单击“下一个”，结果如图 5-23 所示；再单击“下一个”，结果如图 5-24 所示；最后单击“完成”，即开始自动生成机器人系统。

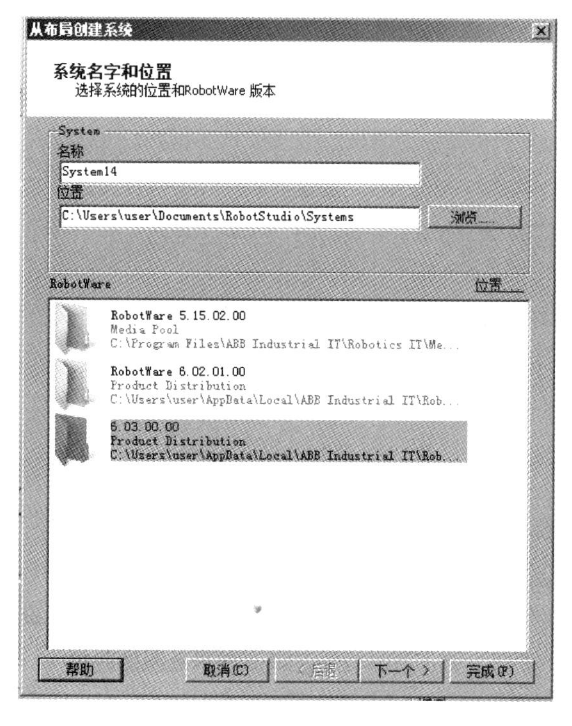

图 5-22　创建系统对话框

图 5-23　选择系统的机械装置

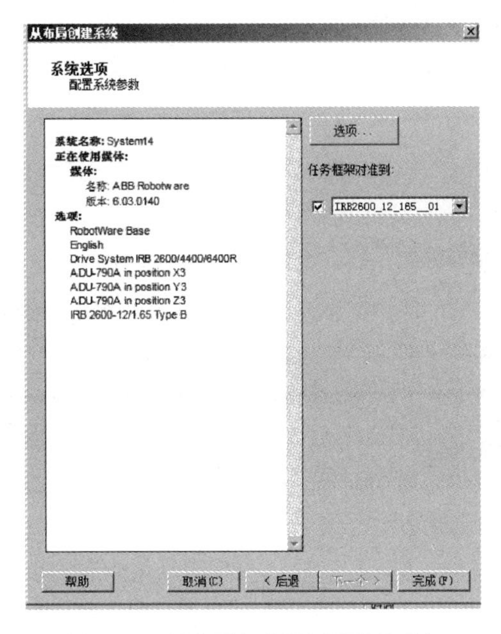

图 5-24　创建系统对话框（系统选项）

3）系统建立完成后，右下角“控制器状态”应为绿色。

请扫描码 5-4 观看生成机器人系统的视频。

码 5-4　生成机器人系统

（5）工业机器人的手动操纵　在 RobotStudio 中，让机器人手动运动到需要的位置，共有三种方式：手动关节、手动线性和手动重定位。可以通过直接拖动和精确手动两种控制方式来实现。

1）直接拖动。如图 5-25 所示，首先选中“手动关节”，然后选中所需要移动的关节进行运动，如图 5-26 所示。

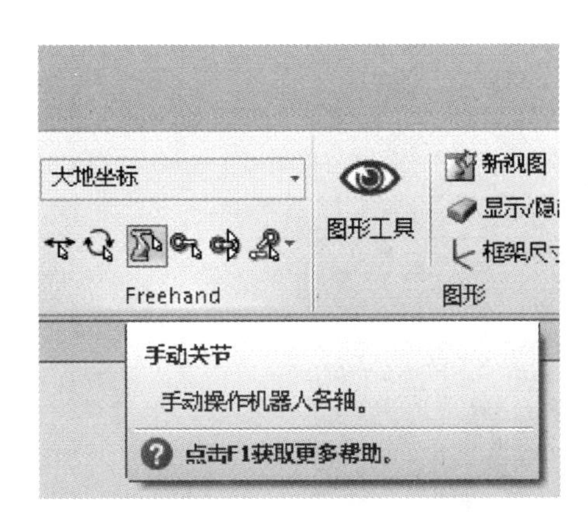

图 5-25　“手动关节”图标

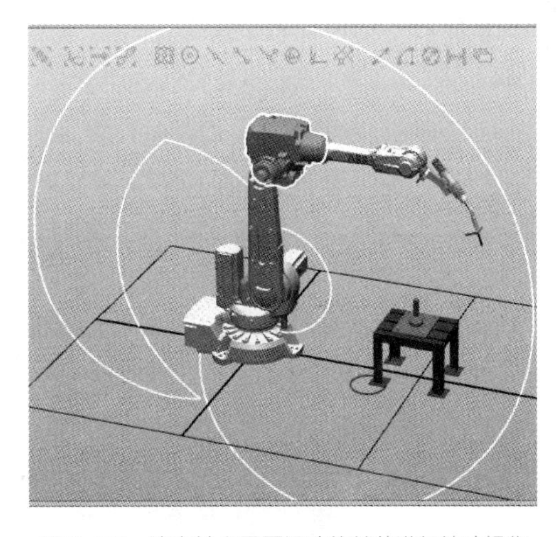

图 5-26　选中某个需要运动的关节进行转动操作

选中“手动线性”，如图 5-27 所示。设置工具栏中的“工具”项设定为“tWeldGun”，如图 5-28 所示。选中机器人后，拖动箭头进行线性移动，如图 5-29 所示。

如图 5-30 所示选中“手动重定位”，选中机器人后，拖动箭头进行重定位运动，如图 5-31 所示。

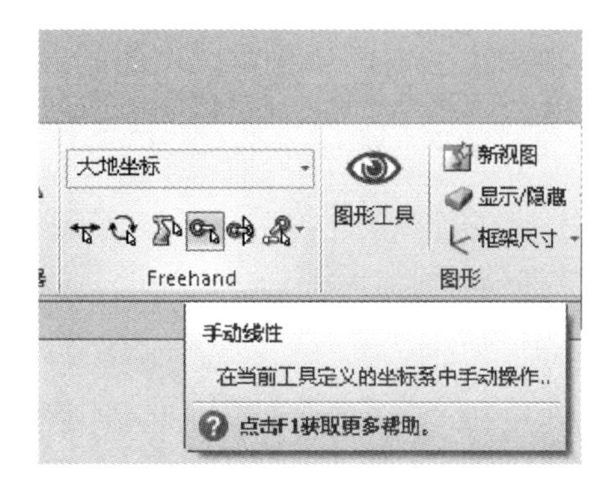

图 5-27 “手动线性”图标

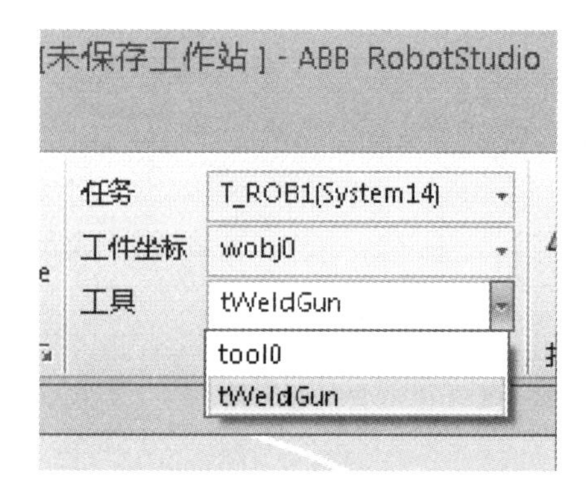

图 5-28 设置“工具”项

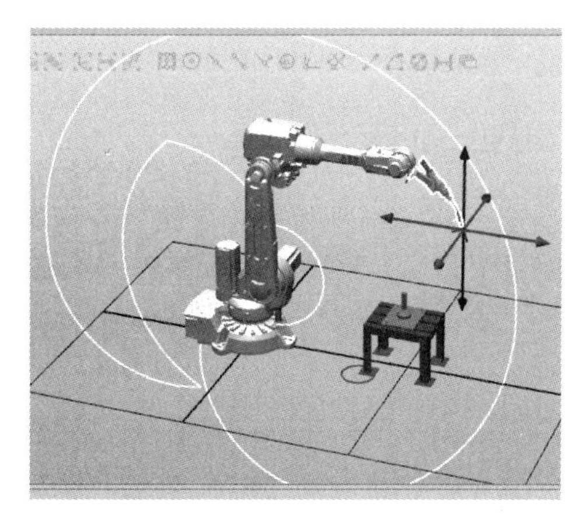

图 5-29 线性移动操作示意图

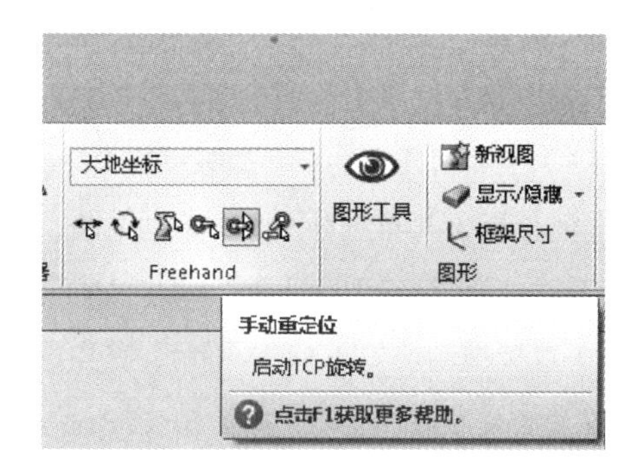

图 5-30 “手动重定位”图标

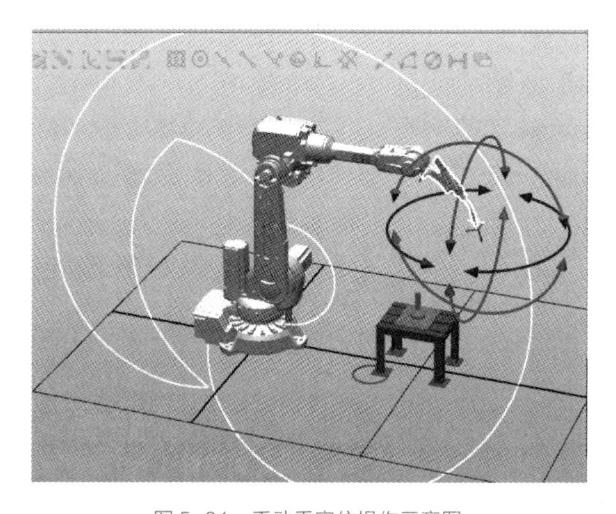

图 5-31 手动重定位操作示意图

2）精确运动。将“设置”工具栏中的“工具”项设定为“tWeldGun”。如图 5-32 所示，在“布局”中选择机器人本体，单击右键并在菜单中选择“机械装置手动关节”。

在弹出的“手动关节运动”操作框中有机器人六轴关节滑动拖动杆，可以拖动滑块精确调整每个轴的运动范围，如图 5-33 所示。

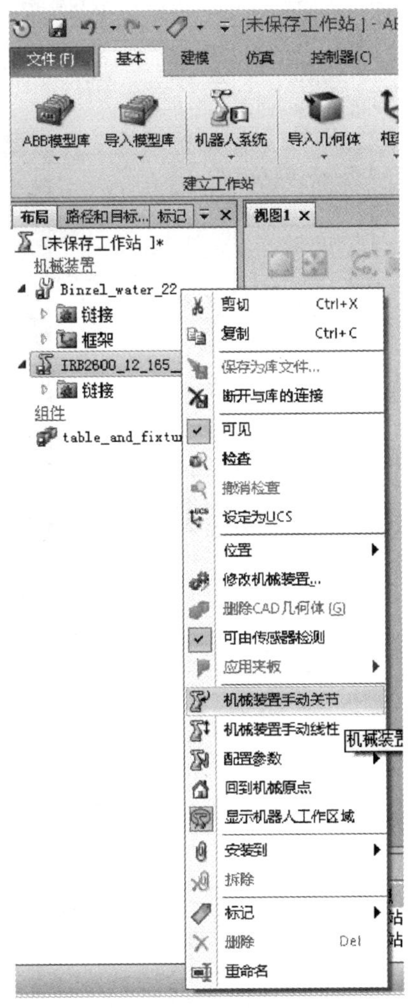

图 5-32　“机械装置手动关节”选项示意图

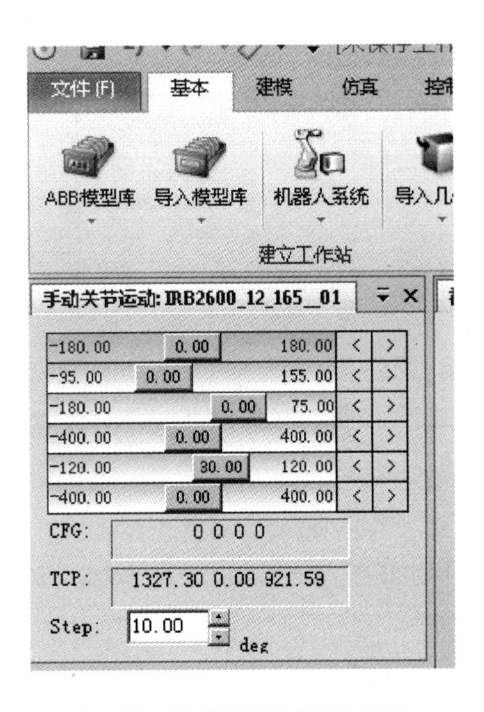

图 5-33　机械装置手动关节操作界面

也可以在右键菜单中选择“机械装置手动线性”，如图 5-34 所示。在弹出的“手动线性运动”操作框中，有与机器人位置相关的六个输入框，包括 X、Y、Z 坐标和 Rx、Ry、Rz 的角度。通过设置这六个数据，可以控制机器人精确到达的位置。

3）回到机械原点。如图 5-35 所示，在右键菜单中选择“回到机械原点”，机器人会回到机械原点。原点并不是六个关节轴都为 0°，轴 5 会在 30° 的位置。

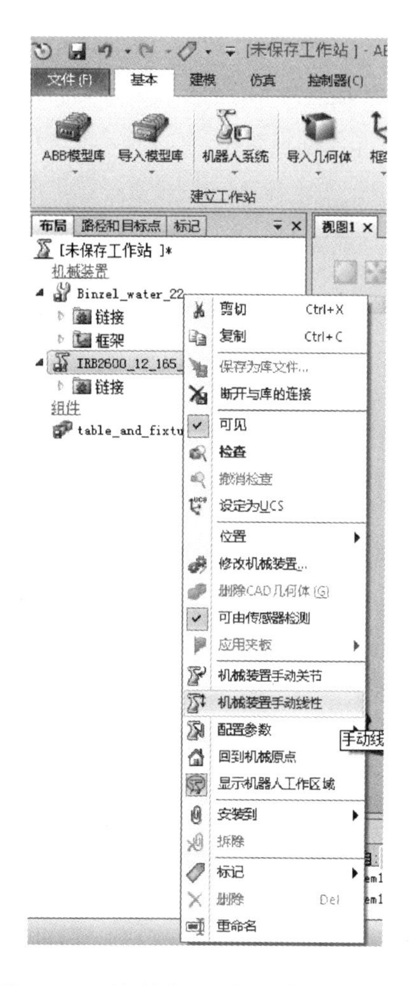

图 5-34　“机械装置手动线性”选项示意图

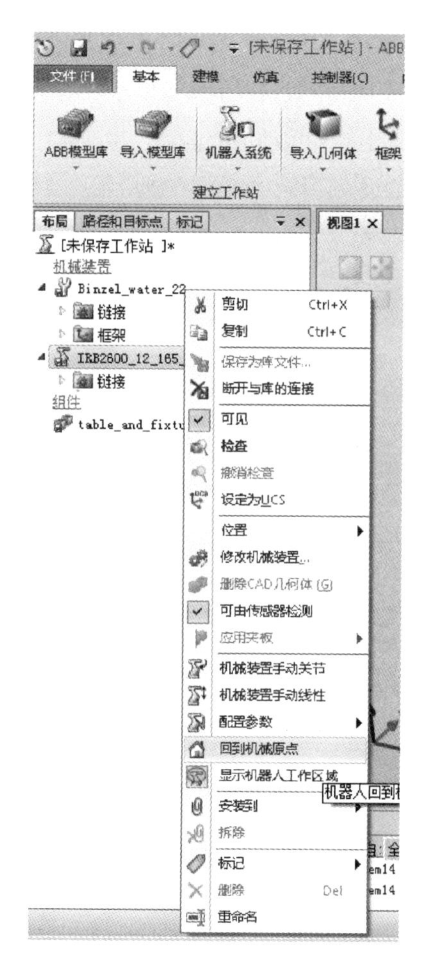

图 5-35　“回到机械原点”选项示意图

七、构建带变位机的仿真工作站

构建带变位机的仿真工作站，并实现变位机和机器人本体协调一致完成特定轨迹运动，如图 5-1 所示。

（1）创建带变位机的仿真工作站　具体步骤如下：

1）在“基本”功能选项卡中单击“ABB 模型库”，选择“IRB2600”，如图 5-36 所示。在弹出的设置窗口，保持默认设置，单击“确定”。

2）单击“ABB 模型库”，选择变位机类别中的“IRBP A”，如图 5-37 所示。在弹出的设置窗口中，保持默认设置，单击“确定”，如图 5-38 所示。

3）添加变位机后，在“布局”窗口中选择变位机 IRBP_A250 并单击右键，选择“位置”→“设定位置”。在弹出的设定对话框（图 5-39）中，修改 X、Z 的坐标值分别为 1000 和 −400，其他值为默认，然后单击“应用”。

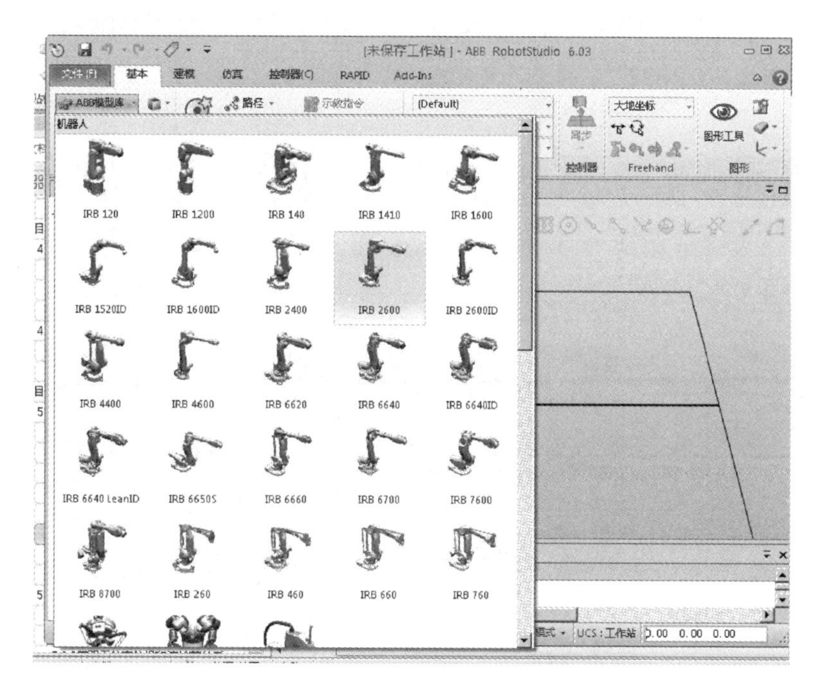

图 5-36　导入机器人本体操作示意图

图 5-37　导入变位机操作示意图

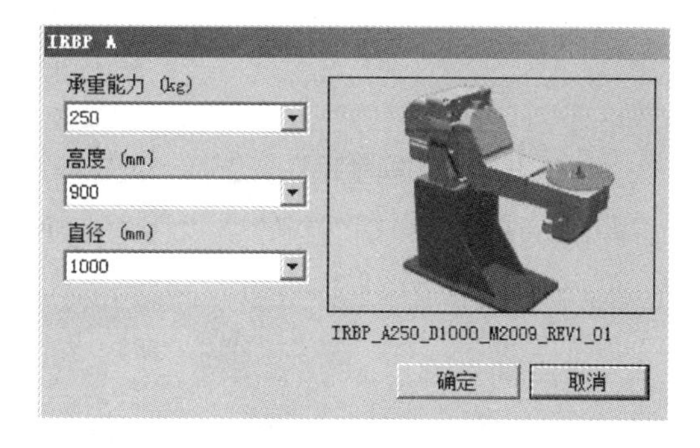

图 5-38　变位机设置窗口

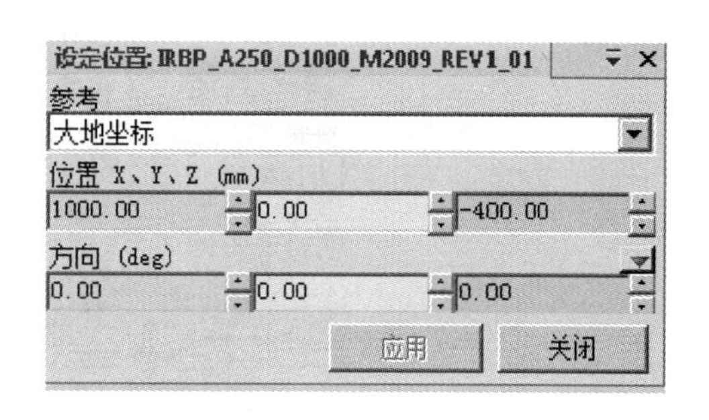

图 5-39　设置变位机坐标值

4）添加工具。如图 5-40 所示，在“基本”功能选项卡中单击“导入模型库”，在“设备”中，工具类型选择“Binzel water22”，将工具安装到机器人本体上。

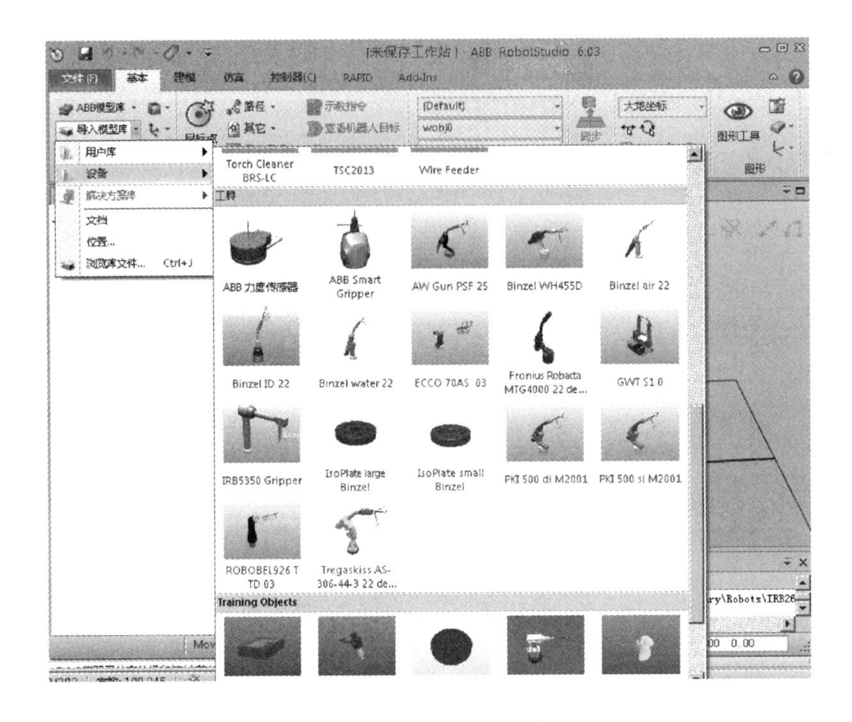

图 5-40　导入工具选项

5）单击“导入模型库”，选择“浏览库文件”，如图 5-41 所示，加载待加工工件。浏览库文件“Fixture”，单击“打开”，如图 5-42 所示。

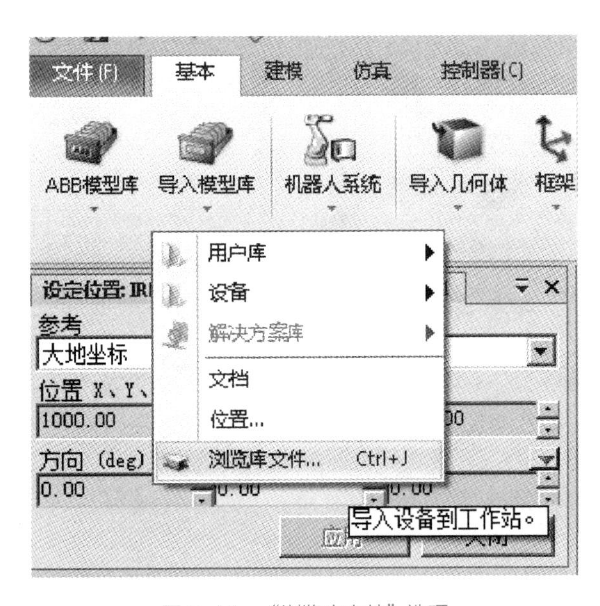

图 5-41　“浏览库文件”选项

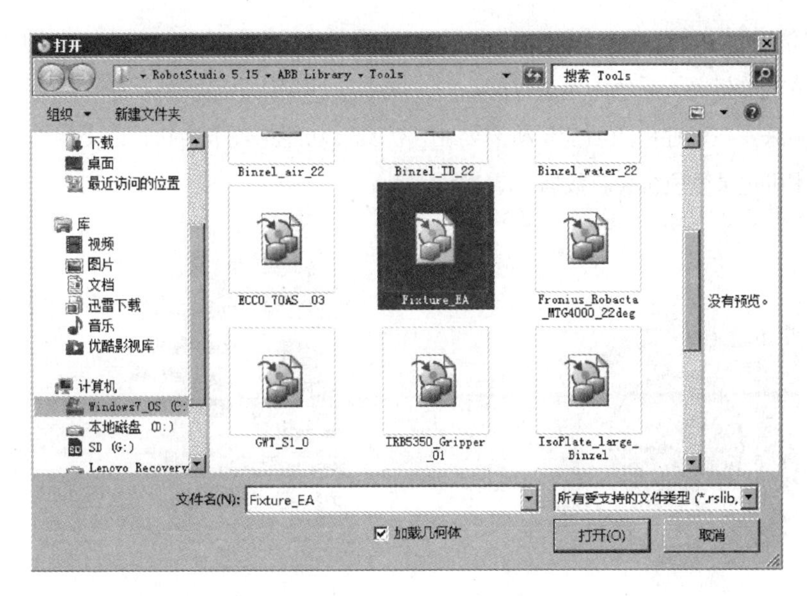

图 5-42　打开浏览库文件

在“布局”窗口中直接拖动“Fixture”到变位机上，并在弹出的对话框中单击“确定”。这样就将工件装到变位机上。也可以通过右键菜单，选择“安装”，同样可以将工件装到变位机上。

6）在“基本”功能选项卡中单击“机器人系统”，选择“从布局…”，如图 5-43 所示。在弹出的“从布局创建系统”对话框中，在系统名称一栏中输入系统的名称，最好取一个英文名称，系统会自动检测输入的名称是否满足要求或者是否与已有名称重复。然后默认单击“下一个”，最后单击“完成”。随后即开始创建刚刚设定的系统，直到右下角的控制器状态栏变绿，再进行下一步操作。

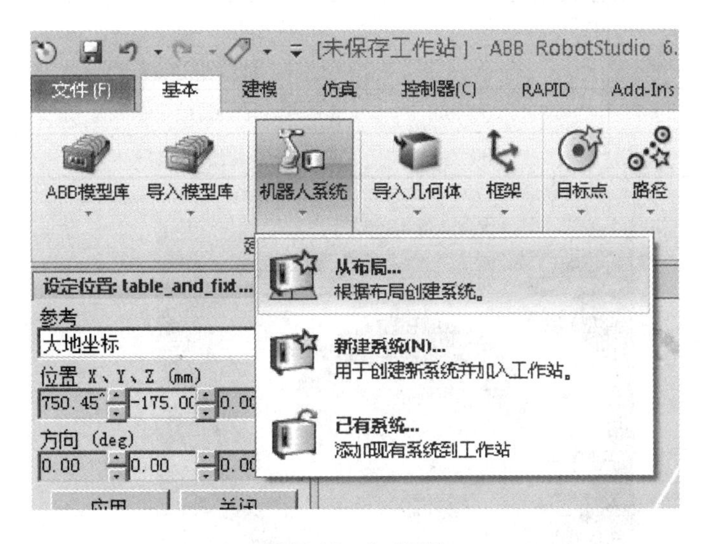

图 5-43　生成系统

（2）创建运动轨迹并仿真运行　采用先示教目标点再生成轨迹的方法来完成工件大圆孔部位的轨迹处理，如图 5-44 中蓝色圈的部位。

1）在“仿真”功能选项卡中单击“激活机械装置单元”，勾选“STN1”，如图 5-45 所示。

在带变位机的机器人系统中示教目标点时，需要保证变位机是激活状态，才可同时将变位机的数据记录下来。在软件中激活变位机需要在“仿真”功能选项卡中执行以上操作。这样，在示教目标点时才可记录变位机关节数据。

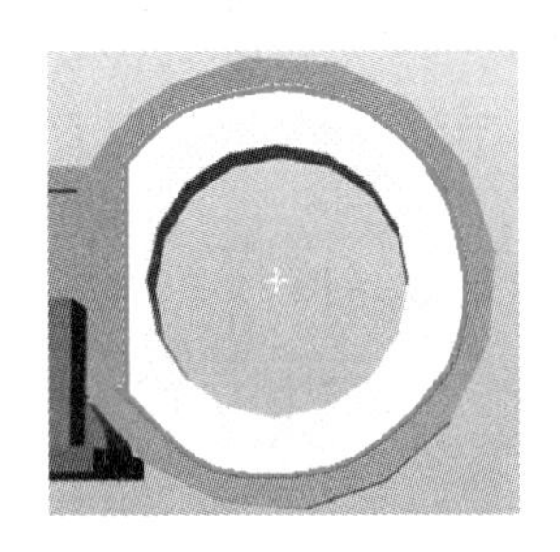

图 5-44　轨迹运动路线

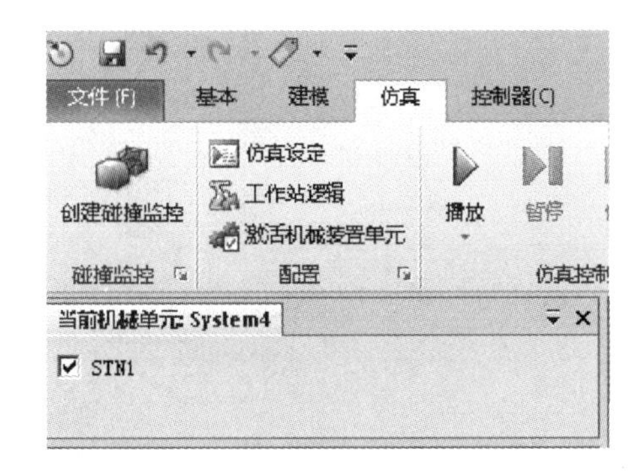

图 5-45　激活机械装置单元

2）示教相关位置。一共需要示教 7 个示教点，见表 5-3，示教点示意图如图 5-46 所示。

表 5-3　示教点表

示教点名称	变位机位置（第一轴的角度）	示教点注释
Target_10	0°	机器人原点位置，变位机无变位
Target_20	90°	变位机变位，机器人本体仍在原点处
Target_30	90°	蓝圈轨迹的开始点
Target_40	90°	直线轨迹终点
Target_50	90°	第一段圆弧中间点
Target_60	90°	第一段圆弧结束点
Target_70	90°	第二段圆弧中间点

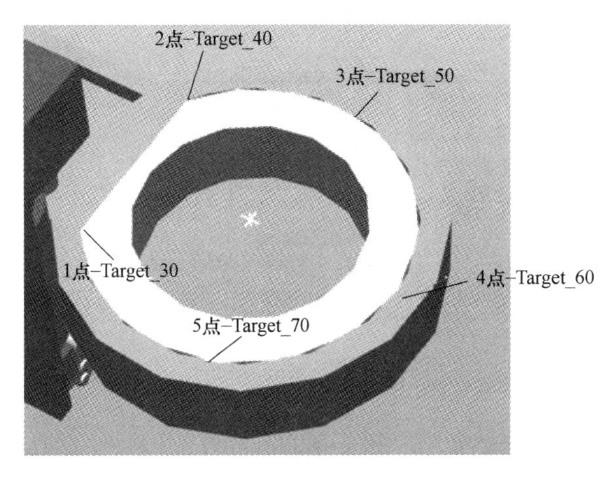

图 5-46　示教点示意图

具体的操作步骤：

①生成 Target_10。利用 Freehand 中的“手动线性”以及“手动重定位”，将机器人移动到与变位机旋转工作范围不干涉的位置，并将工具末端调整成大致垂直于水平面的姿态。在“基本”功能选项卡中，“工具”设置为“tWeldGun”。

单击“示教目标点”，则生成 Target_10，如图 5-47 所示。

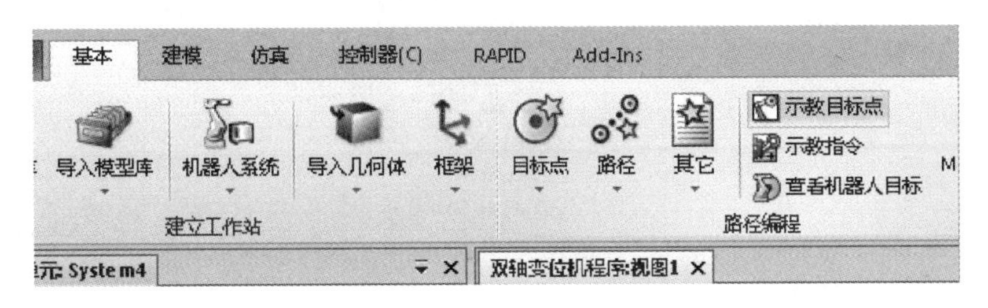

图 5-47　示教目标点 Target_10

②生成 Target_20。在“布局”窗口中，选中变位机 IRBP 并单击右键，选择“机械装置手动关节”，如图 5-48 所示。

如图 5-49 所示，在弹出的设置框中，单击第一个关节条，键盘输入 90.00，单击回车键，则变位机关节 1 运动至 90° 位置。单击“示教目标点”，则生成 Target_20。

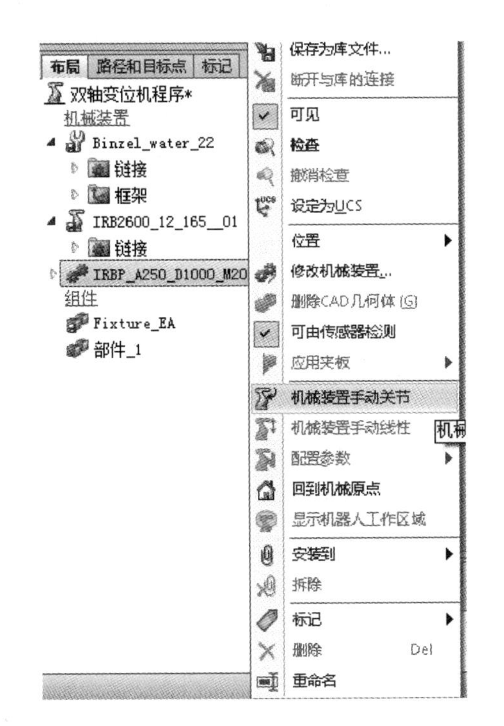

图 5-48　修改变位机的位置操作选项

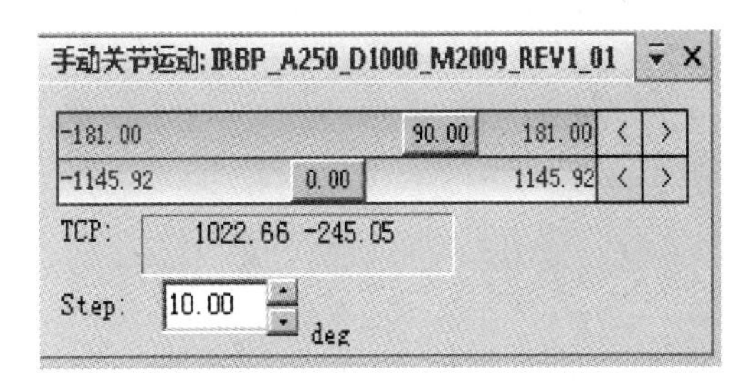

图 5-49　修改变位机的轴的角度

③生成 Target_30～Target_70。选择捕捉点工具和选择物体工具，如图 5-50 所示。将机器人移动到目标点位置，然后单击“示教目标点”，生成 Target_30。采用同样的方法生成 Target_40～Target_70，如图 5-51 所示。

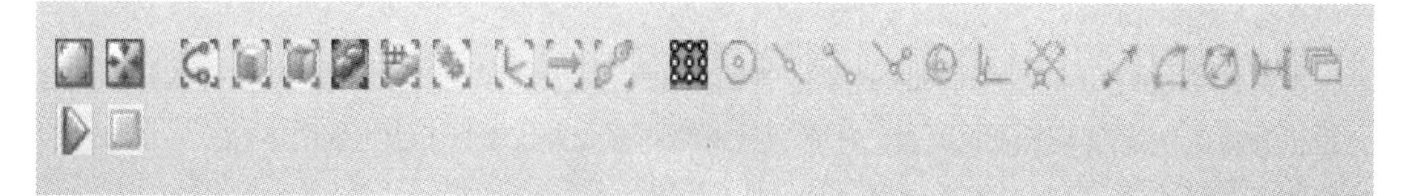

图 5-50　修改变位机示教目标点

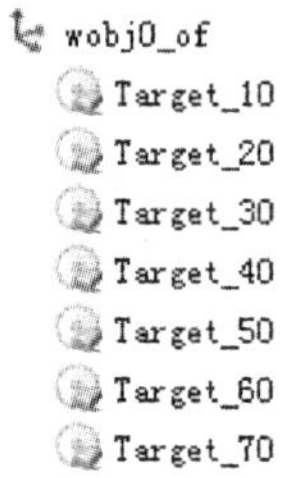

wobj0_of
Target_10
Target_20
Target_30
Target_40
Target_50
Target_60
Target_70

图 5-51　生成的目标点列表

（3）生成运动轨迹　前后一共示教了 7 个目标点，机器人运动顺序为：Target_10—Target_20—Target_30—Target_40—Target_50—Target_60—Target_70—Target_30—Target_20—Target_10。示教完成后，可以先使机器人回到第一个目标点，然后开始创建运动轨迹。

1）一次性生成路径。首先在窗口下部显示栏中，修改运动指令，将指令改为 MoveL，速度设定为 v200，转弯半径为 z5，如图 5-52 所示。

然后在“路径和目标点”窗口中选中所有示教点，单击右键，在菜单中选择“添加新路径”，如图 5-53 所示。

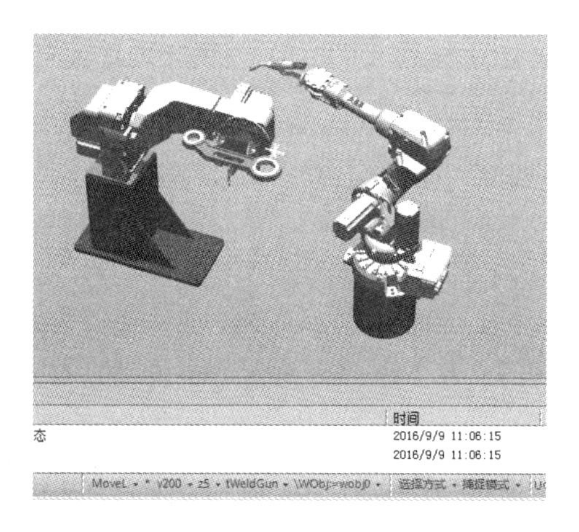

图 5-52　设置示教指令

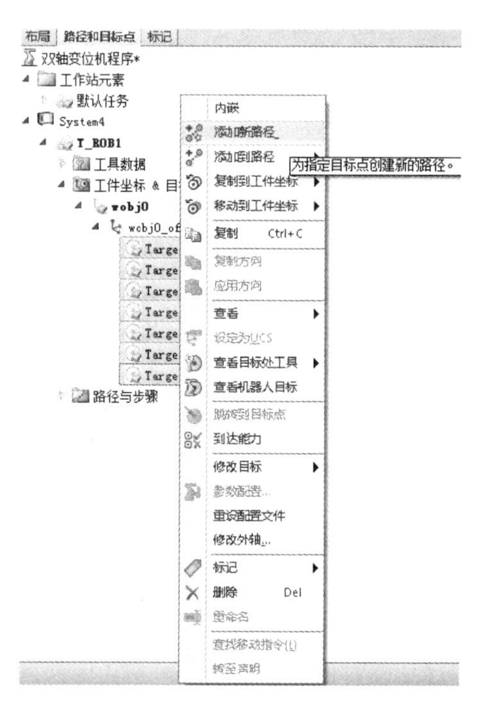

图 5-53　生成路径操作示意图

在“路径和目标点”窗口中的路径目录下会出现新生成的路径，如下所示：

MoveL Target_10

MoveL Target_20

MoveL Target_30

MoveL Target_40

MoveL Target_50

MoveL Target_60

MoveL Target_70

可以看到，默认批量生成的路径指令格式是一样的，采用的是之前设置好的指令格式。但默认的指令不能完全适合实际的需求，还需要做相应的调整。

2）调整和完善路径。首先在 MoveL Target_70 指令之后一次添加 MoveL Target_30、MoveL Target_20 和 MoveL Target_10 指令。具体做法是：鼠标点选 Target_30，将其拖放到 MoveL Target_70 上松开，系统自动在 MoveL Target_70 之后添加一条 MoveL Target_30 指令，重复以上操作，添加 MoveL Target_20 和 MoveL Target_10 指令。

然后将 MoveL Target_50 和 MoveL Target_60 合并生成圆弧指令，具体做法是：选中两指令行，单击右键并选择转换为 MoveC。采用同样的方法将 MoveL Target_70 和 MoveL Target_30 合并生成圆弧指令。

之后将运动轨迹前后的接近和离开运动指令改为 MoveJ 运动类型。具体的做法是在指令行上单击右键并选择修改，在弹出的对话框中修改运动类型。

将工件表面轨迹的转弯半径设为 fine，也就是将 MoveL Target_30、MoveL Target_40、MoveC Target_50 Target_60、MoveC Target_70 Target_30 的转弯半径设定为 fine。

3）添加外部轴控制指令。添加 ActUnit 和 DeactUnit，控制变位机的激活与失效。

如图 5-54 所示，选中“Path_10”并单击右键，选择“插入逻辑指令”。然后在“指令模板”中选择“ActUnit Default”，确认，就在第一条指令之前添加了一条 ActUnit 激活指令，如图 5-55 所示。

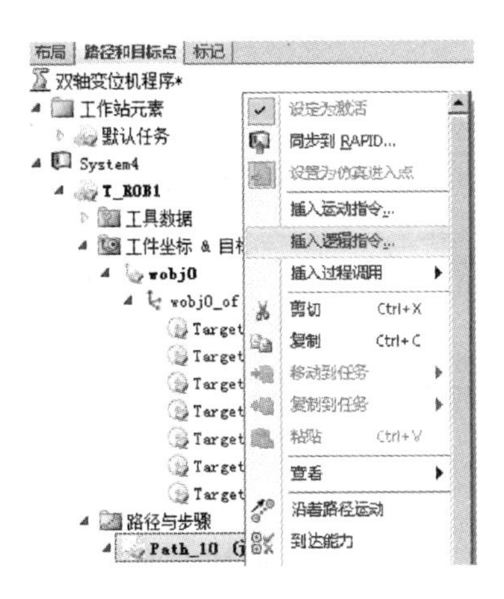

图 5-54　插入逻辑指令的操作选项

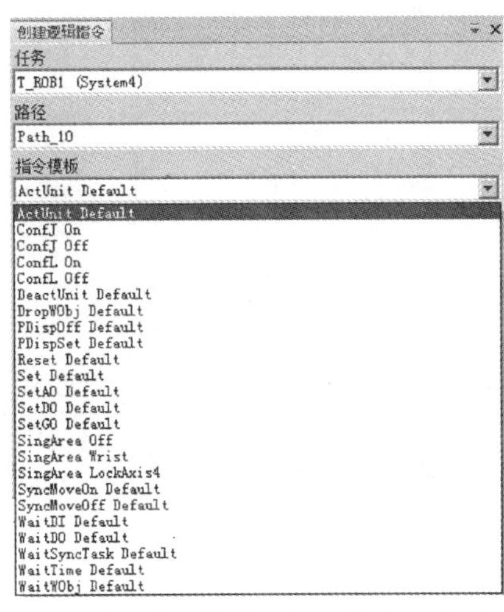

图 5-55　插入逻辑指令 ActUnit Default

选中最后一条指令并单击右键，选择“插入逻辑指令”。然后在“指令模板”中选择“DeactUnit Default”，确认，就在最后一条指令之后添加了一条 DeactUnit 指令，如图 5-56 所示。

最终生成的 Path_10 路径如图 5-57 所示。

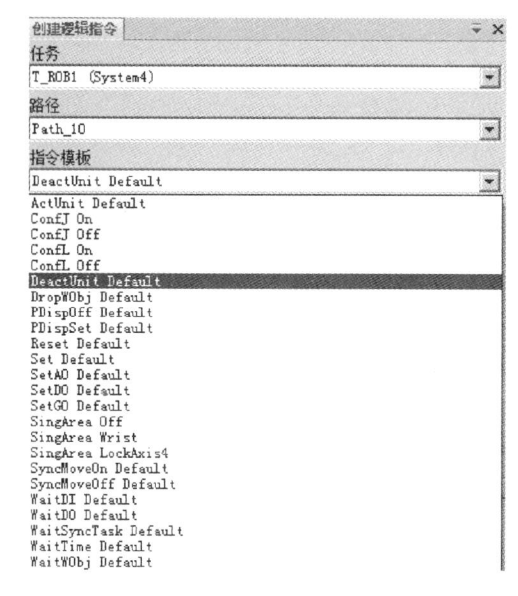

图 5-56　插入逻辑指令 DeactUnit Default

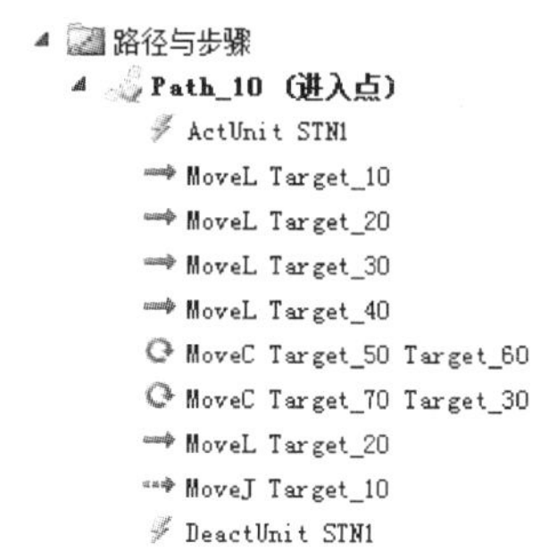

图 5-57　修改后的完整路径示意图

（4）配置参数并运行路径　选中“Path_10”并单击右键，选择“配置参数”中的“自动配置”，如图 5-58 所示。

选中“Path_10”并单击右键，选择“同步到 RAPID”，如图 5-59 所示。

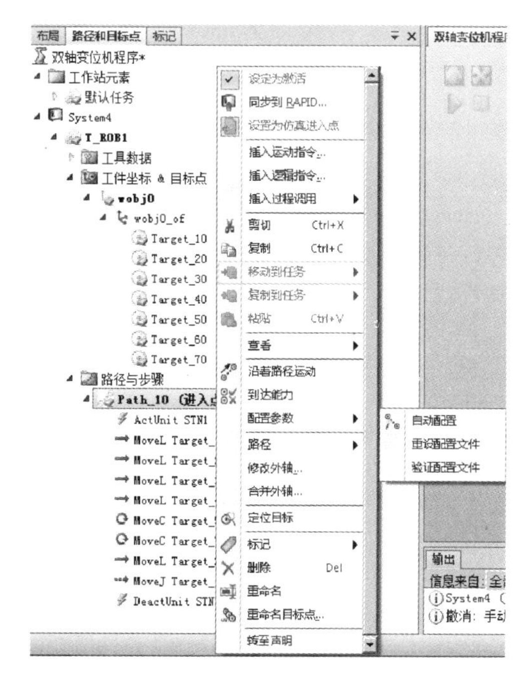

图 5-58　自动配置参数

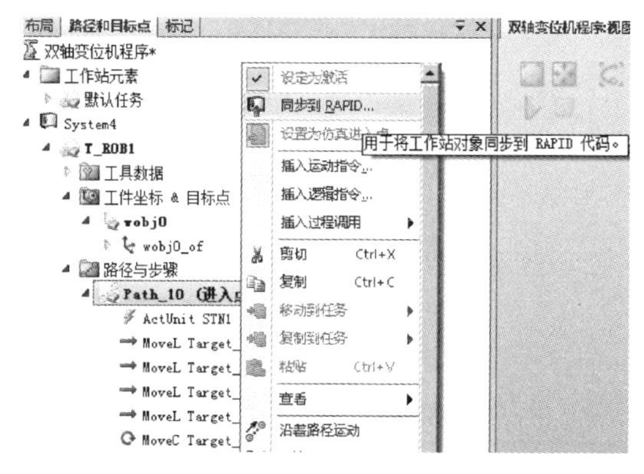

图 5-59　同步到 RAPID

在“仿真”功能选项卡中选择“仿真设定”，然后选择“Path_10”，如图 5-60 所示。

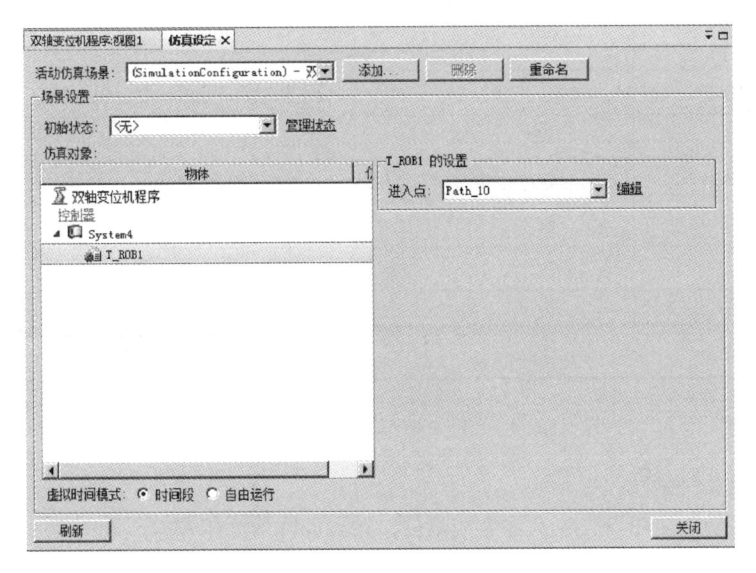

图 5-60　仿真设定窗口

在“仿真”功能选项卡中，执行仿真，观察机器人与变位机的运动。

任务实施

1. 创建带变位机的仿真工作站

1）在“基本”功能选项卡中单击“ABB 模型库”，选择“IRB2600”。

2）单击“ABB 模型库”，选择变位机类别中的“IRBP A”。

3）添加变位机后，在“布局”窗口中修改变位机的坐标值，调整变位机的位置。

4）添加工具并将工具安装到机器人本体上。

5）单击“导入模型库”，选择“浏览库文件”，导入库文件“Fixture”，添加工件，并将工件拖动到变位机上。

6）生成机器人系统。

2. 创建运动轨迹并仿真运行

具体做法如下：

在示教完大圆的基础上，增加示教小圆轨迹示教点，如图 5-61 所示，增加的示教点的具体情况见表 5-4。其中小圈部位运行，要与大圈运行轨迹同样位于工件的同一侧。为了满足这个要求，变位机需要重新变位，请先思考变位机如何变位。

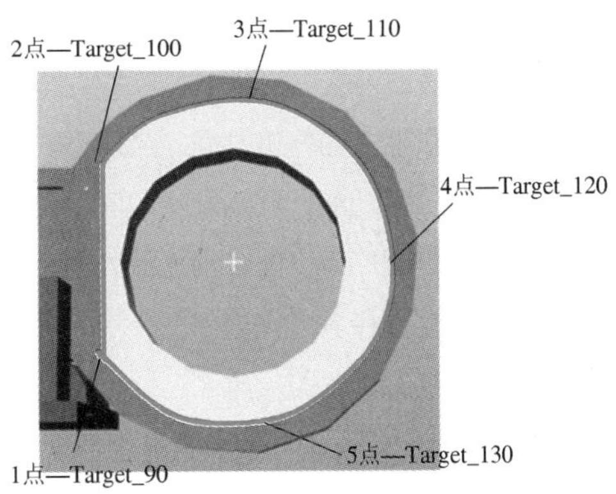

图 5-61　第二条路径示教目标点示意图

表 5-4　增加的示教点的情况

示教点名称	变位机位置（第一轴的角度）	示教点注释
Target_10	0°	机器人原点位置，变位机无变位
Target_80	90°，180°	变位机变位，机器人本体仍在原点处
Target_90	90°，180°	小圈轨迹的开始点
Target_100	90°，180°	直线轨迹终点
Target_110	90°，180°	小圈第一段圆弧中间点
Target_120	90°，180°	小圈第一段圆弧结束点
Target_130	90°，180°	小圈第二段圆弧中间点

1）在“仿真”功能选项卡中单击“激活机械装置单元”，勾选“STNl”。

2）依次示教相应示教点位置。

3）生成运动轨迹。可以先一次性生成路径，然后进行调整和完善。采用 fine 方式精确到达。

4）添加外部轴控制指令。添加 ActUnit 和 DeactUnit，控制变位机的激活与失效。

5）配置参数并运行路径。.

6）确定运行正确无误后，进行仿真和录制，输出仿真文件和视频文件。

扩展知识

常用机器人离线编程软件技术对比分析

通常来讲，机器人编程可分为示教在线编程和离线编程两种。示教在线编程一般用于入门级应用，如搬运、点焊等；对于复杂应用，示教在线编程在实际应用中主要存在以下问题：

1）示教在线编程过程繁琐、效率低。

2）精度完全由示教者的目测决定，而且对于复杂的路径，示教在线编程难以取得令人满意的效果。

基于示教在线编程出现的弊端，离线编程就出现了。与示教在线编程相比，离线编程有如下优势：

1）减少机器人的停机时间。当对下一个任务进行编程时，机器人仍可在生产线上进行工作。

2）通过仿真功能，预知发生的问题，从而将问题消灭在萌芽阶段。

3）适用范围广，可对各种机器人进行编程，并能方便地实现优化编程。

4）可对复杂任务进行编程。

5）便于修改机器人程序。

常用离线编程软件可按不同标准分类，例如，可以按国内与国外分类，也可以按通用离线编程软件与厂家专用离线编程软件分类。

国内：RobotArt。

国外：RobotMaster、RobotWorks、Robomove、ROBCAD、DELMIA、RobotStudio、RoboGuide。

通用：RobotArt、RobotMaster、Robomove、ROBCAD、DELMIA。

厂家专用：RobotStudio、RoboGuide、KUKA Sim。

国内RobotArt独领风骚，领先国内同行4～5年时间，官网有免费下载，需要官网注册试用账号。

国外软件中，RobotMaster相对来说最强，基于MasterCAM平台，生成数控加工轨迹是优势，RobotWorks，RoboMove次之，但一套都很昂贵，目前没试用。ROBCAD，DELMIA都侧重仿真，价格比前者还贵。

机器人厂家的离线编程软件，以ABB的RobotStudio最强，但也仅仅是把示教放到了计算机中，注重仿真和节拍统计。

下面，对各离线编程软件做详细对比。

1. RobotArt（中国，可免费下载试用）

RobotArt软件最大的特点是根据虚拟场景中的零件形状，自动生成加工轨迹，并且可以控制大部分主流机器人，对国内机器人支持性非常好。软件根据几何数模的拓扑信息生成机器人运动轨迹，之后轨迹仿真、路径优化、后置代码一气呵成，同时集碰撞检测、场景渲染、动画输出于一体，可快速生成效果逼真的模拟动画。广泛应用于打磨、去毛刺、焊接、激光切割、数控加工等领域。

主要优点：

1）支持多种格式的三维CAD模型，可导入扩展名为step、igs、stl、x_t、prt（UG）、prt（ProE）、CATPart、sldpart等格式的模型文件。

2）支持多种品牌工业机器人离线编程操作，如ABB、KUKA、FANUC、YASKAWA、STAUBLI、KEBA系列、新时达、广数等。

3）自动识别与搜索CAD模型的点、线、面信息生成轨迹。

4）轨迹与CAD模型特征关联，模型移动或变形时，轨迹自动变化。

5）一键优化轨迹与几何级别的碰撞检测。

6）支持多种工艺包，如切割、焊接、喷涂、去毛刺、数控加工等。

7）支持将整个工作站仿真动画发布到网页、手机端。

主要缺点是软件对外国小品牌机器人不支持，不过作为机器人离线编程还是相当给力的，功能一点也不输给国外软件。

2. RobotMaster（加拿大，无试用）

RobotMaster来自加拿大，与RobotArt类似，是目前离线编程软件国外品牌中的顶尖软件。由于是在MasterCAM上做的二次开发，所以对机器人生成数控轨迹很擅长，但MasterCAM本身十几万元或几十万元的价格，让人有些望尘莫及，更别说加上二次开发插件的RobotMaster了。

RobotMaster在MasterCAM中无缝集成了机器人编程、仿真和代码生成功能，提高了机器人编程速度。

主要优点是可以按照产品数模生成程序，适用于切割、铣削、焊接、喷涂等。独家的优化功能，运动学规划和碰撞检测非常精确，支持外部轴（直线导轨系统、旋转系统），并支持复合外部轴组合系统。

主要缺点是暂时不支持多台机器人同时模拟仿真，基于 MasterCAM 做的二次开发价格昂贵，企业版在 20 万元左右。

3. RobotWorks（以色列，有试用，功能有限制）

RobotWorks 是来自以色列的机器人离线编程仿真软件，与 RobotMaster 类似，是基于 SolidWorks 做的二次开发。使用时，需要先购买 SolidWorks。

主要功能如下：

1）全面的数据接口：RobotWorks 是基于 SolidWorks 平台的二次开发，SolidWorks 可以通过 IGES、DXF、DWG、PrarSolid、Step、VDA、SAT 等标准接口进行数据转换。

2）强大的编程能力：从输入 CAD 数据到输出机器人加工代码只需四步。

3）强大的工业机器人数据库：系统支持市场上主流的大多数的工业机器人，提供各大工业机器人各个型号的三维数模。

4）完美的仿真模拟：独特的机器人加工仿真系统可对机器人手臂、工具与工件之间的运动进行自动碰撞检查，轴超限检查，自动删除不合格路径并调整，还可以自动优化路径，减少空跑时间。

5）开放的工艺库：系统提供了完全开放的加工工艺指令文件库，用户可以按照自己的实际需求，自行定义添加和设置自己独特的工艺，添加的任何指令都能输出到机器人加工数据中。

主要优点是生成轨迹方式多样、支持多种机器人、支持外部轴。

主要的缺点是 RobotWorks 基于 SolidWorks 平台，SolidWorks 本身不带 CAM 功能，编程繁琐，机器人运动学规划策略智能化程度低。

4. ROBCAD（德国，无试用）

ROBCAD 是西门子旗下的软件，软件相当庞大，重点是生产线仿真，价格也是同类软件中顶尖的。与 RobotArt 和 RobotMaster 相比，ROBCAD 侧重于生产线仿真，而不是机器人轨迹生成与控制。软件支持离线点焊，支持多台机器人仿真，支持非机器人运动机构仿真，精确的节拍仿真。ROBCAD 主要应用于产品生命周期中的概念设计和结构设计两个前期阶段。

ROBCAD 的主要功能包括：

1）Workcell and Modeling 可对白车身生产线进行设计、管理和信息控制。

2）Spot and OLP 用于完成点焊工艺设计和离线编程。

3）Human 可实现人因工程分析。

4）Application 中的 Paint、Arc、Laser 等模块可实现生产制造中的喷涂、弧焊、激光加工、滚边等工艺的仿真验证及离线程序输出。

5）ROBCAD 的 Paint 模块用于喷漆的设计、优化和离线编程，其功能包括喷漆路线的自动生成、多种颜色喷漆厚度的仿真、喷漆过程的优化。

主要优点：

1）与主流的 CAD 软件（如 NX、CATIA、IDEAS）无缝集成。

2）实现工具工装、机器人和操作者的三维可视化。

3）制造单元、测试及编程的仿真。

主要缺点是价格昂贵，离线功能较弱，Unix 移植过来的界面，人机界面不友好。

5. DELMIA（法国，无试用）

DELMIA 是达索旗下的 CAM 软件，大名鼎鼎的 CATIA 就是达索旗下的 CAD 软件。DELMIA 有 6 大模块，其中 ROBOTICS 解决方案涵盖汽车领域的发动机、总装和白车身（Body-in-White），航空领域的机身装配、维修维护，以及一般制造业的制造工艺。与 RobotArt 和 RobotMaster 相比，DELMIA 略显得不太专注，机器人模块只是自身的 1/6。

DELMIA 的机器人模块 ROBOTICS 是一个可伸缩的解决方案，利用强大的 PPR 集成中枢快速进行机器人工作单元建立、仿真与验证。使用 DELMIA 机器人模块，可以实现以下功能：

1）从可搜索的含有超过 400 种以上的机器人的资源目录中，下载机器人和其他的工具资源。

2）利用工厂布置，规划工程师所完成的工作。

3）加入工作单元中工艺所需的资源，进一步细化布局。

缺点是 DELMIA 属于专家型软件，操作难度高，不适宜新人学习，需要机器人专业研究生以上学历的读者使用；工业正版单价也在百万元级别。

6. RobotStudio（瑞士，有试用）

RobotStudio 是瑞士 ABB 公司配套的软件，是机器人本体商中软件做得最好的一款。RobotStudio 支持机器人的整个生命周期，使用图形化编程、编辑和调试机器人系统来创建机器人的运行，并模拟优化现有的机器人程序。它的特点在于仿真，根据几何模型生成轨迹的能力不如 RobotArt 和 RobotMaster，而且只支持 ABB 自家机器人。RobotStudio 包括如下功能：

1）CAD 导入。可方便地导入各种主流 CAD 格式的数据，包括 IGES、STEP、VRML、VDAFS、ACIS 及 CATIA 等格式。机器人程序员可依据这些精确的数据编制精度更高的机器人程序，从而提高产品质量。

2）AutoPath 功能。该功能通过使用待加工零件的 CAD 模型，仅在数分钟之内便可自动生成跟踪加工曲线所需要的机器人位置（路径），而这项任务以往通常需要数小时甚至数天时间。

3）程序编辑器。可生成机器人程序，使用户能够在 Windows 环境中离线开发或维护机器人程序，可显著缩短编程时间，改进程序结构。

4）路径优化。如果程序包含接近奇点的机器人动作，RobotStudio 可自动检测出来并发出报警，从而防止机器人在实际运行中出现同类问题。

5）可到达性分析。通过 Autoreach 可自动进行可到达性分析，使用十分方便，用户可通过该功能任意移动机器人或工件，直到所有位置均可到达，在数分钟之内便可完成工作单元平面布置验证和优化。

6）虚拟示教台。它是实际示教台的图形显示，其核心技术是 Virtual Robot。从本质上讲，所有可以在实际示教台上进行的工作都可以在虚拟示教台（QuickTeach）上完成，因而是一种非常出色的教学和培训工具。

7）事件表。一种用于验证程序的结构与逻辑的理想工具。程序执行期间，可通过该工具直接观察工作单元的I/O状态。可将I/O连接到仿真事件，实现工位内机器人及所有设备的仿真。该功能是一种十分理想的调试工具。

8）碰撞检测。碰撞检测功能可避免设备碰撞造成的严重损失。选定检测对象后，RobotStudio可自动监测并显示程序执行时这些对象是否会发生碰撞。

9）VBA功能。可采用VBA改进和扩充RobotStudio功能，根据用户具体需要开发功能强大的外接插件、宏，或定制用户界面。

10）直接上传和下载。整个机器人程序无须任何转换便可直接下载到实际机器人系统，该功能得益于ABB独有的Virtual Robot技术。

缺点是只支持本公司品牌机器人，机器人间的兼容性很差。

复习思考题

一、填空题

1. （　　）是利用计算机图形学的成果建立起来的机器人及其工作环境的模型。
2. 常用的机器人编程方法有（　　）、（　　）和（　　）。
3. RobotStudio的软件界面主要是由以下几个功能选项卡组成，包括（　　）、（　　）、（　　）、（　　）、（　　）、（　　）和（　　）。

二、选择题

1. 选中物体，采用（　　）操作。

   A. 单击鼠标左键　　B. Ctrl+Shift+鼠标左键

   C. Ctrl+鼠标左键　　D. Ctrl+鼠标右键

2. 旋转工作站，采用（　　）操作。

   A. 单击鼠标左键　　B. Ctrl+Shift+鼠标左键

   C. Ctrl+鼠标左键　　D. Ctrl + 鼠标右键

3. 整体移动工作站，采用（　　）操作。

   A. 单击鼠标左键　　B. Ctrl+Shift+鼠标左键

   C. Ctrl+鼠标左键　　D. Ctrl + 鼠标右键

4. 放大和缩小工作站，采用（　　）操作。

   A. 单击鼠标左键　　B. Ctrl+Shift+鼠标左键

   C.Ctrl+鼠标左键　　D. Ctrl + 鼠标右键

5. 新建工作站，需要在（　　）功能选项卡中进行操作。

   A. 文件　　B. 建模　　C. 基本　　D. 仿真

6. 创建新的模型，需要在（　　）功能选项卡中进行操作。

   A. 文件　　B. 建模　　C. 基本　　D. 仿真

7. 导入系统中已经存在的机器人本体，需要在（　　）功能选项卡中进行操作。

A. 文件　　B. 建模　　C. 基本　　D. 仿真

8. 导入系统中已经存在的工具，需要在（　　）功能选项卡中进行操作。

A. 文件　　B. 建模　　C. 基本　　D. 仿真

9. 如果需要进行仿真运行，需要在（　　）功能选项卡中进行操作。

A. 文件　　B. 建模　　C. 基本　　D. 仿真

10. 如果需要打开虚拟示教器进行操作，需要在（　　）功能选项卡中进行操作。

A. 文件　　B. 控制器　　C. 基本　　D. 仿真

三、简答题

1. 离线编程的优点有哪些?
2. 国外商品化的机器人离线编程系统所具有的基本功能模块包含什么?
3. RobotStudio 具有哪些优点?
4. 构建基本仿真工作站的主要步骤是怎样的?
5. 安装工具或者工件到设备上，有两种方法，是哪两种?
6. 如何显示机器人的工作范围?
7. 机器人手动运动的三种方式是什么?
8. 如何改变工具或工件的本地坐标?
9. 如何调整设备或工件的位置和姿态?

任务 2　焊接机器人离线编程

任务解析

通过查阅有关机器人离线编程的相关资料，掌握 ABB 机器人离线编程的基础知识，完成 I/O 配置、参数设置、程序编写和调试等内容，实现如图 5-62 所示的汽车配件机器人焊接工作任务。

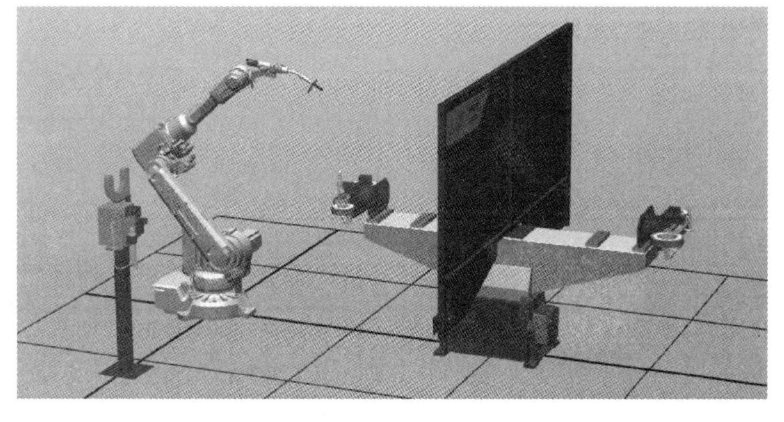

图 5-62　机器人焊接工作站

必备知识

一、I/O 配置

1. 标准 I/O 板配置

ABB 标准 I/O 板下挂在 DeviceNet 总线上，弧焊应用的常用型号有 DSQC651（8 个数字输入、8 个数字输出和 2 个模拟输出），DSQC652（16 个数字输入和 16 个数字输出）。在系统中配置标准 I/O 板，至少需要设置以下几项参数：I/O 单元名称、I/O 单元类型、I/O 单元所在总线、I/O 单元所占用总线地址。

2. 数字常用 I/O 配置

创建数字 I/O 信号，至少需要设置四项参数：I/O 信号名称、I/O 信号类型、I/O 信号所在 I/O 单元、I/O 信号所占用单元地址。

3. 系统 I/O 配置

可以将数字输入信号与机器人系统的控制信号关联起来，将系统的状态输出给外围设备以供控制之用。

4. 虚拟 I/O 板及 I/O 配置

ABB 虚拟 I/O 板下挂在虚拟总线 Virtual1 下，每一块虚拟 I/O 板可以配置 512 个数字输入和 512 个数字输出，输入和输出分别占用的地址是 0 ~ 511。虚拟 I/O 板的作用就如同 PLC 的中间继电器一样，起到信号之间的关联作用。在系统中配置虚拟 I/O 板，需要设定以下四项参数：I/O 单元名称、I/O 单元类型、I/O 单元所在总线、I/O 单元所占用总线地址。配置好虚拟 I/O 板后，配置 I/O 信号和标准 I/O 板配置相同。

5. Cross Connection 配置

Cross Connection 是 ABB 机器人一项用于 I/O 信号“与，或，非”逻辑控制的功能。

Cross Connection 有以下三个条件限制：

1）一次最多只能生成 100 个。

2）条件部分一次最多只能 5 个。

3）深度最多只能 20 层。

6. I/O 信号和 ABB 弧焊软件关联

将定义好的 I/O 信号与弧焊软件的相关端口进行关联，关联后弧焊系统会自动处理关联的信号。在进行弧焊程序编写与调试时，就可以通过弧焊专用的 RAPID 指令简单高效地对机器人进行弧焊连续工艺的控制。一般地，需要关联的信号如表 5-5 所列。

表 5-5　I/O 设置表

I/O名称	信号类型	信号含义
ao01WeldREF	模拟输出	焊接电压控制模拟信号
ao02FeedREF	模拟输出	焊接电流控制模拟信号
do01WeldOn	数字输出	焊接启动数字信号

（续）

I/O名称	信号类型	信号含义
do02GasOn	数字输出	打开保护气数字信号
do03FeedOn	数字输出	送丝信号
di01ArcEst	数字输入	起弧检测信号
di02GasOK	数字输入	保护气检测信号
di03FeedOK	数字输入	送丝检测信号

二、带双工位变位机和清枪剪丝系统的机器人工作站

1. 配置 I/O 单元

在虚拟示教器中，根据表 5-6 所列的参数配置 I/O 单元。

表 5-6　I/O 单元表

名　称	类　型	总　线	地　址
Board10	D651	DeviceNet1	10
Board11	D651	DeviceNet1	11
SimBoard1	Virtual	Virtual1	无

2. 配置 I/O 信号

在虚拟示教器中根据表 5-7 所列的参数配置 I/O 信号。

表 5-7　I/O 信号表

名　称	类　型	I/O单元	注　释
doWeldOn	数字输出	Board10	焊接启动信号
doGasOn	数字输出	Board10	打开保护器信号
doFeedOn	数字输出	Board10	送丝信号
doPos1	数字输出	Board10	转台旋转去1工位
doPos2	数字输出	Board10	转台旋转去2工位
doCycleOn	数字输出	Board10	机器人运行状态信号
doErr	数字输出	Board10	机器人错误报警信号
doStop	数字输出	Board10	机器人急停信号
doGunWash	数字输出	Board11	清焊渣信号
doGunSpray	数字输出	Board11	喷雾信号
doFeedCut	数字输出	Board11	剪焊丝信号
diArcEst	数字输入	Board10	起弧检测信号
diGasOK	数字输入	Board10	保护气检测信号
diFeedOK	数字输入	Board10	送丝检测信号
diStart	数字输入	Board10	启动信号
diStop	数字输入	Board10	停止运行信号

（续）

名　称	类　型	I/O单元	注　释
diWorkSta1	数字输入	Board10	转台旋转到1工位信号
diWorkSta2	数字输入	Board10	转台旋转到2工位信号
diLoadOK	数字输入	Board10	工件装夹完成信号
diResetErr	数字输入	Board11	错误报警复位信号
diStartMain	数字输入	Board11	从主程序开始信号
diMotorOn	数字输入	Board11	电动机上电输入信号
soRobotInHome	数字输出	SimBoard1	机器人在home点信号
soRotToA	数字输出	SimBoard1	转台旋转到A工位的虚拟控制信号
soRotToB	数字输出	SimBoard1	转台旋转到B工位的虚拟控制信号
aoWeld	模拟输出	Board10	焊接电压模拟信号
aoFeed	模拟输出	Board10	焊接电流模拟信号

请扫描码 5-5 观看 I/O 配置操作视频。

码 5-5　I/O 配置操作

3. 主要程序组成和逻辑关系

程序主要有：

1）主程序 PROC Main（）：主要用来初始化程序，并在转台到位的前提下进行焊接。

2）初始化程序 PROC RInitAll（）：主要用来初始化相关数据，包括中断数据。

3）转台旋转到 A 工位程序 PROC RotToA（）：旋转转台到 A 工位。

4）转台旋转到 B 工位程序 PROC RotToB（）：旋转转台到 B 工位。

5）检查焊枪是否需要维护的判断程序 PROC CheckGun（）：检查焊枪是否需要维护，主要判断焊接产品数量是否达到数量要求。

6）A 工位焊接程序 PROC A_Welding（）：在保证工件到 AI 位的前提下，调用焊接路径程序。

7）B 工位焊接程序 PROC B_Welding（）：在保证工件到 BI 位的前提下，调用焊接路径程序。

8）A 工位焊接路径程序 PROC A_WeldingPath（）：A 工位工件的焊接程序。

9）B 工位焊接路径程序 PROC B_WeldingPath（）：B 工位工件的焊接程序。

10）示教目标点例行程序 PROC TeachPoint（）：示教目标点例行程序。

11）清枪系统例行程序 PROC WeldGunSet（）：当焊接工件数量达到预定数量时，进行清枪。

12）回 home 点程序 PROC Rhome（）：回到 home 点并输出到位信号。

4. 程序注解

```
PROC Main ( )
! 主程序
rInitAll;
```

```
！调用初始化程序
WHILE TRUE DO
！利用 WHILE 循环将初始化程序分开
CheckGunState;
！调用焊枪状态检查程序，是否需要进行焊枪维护动作
IF di06WorkStation1=1 THEN
！判断转台是否转到 A 工位的位置
A_Welding;
！调用 A 工位焊接程序
ELSEIF di07WorkStation2=1 THEN
！判断转台是否转到 B 工位的位置
B_Welding;
！调用 B 工位焊接程序
ENDIF
WaitTime0.3;
！等待时间，防止 CPU 过负荷的设定
ENDWHILE
ENDPROC

PROC rInitAll ( )
！初始化程序
rhome;
！调用回 home 点程序
Resetdo05pos2;
Resetdo04pos1;
！复位转台旋转信号
Reset soRobot home;
！复位机器人 home 点信号
Reset do01WeldOn;
Reset do02 GasOn;
Reset do03FeedOn;
！初始化焊接相关信号，包括焊接启动、吹气、送丝信号
IDelete intno1;
！删除中断数据，在初始化时先删除之前的中断数据，然后重新连接，防止中断程序误触发
CONNECT intno1 WITH tLoadingOK;
```

！将中断数据 intno1 重新连接到中断程序 tLoadingOK

ISignalDI di08LoadingOK，1，intno1；

！将中断数据 intno1 关联到数字输入信号 di08LoadingOK，在整个工作过程中监控数字输入信号，当数字输入信号从 0 变到 1 时，中断数据被触发，与之相连接的中断程序被触发执行

ENDPROC

PROC RotToA（）

Set do04pos1；

WaitTime 3；

！控制转台旋转到 A 工位，到位后将旋转信号复位为 0

WaitDi di06WoRkStation1,1/MaxTime:=10；

！等待转台 A 工位到位信号，最长等待时间为 10s，超过最长等待时间后如果还未得到该信号，机器人将停机报警

Reset do04pos1；

！将旋转信号复位为 0

bCell_A:=TRUE；

！将转台 A 工位到位逻辑量赋值为 TRUE，即得到信号后将逻辑量置为 TRUE，后续程序可以根据逻辑变量的值来判断是否得到该信号

bLoadingOK：=FALSE；

！将装夹完成的逻辑量置为 FALSE，此时转台旋转到位，开始对产品进行更换，完成后按“装夹完成”按钮，中断程序将逻辑量 bLoadingOK 设置为 TRUE

ENDPROC

PROC RotToB（）

Set do05pos2；

WaitTime 3；

！控制转台旋转到 B 工位，到位后将旋转信号复位为 0

WaitDi di06WorkStation1,1/MaxTime:=10；

！等待转台 B 工位到位信号，最长等待时间为 10s，超过最长等待时间后如果还未得到该信号，机器人将停机报警

Reset do05pos2；

！将旋转信号复位为 0

bCell_B:=TRUE；

！将转台 B 工位到位逻辑量赋值为 TRUE，即得到信号后将逻辑量置为 TRUE，后续程序可以根据逻辑变量的值来判断是否得到该信号

bLoadingOK：=FALSE；

！将装夹完成的逻辑量置为 FALSE，此时转台旋转到位，开始对产品进行更换，完成后按“装夹完成”按钮，中断程序将逻辑量 bLoadingOK 设置为 TRUE

ENDPROC

PROC CheckGun（）

IF nCount=5 Then

RWeldGunSet;

nCount:=0;

ENDIF

！检查焊枪是否需要维护的判断程序，根据焊接产品的数量来确定是否需要对焊枪进行清焊渣、喷雾及剪焊丝动作，具体不同产品在焊接了多少个以后需要维护，需根据实际的产品情况来设定，数量可以在程序中进行修改

ENDPROC

PROC A_Welding（）

A_WeldingPath；

WaitUntil bLoadingOK=TRUE；

RotToB；

nCount:=nCount+1；

！ A 工位焊接程序，调用了焊接路径程序；焊接完成后，先根据逻辑量 bLoadingOK 的值进行判断，判断另一个工位的工件是否装夹完毕，直到另一个工位的工件装夹完毕后，才调用转台旋转程序转到 B 工位。此时转台旋转，A 工位转出焊接位置，并转入产品更换区域，进行产品更换；而 B 工位进入到焊接区域进行焊接，同时计数器对产品数量加 1，为后续的焊枪维护提供数据支持

ENDPROC

PROC B_Welding（）

B_WeldingPath；

WaitUntil bLoadingOK=TRUE；

RotToA；

nCount:=nCount+1；

！ B 工位焊接程序，调用了焊接路径程序；焊接完成后，先根据逻辑量 bLoadingOK 的值进行判断，判断另一个工位的工件是否装夹完毕，直到另一个工位的工件装夹完毕后，才调用转台旋转程序转到 A 工位。此时转台旋转，B 工位转出焊接位置，并转入产品更换区域，进行产品更换；

而 A 工位进入到焊接区域进行焊接，同时计数器对产品数量加 1，为后续的焊枪维护提供数据支持

```
ENDPROC

PROC Rhome（ ）
！ 回到 home 点的程序，回到 home 点后输出到位信号
MoveJDO phome，vmax，fine，tWeldGun，soRobotInhome，1；
ENDPROC

PROC A_Welding Path（ ）
！ A 工位焊接路径程序
MoveJ phome，vmax，z10，tWeldGun/WObj:=wobj0；
Reset soRobotInhome；
！ 复位机器人在 home 点的数字输出
MoveJ p_A10，v300，z10，tWeldGun/WObj:=wobjStationA；
！ 从 home 点出发运动到焊接开始点上方 200mm 处
ArcLStart p_A20，v300，sm1，wd1，fine，tWeldGun/WObj:= wobjStationA；
！ 使用线性弧焊开始指令起弧，焊接过程使用 wd1 和 sm1 规范控制焊接参数
ArcL p_A30，v300，sm1，wd1，fine，tWeldGun/WObj:= wobjStationA；
！ 直线焊接指令，用于直线焊接
ArcC p_A40，p_ A50，v300，sm1，wd1，fine，tWeldGun/WObj:= wobjStationA；
！ 圆弧焊接指令，用于圆弧焊接
ArcCEnd p_A60，p_ A70，v300，sm1，wd1，fine，tWeldGun/WObj:= wobjStationA；
！ 采用圆弧焊接结束指令，结束第一段焊接轨迹
MoveL p_A80，v300，z10，tWeldGun/WObj:=wobjStationA；
！ 移动到规避位置
MoveJ p_A90，v300，z10，tWeldGun/WObj:=wobjStationA；
！ 从 p_A80 点运动到焊接开始点上方 200mm 处
ArcLStart p_A100，v300，sm1，wd1，fine，tWeldGun/WObj:= wobjStationA；
！ 使用线性弧焊开始指令起弧，焊接过程使用 wd1 和 sm1 规范控制焊接参数
ArcL p_A110，v300，sm1，wd1，fine，tWeldGun/WObj:= wobjStationA；
！ 直线焊接指令，用于直线焊接
ArcC p_A120，p_ A130，v300，sm1，wd1，fine，tWeldGun/WObj:= wobjStationA；
！ 圆弧焊接指令，用于圆弧焊接
ArcCEnd p_A140，p_ A150，v300，sm1，wd1，fine，tWeldGun/WObj:= wobjStationA；
！ 采用圆弧焊接结束指令，结束第二段焊接轨迹
```

```
MoveJ p_A160, v300, z10, tWeldGun/WObj:=wobjStationA;
! 运动到规避位置
MoveJ phome, vmax, z10, tWeldGun/WObj:=wobj0;
! 回到 home 点
ENDPROC

PROC B_Welding Path ( )
! B 工位焊接路径程序
MoveJ phome, vmax, z10, tWeldGun/WObj:=wobj0;
Reset sorobotInhome;
! 复位机器人在 home 点的数字输出
MoveJ p_B10, v300, z10, tWeldGun/WObj:=wobjStationB;
! 从 home 点出发运动到焊接开始点上方 200mm 处
ArcLStart p_ B20, v300, sm1, wd1, fine, tWeldGun/WObj:= wobjStationB;
! 使用线性弧焊开始指令起弧，焊接过程使用 wd1 和 sm1 规范控制焊接参数
ArcL p_B30, v300, sm1, wd1, fine, tWeldGun/WObj:= wobjStationB;
! 直线焊接指令，用于直线焊接
ArcC p_B40, p_ B50, v300, sm1, wd1, fine, tWeldGun/WObj:= wobjStationB;
! 圆弧焊接指令，用于圆弧焊接
ArcCEnd p_B60, p_ B70, v300, sm1, wd1, fine, tWeldGun/WObj:= wobjStationB;
! 采用圆弧焊接结束指令，结束第一段焊接轨迹
MoveL p_B80, v300, z10, tWeldGun/WObj:=wobjStationB;
! 移动到规避位置
MoveJ p_B90, v300, z10, tWeldGun/WObj:=wobjStationB;
! 从 p_B80 点运动到焊接开始点上方 200mm 处
ArcLStart p_B100, v300, sm1, wd1, fine, tWeldGun/WObj:= wobjStationB;
! 使用线性弧焊开始指令起弧，焊接过程使用 wd1 和 sm1 规范控制焊接参数
ArcL p_B110, v300, sm1, wd1, fine, tWeldGun/WObj:= wobjStationB;
! 直线焊接指令，用于直线焊接
ArcC p_B120, p_ B130, v300, sm1, wd1, fine, tWeldGun/WObj:= wobjStationB;
! 圆弧焊接指令，用于圆弧焊接
ArcCEnd p_B140, p_ B150, v300, sm1, wd1, fine, tWeldGun/WObj:= wobjStationB;
! 采用圆弧焊接结束指令，结束第二段焊接轨迹
MoveJ p_B160, v300, z10, tWeldGun/WObj:=wobjStationB;
! 运动到规避位置
```

```
MoveJ phome, vmax, z10, tWeldGun/WObj:=wobj0;
! 回到 home 点
ENDPROC

PROC TeachPoint ( )
! 示教目标点例行程序
MoveJ pHome, v100, fine, tWeldGun/WObj:=wobj0;
! 示教 pHome 点
MoveJ p_A10, vmax, fine, tWeldGun/WObj:= wobjStationA;
MoveJ p_A20, vmax, fine, tWeldGun/WObj:= wobjStationA;
MoveJ p_A30, vmax, fine, tWeldGun/WObj:= wobjStationA;
MoveJ p_A40, vmax, fine, tWeldGun/WObj:= wobjStationA;
MoveJ p_A50, vmax, fine, tWeldGun/WObj:= wobjStationA;
MoveJ p_A60, vmax, fine, tWeldGun/WObj:= wobjStationA;
MoveJ p_A70, vmax, fine, tWeldGun/WObj:= wobjStationA;
MoveJ p_A80, vmax, fine, tWeldGun/WObj:= wobjStationA;
MoveJ p_A90, vmax, fine, tWeldGun/WObj:= wobjStationA;
MoveJ p_A100, vmax, fine, tWeldGun/WObj:= wobjStationA;
MoveJ p_A110, vmax, fine, tWeldGun/WObj:= wobjStationA;
MoveJ p_A120, vmax, fine, tWeldGun/WObj:= wobjStationA;
MoveJ p_A130, vmax, fine, tWeldGun/WObj:= wobjStationA;
MoveJ p_A140, vmax, fine, tWeldGun/WObj:= wobjStationA;
MoveJ p_A150, vmax, fine, tWeldGun/WObj:= wobjStationA;
MoveJ p_A160, vmax, fine, tWeldGun/WObj:= wobjStationA;
MoveJ p_B10, vmax, fine, tWeldGun/WObj:= wobjStationB;
MoveJ p_B20, vmax, fine, tWeldGun/WObj:= wobjStationB;
MoveJ p_B30, vmax, fine, tWeldGun/WObj:= wobjStationB;
MoveJ p_B40, vmax, fine, tWeldGun/WObj:= wobjStationB;
MoveJ p_B50, vmax, fine, tWeldGun/WObj:= wobjStationB;
MoveJ p_B60, vmax, fine, tWeldGun/WObj:= wobjStationB;
MoveJ p_B70, vmax, fine, tWeldGun/WObj:= wobjStationB;
MoveJ p_B80, vmax, fine, tWeldGun/WObj:= wobjStationB;
MoveJ p_B90, vmax, fine, tWeldGun/WObj:= wobjStationB;
MoveJ p_B100, vmax, fine, tWeldGun/WObj:= wobjStationB;
MoveJ p_B110, vmax, fine, tWeldGun/WObj:= wobjStationB;
```

```
MoveJ p_B120, vmax, fine, tWeldGun/WObj:= wobjStationB;
MoveJ p_B130, vmax, fine, tWeldGun/WObj:= wobjStationB;
MoveJ p_B140, vmax, fine, tWeldGun/WObj:= wobjStationB;
MoveJ p_B150, vmax, fine, tWeldGun/WObj:= wobjStationB;
MoveJ p_B160, vmax, fine, tWeldGun/WObj:= wobjStationB;
! 示教A工位和B工位焊接轨迹的目标点
MoveJ pGunWash, v100, fine, tWeldGun/WObj:=wobj0;
MoveJ pGunSpray, v100, fine, tWeldGun/WObj:=wobj0;
MoveJ pFeedCut, v100, fine, tWeldGun/WObj:=wobj0;
ENDPROC

PROC WeldGunSet()
! 清枪系统例行程序
MoveJ Offs(pGunWash,0,0,150),v200,z10,tWeldGun/WObj:=wobj0;
MoveL pGunWash, v200,fine,tWeldGun/WObj:=wobj0;
```

！机器人先运行到清焊渣目标点 pGunWash 点上方 150mm 处，然后线性下降，运行到目标点，这样可以保证机器人在动作的过程中不会和其他设备发生干涉

```
Set GunWash;
Waittime2;
Reset GunWash;
```

！将清焊渣信号置位，此时清焊渣装置开始运行，清除焊渣；等待设定的一个时间后将信号复位，清焊渣动作完成。等待的时间就是清焊渣装置的运行时间，可以根据实际效果延长或缩短时间

```
MoveL Offs(pGunWash,0,0,150),v200,z10,tWeldGun/WObj:=wobj0;
```

！清除完成后使用偏移函数将机器人线性运行到 pGunWash 点上方位置，然后准备进行下一步动作

```
MoveJ Offs(pGunSpray,0,0,150),v200,z10,tWeldGun/WObj:=wobj0;
MoveL pGunSpray,v200,fine,tWeldGun/WObj:=wobj0;
```

！机器人先运行到喷雾目标点 pGunSpray 点上方 150mm 处，然后线性下降，运行到目标点，这样可以保证机器人在动作的过程中不会和其他设备发生干涉

```
Set GunSpray;
Waittime2;
Reset GunSpray;
```

！将喷雾信号置位，此时喷雾装置开始运行，对焊枪进行喷雾；等待设定的一个时间后将信号复位，喷雾动作完成。等待的时间就是喷雾装置的运行时间，可以根据实际效果延长或缩短时间

MoveL Offs(pGunSpray,0,0,150),v200,z10,tWeldGun/WObj:=wobj0;

！喷雾完成后使用偏移函数将机器人线性运行到 pGunSpray 点上方位置，然后准备进行下一步动作

MoveJ Offs(pFeedCut,0,0,150),v200,z10,tWeldGun/WObj:=wobj0;

MoveL pFeedCut,v200,z10,tWeldGun/WObj:=wobj0;

！机器人先运行到剪焊丝目标点 pFeedCut 点上方 150mm 处，然后线性下降，运行到目标点，这样可以保证机器人在动作的过程中不会和其他设备发生干涉

Set FeedCut;

Waittime2;

Reset FeedCut;

！将剪焊丝信号置位，此时剪焊丝装置开始运行，将焊丝剪切到最佳的长度；等待设定的一个时间后将信号复位，剪焊丝动作完成。等待的时间就是剪焊丝装置的运行时间，可以根据实际效果延长或缩短时间

MoveL Offs(pFeedCut,0,0,150),v200,z10,tWeldGun/WObj:=wobj0;

！剪切完成后使用偏移函数将机器人线性运行到 pFeedCut 点上方位置，至此整个焊枪维护完成，机器人将继续进行焊接工作

ENDPROC

TRAP tLoadingOK

bLoading OK：=TRUE;

！中断程序 tLoading，用于判断工件装夹是否完成，在初始化程序中有相应的关联说明。当操作员完成产品的装夹后，按下“确认”按钮（这个按钮是通过接线到数字输入信号 di08LoadingOK 的），当数字输入信号变为 1 时即触发该中断程序，该中断程序被执行一次，并将逻辑量 bLoading OK 设置为 TURE，表示工件装夹完成

ENDTRAP

PROC rCheckHomePos（ ）

！检测是否在 home 点程序

VAR Robtarget pActualPos;

！定义一个目标点数据 pActualPos

IFNOT CurrentPos（home，tGriper） THEN

！调用功能程序 CurrentPos

！这是一个布尔量型的功能程序，括号里面的参数分别指的是所要比较的目标点及使用的工具数据，这里写入的是 home 点，则是将当前机器人位置与 home 点进行比较，若在 home 点则此布尔量为 TURE，若不在 home 点则为 FALSE。在此功能程序的前面加上一个 NOT，则表示当机

器人不在 home 点时，才会执行 IF 判断指令中机器人返回 home 点的动作指令。

pActualPos：=CRobT（/Tool:=tGripper/WObj:=wobj0）;

!CRobT 功能读取当前机器人目标位置，并赋值给目标点数据 pActualPos

pActualPos.trans.z：=home.trans.z;

! 将 home 点的 Z 值赋给 pActualPos 点的 Z 值

MoveL pActualPos，v100，z10，tGripper;

！移至已被赋值后的 pActualPos 点

MoveL home，v100，fine，tGripper;

！移至 home 点，上述指令的目的是需要先将机器人升至与 home 点一样的高度，之后再平移至 home 点，这样可以简单地规划一条安全回 home 点的轨迹

ENDIF

ENDPROC

FUNC bool CurrentPos（robtarget ComparePos，INOUTtooldata TCP）

！检测目标点功能程序，带有两个参数，比较目标点和所使用的工具数据

VAR num Counter：=0;

！定义数字型数据 Counter

VAR robtarget ActualPos;

！定义目标点数据 ActualPos

ActualPos：=CrobT（/Tool:=tGripper/WObj:=wobj0）;

！利用 CrobT 功能读取当前机器人目标位置，并赋值给 ActualPos

IF ActualPos.trans.x>ComparePos.trans.x−25 AND ActualPos.trans.x<ComparePos.trans.x+25 Counter:=Counter+1;

IF ActualPos.trans.y>ComparePos.trans.y−25 AND ActualPos.trans.y<ComparePos.trans.y+25 Counter:=Counter+1;

IF ActualPos.trans.z>ComparePos.trans.z −25 AND ActualPos.trans.z <ComparePos.trans.z+25 Counter:=Counter+1;

IF ActualPos.rot.q1>ComparePos. rot.q1−0.1 AND ActualPos. rot.q1<ComparePos.rot.q1+0.1 Counter:=Counter+1;

IF ActualPos.rot.q2>ComparePos. rot.q2−0.1 AND ActualPos. rot.q2<ComparePos.rot.q2+0.1 Counter:=Counter+1;

IF ActualPos.rot.q3>ComparePos. rot.q3−0.1 AND ActualPos. rot.q3<ComparePos.rot.q3+0.1 Counter:=Counter+1;

IF ActualPos.rot.q4>ComparePos. rot.q4−0.1 AND ActualPos. rot.q4<ComparePos.rot.q4+0.1 Counter:=Counter+1;

！将当前机器人所在目标位置数据与给定目标点位置数据进行比较，共七项数值，分别是X、Y、Z坐标值及工具姿态数据q1、q2、q3、q4里面的偏差值，如X、Y、Z坐标偏差值“25”可根据实际情况进行调整。每项比较结果成立，则计数Counter加1，七项全部满足时，则Counter的数值为7

RETURE Counter=7;

！返回判断式结果，若Counter为7，则返回TRUE；若不为7，则返回FALSE

ENDFUNC

ENDMOUDLE

5. 手动操纵转盘

在本工作站中，转盘工作台是由机器人控制的，为保证安全，转盘只有当机器人在home点时才可以手动旋转。

需要手动旋转工作台时，首先手动运行例行程序rhome，让机器人回到home点；然后按下示教器上的可编程按钮1或可编程按钮2，机器人就会控制工作台旋转，按下按钮1转盘旋转到A工位，按下按钮2则转盘旋转到B工位。设定步骤如下：

1）在ABB主菜单中，选择“控制面板”。

2）选择“ProgKeys”。

3）配置可编程按钮1，将I/O信号soRotToA配置到可编程按钮1上。

4）配置可编程按钮2，将I/O信号soRotToB配置到可编程按钮2上。

5）完成其他设置：

①在程序编辑器画面中选择“调试”。

②选择“PP移至例行程序”，进入程序列表。

③在程序列表中选定“rhome”，单击“确定”按钮。

④单击播放按钮，执行rhome程序。

机器人回到home点后，就可以使用可编程按钮进行旋转转盘的操作了。

在程序模板中包含一个专门用于手动示教目标点的例行程序rTeachPath，在虚拟示教器中，进入“程序编辑器”，将指针移动到该子程序，之后通过示教器操纵机器人依次移动至程序起始点phome、焊接路径目标点p_A10，并通过修改位置将其记录下来。

在示教机器人弧焊路径时，应注意以下几点：

1）焊枪枪头尽量与焊缝垂直。

2）机器人行走的路径中尽量规避奇点。

示教目标点完成之后，可单击“仿真”功能选项卡中的“播放”，查看一下工作站的整个工作流程。

请扫描码5-6观看焊接工作站运行视频。

码5-6 焊接工作站运行

任务实施

1. 解压工作站文件

在软件中打开工作站文件，并进行解压操作，生成原始的工作站运行环境。

2. 设置 I/O 信号

在工作站中，根据必备知识中所述内容，进行 I/O 信号设置。

选择“控制面板”，选择主题“I/O”，选择“Cross Connection”选项，单击“添加”按钮，添加系统所需要的信号关联。

3. 示教目标点

工作站中已经有了完成的程序，需要示教程序起始点、焊接路径的目标点。利用程序模板中的示教目标点例行程序，进入“程序编辑器”，将指针移到该子程序，通过示教器操纵机器人依次移动至程序起始点及焊接路径目标点，通过修改位置将其记录下来。

示教时注意焊枪枪头应尽量与焊缝垂直，机器人行走路径尽量避免出现奇点。

4. 试运行程序。

单击“I/O 仿真器”，打开 I/O 列表。正确设定信号内容，将转台到位信号强置为 1，然后就可以运行程序了。

扩展知识

RobotStudio 的建模功能

RobotStudio 提供了建模功能，可以通过自行创建模型生成所需要的工作站元素。但是通过建模功能创建的模型比较粗糙，如果需要精细的 3D 模型，可以通过第三方的建模软件进行建模，并通过 *.sat 格式导入到 RobotStudio 中，进而完成建模布局工作。简单的建模可以用于机器人的仿真验证，比如节拍、到达能力等。如果对周边模型要求不是非常细致时，也可以用简单的等同实际大小的基本模型进行代替，从而达到节约仿真时间的目的。

建模需要利用“建模”选项卡，如图 5-63 所示。

图 5-63　“建模”选项卡

通过单击“固体”菜单，如图 5-64 所示，选择需要创建的模型类型。下面就以矩形体为例进行建模。

如图 5-65 所示，在“创建方体”对话框中填写相应的长方体的参数，包括长、宽、高和在窗口中的具体位置和姿态。

通过右键菜单，如图 5-66 所示，可以设置模型的相应属性，如颜色、移动和显示等。

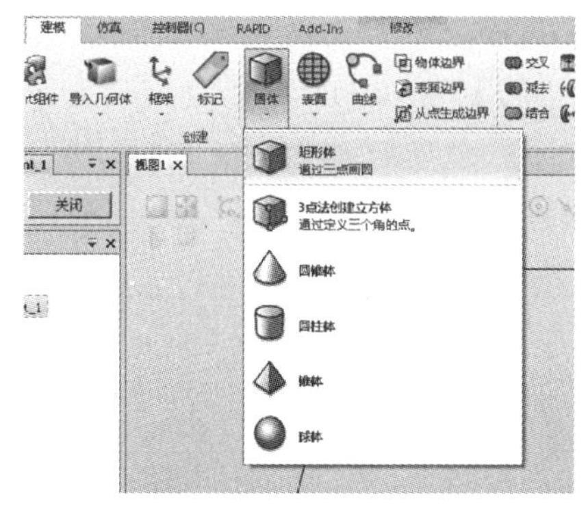

图 5-64 “固体”菜单

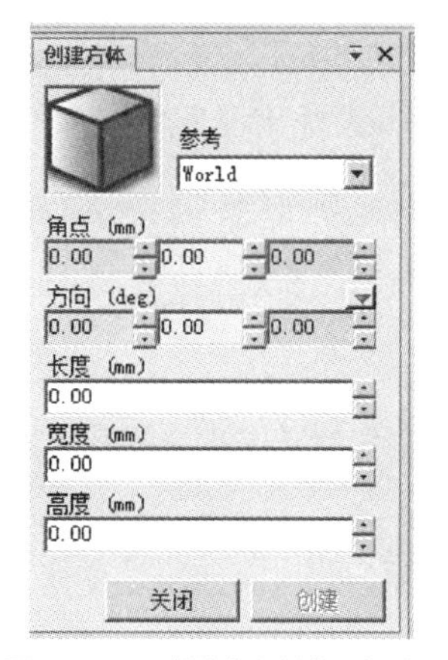

图 5-65 “创建方体”对话框

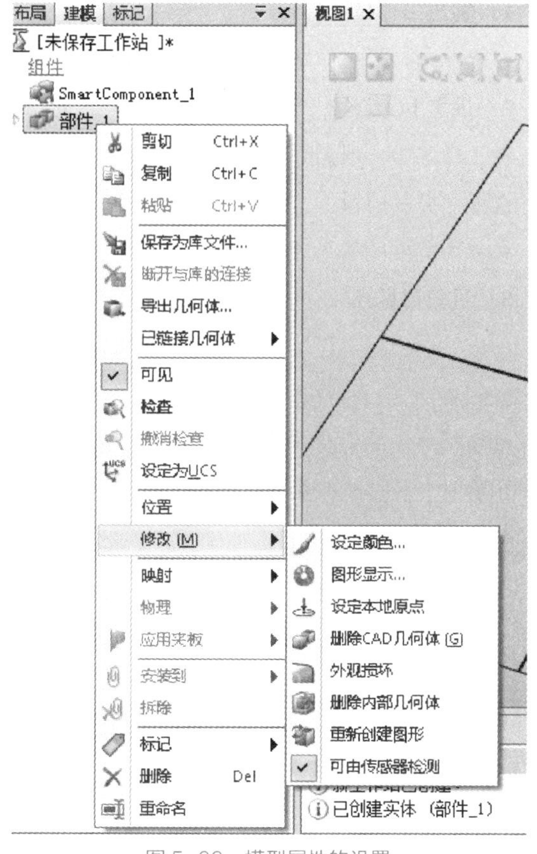

图 5-66 模型属性的设置

复习思考题

1. 标准 I/O 板是怎样的？都有哪些种类的信号？
2. 本任务中 I/O 设置的流程是怎样的？
3. 本任务中需要配置的 I/O 都有哪些？
4. 主程序的执行流程是怎样的？
5. 焊接程序的执行流程是怎样的？
6. 清枪剪丝程序的执行流程是怎样的？

项目实训

1. 创建一个带导轨的机器人工作站，并示教运动轨迹，录制仿真视频

具体的操作步骤如下：

（1）导入各设备和工件　依次导入 IRB2600 机器人、导轨 IRBT_4004 和焊枪 Binzel water。

设置参数，导轨行程为 5m。

（2）安装焊枪　将焊枪 Binzel water 安装到 IRB2600 机器人本体上。

（3）安装机器人到导轨上　将已经安装好焊枪的机器人安装到导轨上。

（4）生成机器人系统　在全部导入并安装好工件后，生成机器人系统。

（5）示教运动点，实现机器人沿导轨运动　示教两个目标点，第一点是机器人姿态为机械原点，机器人位于导轨行程起始点；第二点使机器人沿着导轨运动到中间位置，调整机器人姿态，使机器人的第 1 轴调整到 90° 。图 5-67 所示为带导轨的机器人工作站。

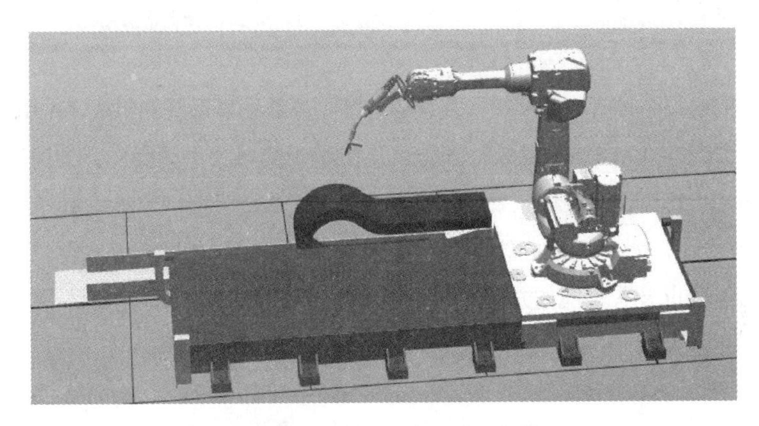

图 5-67　带轨道的机器人工作站

2. 采用 IRB2600 机器人、变位机 IRBP_C500、焊枪 Binzel water 和清枪剪丝设备，再安装工件 Fixture EA，共同搭建一个基本的机器人工作站，如图 5-68 所示。完成双工位轨迹运动的示教、仿真运行和录制

具体的操作步骤如下：

（1）导入各设备和工件　依次导入 IRB2600 机器人、变位机 IRBP_C500、焊枪 Binzel water、Fixture EA 和清枪剪丝设备。

（2）安装焊枪　将焊枪 Binzel water 安装到 IRB2600 机器人本体上。

图 5-68　带双工位变位机和清枪剪丝站的机器人工作站

（3）调整工件的本地坐标　由于是双工位变位机，自动安装时工件 Fixture EA 只能安装到一个工位上，再次安装第二个工件时，会和第一个工件重合。为了能够正确安装第二个工件，需要事先调整好工件的本地坐标，然后就可以实现自动安装了。

（4）安装两个工件到变位机上，保证能够以合适的姿态精确安装到变位机上　当完成本地坐标设置后，就可以实现自动安装了。

（5）生成机器人系统　在全部导入并安装好工件后，生成机器人系统。

（6）示教运动点，实现双工位轨迹运动（运动仿照本任务中的运动）　参照项目五任务 1 中的内容，完成大圆轨迹的运动示教。

项目小结

通过本项目的学习，读者应了解机器人编程方法、离线编程系统的组成、ABB RobotStudio 软件的基本情况。从安装 RobotStudio 软件开始，逐步学习简单的手动操作，构建简单的仿真工作站以及带变位机的仿真工作站系统。最终在工作站中实现 I/O 设置、示教、编程和仿真操作。

读者已经体会到了 RobotStudio 软件的强大功能，但是，要想应用好软件，还要反复练习，熟悉软件的各种功能以及各种操作方法。同时利用扩展知识部分和学习资料，不断丰富对自己对软件的理解和应用能力。

项目六
点焊机器人焊接示教

项目概述

机器人焊接的重要应用之一就是点焊作业。点焊机器人在汽车生产中应用最为广泛，因此，学习点焊机器人的相关知识、能够操作点焊机器人运动和进行示教和程序编辑对读者未来拓展就业面有较大帮助。

本项目在学习了弧焊机器人的相关知识和技能的基础上，学习点焊机器人及系统组成，掌握点焊的常用数据和指令，能够手动操作点焊机器人并完成典型焊接示教。

学习目标

1）了解点焊机器人及系统组成。

2）了解点焊系统。

3）掌握点焊的常用数据。

4）掌握点焊的常用指令。

5）能够在仿真工作站中熟练移动点焊机器人并完成示教。

6）能够收集和筛选信息。

7）能够制订工作计划、独立决策和实施。

8）能够团队协作、合作学习。

9）具备工作责任心和认真、严谨的工作作风。

项目实施

任务1　手动操作点焊机器人

任务解析

通过查阅有关点焊机器人的相关资料，了解点焊机器人系统组成、点焊的常用数据和点焊的常用指令，在仿真工作站中操作点焊机器人运动并调整姿态。

必备知识

一、点焊机器人及系统构成

点焊机器人通常由机器人本体、机器人控制装置、示教盒、点焊钳及焊接系统等主要部分组成。点焊机器人如图6-1所示。

点焊机器人系统各组成部分的如下：

（1）机器人本体　机器人的本体采用ABB机器人系列适用于点焊应用的本体。如IRB6700系列机器人。

该系列工业机器人是一种大型工业机器人，是同级相似产品中性能最佳的机器人，其结构刚性更好、无故障运行时间更长，在提升性能的同时还简化了维修。

图6-1　点焊机器人

IRB6700系列不仅在精确度、负载和速度方面大幅超越之前的同级别产品，同时功耗降低了15%，最小故障间隔时间达到400000h。它的负载为150~300kg，工作范围达到2.6~3.2m，能适应汽车和一般工业中的各种任务。

（2）机器人控制系统　机器人的控制系统主要由机器人的控制柜组成，它是机器人的大脑，也是最重要的控制部件。

（3）伺服/气动点焊钳　伺服焊钳的应用越来越广泛。相对气动焊钳来说，伺服焊钳的特点是闭环控制。电极的运动和力可以实现精确控制。

伺服焊钳能够精确控制电极运动速率，从而减小电极与工件接触时的冲击力，提高电极的寿命。伺服焊钳完成一个焊点的时间小于气动焊钳，相对减少20%~30%的时间。在汽车白车身焊接过程中，相对于几千个焊点，伺服焊钳整体的焊接效率将大大优于气动焊钳。另外，焊接过程中还容易获得锻压力，这对于点焊这种压力焊接方式十分有利。

（4）电极修磨机　点焊过程中，电极会有磨损，变得不平整，这时可以采用电极修磨机修整电极。

（5）焊钳冷却系统　焊钳在工作过程中，通过电流加热来实现焊接，必然会不断产生热量，这些热量如果不能及时耗散掉，势必对焊钳和电极产生不利影响，最终影响到焊点的焊接质量。焊钳通常采用冷却系统，如水冷系统，为焊钳冷却降温。

二、焊接系统

焊接系统主要由焊接控制器（时控器）、焊钳（含阻焊变压器）及水、电、气等辅助部分组成。

1．焊钳

从阻焊变压器与焊钳的结构关系上可将焊钳分为分离式、内藏式和一体式三种。

分离式焊钳的特点是阻焊变压器和钳体分离，优点是减小了机器人的负载，运动速度高，价格便宜，缺点是需要大容量的焊接变压器，电力损耗较大，能源利用率较低。

内藏式焊钳的特点是将阻焊变压器安放到机器人手臂中，使其尽可能接近钳体，变压器的二次电缆可以在内部移动。优点是二次电缆较短，变压器的容量可以减小，缺点是机器人本体的设计变得复杂。

一体式焊钳就是将阻焊变压器和钳体安装在一起，然后共同固定在机器人手臂末端的法兰盘上。

2．焊接控制器

焊接控制器的工作原理是：检测输入到被焊工件的二次电流、二次电压，以及获得的相应于工件金属熔化状态的阻抗变化值，再反馈回机器人控制器中进行演算，输出最适合的焊接电流。这种电阻焊控制器在保证焊点质量的同时，还可以对电极的前端尺寸进行自动管理。

三、点焊的常用数据

在点焊的连续工艺过程中，需要根据材质或工艺的特性来调整点焊过程中的参数，以达到工艺标准的要求。在点焊机器人系统中，用程序数据来控制这些变化的因素。需要设定点焊设备参数（gundata）、点焊工艺参数（spotdata）和点焊枪压力参数（forcedata）三个常用参数。

1．点焊设备参数（gundata）

点焊设备参数用来定义点焊设备的参数，用在点焊指令中。该参数在点焊过程中控制点焊枪达到最佳的状态。每一个“gundata”对应一个点焊设备。当使用伺服点焊枪时，需要设定的点焊设备参数见表6-1。

表6-1　点焊设备参数

参数名称	参数注释
gun_name	点焊枪名称
Pre_close_time	预关闭时间
Pre_equ_time	预补偿时间
Weld_counter	已点焊记数

（续）

参 数 名 称	参 数 注 释
Max_nof_welds	最大点焊数
Curr_tip_wear	当前点焊枪磨损值
Max_tip_wear	最大点焊枪磨损值
Weld_timeout	点焊完成信号延迟时间

2. 点焊工艺参数（spotdata）

点焊工艺参数是用于定义点焊过程中的工艺参数。点焊工艺参数是与点焊指令 SpotL/J 和 SpotML/J 配合使用的。当使用伺服点焊枪时，需要设定的点焊工艺参数见表 6-2。

表 6-2 点焊工艺参数

参数名称	参数注释
Prog_no	点焊控制器参数组编号
Tip_force	定义点焊枪压力
Plate_thickness	定义点焊钢板的厚度
Plate_tolerance	钢板厚度的偏差

3. 点焊枪压力参数（forcedata）

点焊枪压力参数是用于定义点焊过程中的关闭压力，点焊枪压力参数与点焊指令 SetForce 配合使用。当使用伺服点焊枪时，需要设定的点焊枪压力参数见表 6-3。

表 6-3 点焊枪压力参数

参数名称	参数注释
Tip_force	点焊枪关闭压力
Force_time	关闭时间
Plate_thickness	定义点焊钢板的厚度
Plate_tolerance	钢板厚度的偏差

四、点焊的常用指令

我们知道，ABB 机器人在弧焊情况下，是采用的弧焊指令，包括直线焊接指令和圆弧焊接指令。与弧焊情况下不同，在点焊的情况下，要使用专门的 ABB 点焊指令。由于点焊作业的特点，只需要将焊枪移动到需要点焊的位置作业就可以了，不需要焊接出类似弧焊的特定焊接轨迹。点焊的常用指令如下。

1. 线性 / 关节点焊指令

点焊指令 SpotL/SpotJ 用于点焊工艺过程中机器人的运动控制，包括机器人的移动、点焊枪的开关控制和点焊参数的调用。

SpotL 用于在点焊位置的 TCP 线性移动，SpotJ 用于在点焊之前的 TCP 关节运动。

SpotL 指令使用示例：

SpotL p10，vmax，gun1，spot10，tool1；

1）SpotL：线性移动指令。

2）p10：示教目标点。

3）vmax：运动速度。

4）gun1：点焊设备参数，是一个 num 类型的数据，用于指定点焊控制器。点焊设备参数储存在系统模块 SWUSER.SYS 中。

2. 点焊枪关闭压力设定指令 SetForce

点焊枪关闭压力设定指令 SetForce 用于控制点焊枪关闭压力的控制。

SetForce 指令使用示例：

SetForce gun1，force10；

点焊枪关闭压力设定指令使用点焊枪参数压力，点焊设备参数 gun1 是一个 num 类型的数据，用于指定点焊控制器。点焊设备参数储存在系统模块 SWUSER.SYS 中。

3. 校准点焊枪指令 Calibrate

校准点焊枪指令 Calibrate 用于在点焊中校准点焊枪电极的距离。在更换了点焊枪或枪嘴后，需要进行一次校准。在执行校准点焊枪指令后，校准数据会更新到对应的程序数据 gundata 中去。

Calibrate 指令使用示例：

Calibrate gun1/TipChg；

在更换焊枪嘴后对 gun1 进行校准，gun1 对应的是正在使用的点焊设备。指令执行后，程序数据 curr_gundata 的参数 curr_tip_wear 将自动复位为零。

任务实施

1. 打开机器人系统

首先打开主电源开关。等系统启动稳定后，选择手动减速模式。

2. 设置 TCP 在点焊枪的下部电极面上

3. 手动操作点焊机器人

1）在 ABB 菜单下，按手动操纵键，显示操作属性，如图 6-2 所示。

2）确定机械单元为机器人本体。

3）确定工具坐标和工件坐标。

4）选择相应的坐标系和运动轴。

5）根据右下侧操纵杆方向提示，选择对应操作。

6）移动 TCP 到指定的位置，并调整好姿态。

4. 关闭机器人系统

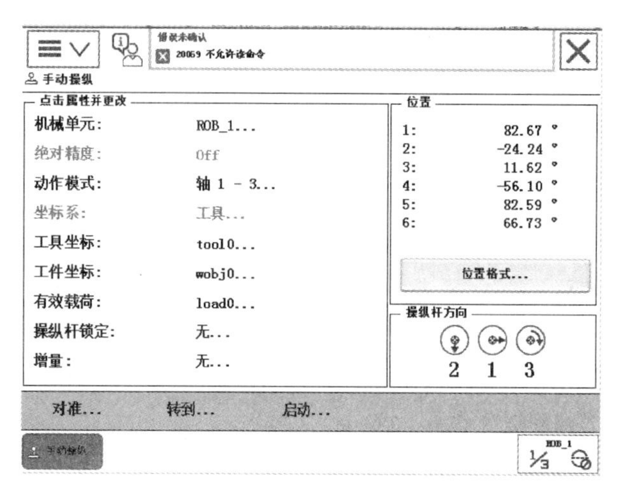

图 6-2　操作界面图（手动操纵）

扩展知识

点焊机器人在轿车白车身生产中的应用

1. 点焊机器人的生产指标

（1）生产指标　一条生产线的生产指标包括生产线设备的最大产能、生产线的生产节拍、生产线各作业站的生产工艺、车型所有焊点的分布图等数据资料。

（2）生产效率和焊接质量　机器人生产效率和焊接质量应主要体现在：人工作业困难的焊点、人工作业存在隐患的焊点、能够提高工效的焊点等多个方面。

2. 焊接节拍与产能计算

例如：某汽车生产厂，计划引入点焊机器人，产量为 20000 台 / 年、两班制，希望能够尽量节约投资成本，在完成任务的前提下，机器人数量和焊枪数量尽可能少。

（1）生产线节拍计算　有效生产时间为

$$[(8\times60)-(20+15)]\text{min}\times90\%\times2=801\text{min}$$

（有效生产时间为 [每天工作时间 −（休息时间 + 电极修磨时间）] × 设备使用率 × 两班生产）

日产量为

$$(20000\div12\div21)\text{ 台 / 天}\approx80\text{ 台 / 天}$$

生产节拍为

$$801\div80\text{min/ 台}=10\text{min/ 台}=600\text{s/ 台}$$

（2）焊点区分　依据机器人规划原则，将人工作业困难、不安全、要求品质高的焊点筛选出来分配给机器人。假设共有焊点 600 个。

（3）机器人焊枪的种类设定　按照选枪方法对各焊点进行机器人焊枪的种类设定。最终确定所需要的焊枪种类。假设需要 5 种焊枪作业。

（4）机器人及焊钳类型的选择　焊点很多，但是机器人活动范围有限，可能存在一台机器人活动范围内包括多种类型焊点的情况，这样就需要机器人有焊钳或焊枪交换功能。单台机器人的焊点数量应该以不超过生产线生产节拍为极限。

规划机器人点焊的总时间（假设每个焊点 3.5s）

$$600\text{（焊点）}\times 3.5\text{s}=2100\text{s}$$

机器人台数计算为

$$2100\text{s}\div 600\text{s/台}=3.5\text{台}\approx 4\text{台}$$

故机器人规划按照 4 台初步设定。

（5）工作站设定　每个工作站正常情况下仅能布置 4 台机器人，4 台机器人可以布置在一个工作站中。如果是超过 4 台的情况，就需要分成两个工作站进行布置了。

具体的布置方法为在车身两侧左右对称分布。

复习思考题

一、填空题

1. 点焊机器人通常由（　　）、（　　）、（　　）、（　　）和（　　）等主要部分组成。
2. 点焊的焊接系统主要由（　　）、（　　）、（　　）、（　　）等辅助部分组成。

二、选择题

1. ABB 机器人的关节点焊指令是（　　）。

   A. ArcLStart　　B. SpotL　　C. SpotJ　　D. ArcLEnd

2. ABB 机器人的线性点焊指令是（　　）。

   A. ArcLStart　　B. SpotL　　C. SpotJ　　D. ArcLEnd

3. ABB 机器人的点焊设备参数是（　　）。

   A. gundata　　B. SpotL　　C. forcedata　　D. spotdata

4. ABB 机器人的点焊工艺参数是（　　）。

   A. gundata　　B. SpotL　　C. forcedata　　D. spotdata

5. ABB 机器人的点焊枪压力参数是（　　）。

   A. gundata　　B. SpotL　　C. forcedata　　D. spotdata

6. ABB 机器人的点焊枪关闭压力设定指令是（　　）。

   A. gundata　　B. Calibrate　　C. SetForce　　D. spotdata

7. ABB 机器人的校准点焊枪指令是（　　）。

   A. gundata　　B. Calibrate　　C. SetForce　　D. spotdata

三、简答题

1. 点焊机器人示教的流程是什么?
2. 点焊机器人示教会用到哪些指令?

3. 点焊设备参数具体包含哪些设定?
4. 点焊工艺参数具体包含哪些设定?
5. 点焊枪压力参数具体包含哪些设定?

任务 2　点焊机器人焊接示教与编程

任务解析

通过查阅有关 I/O 配置的相关资料，了解 I/O 的配置方法和具体参数内容，手动操作机器人完成相应的目标点示教和程序编辑。

必备知识

一、点焊的 I/O 配置

ABB 点焊机器人出厂时的默认设置是配置了 5 个 I/O 单元，分别为 SW_BOARD1、SW_BOARD2、SW_BOARD3、SW_BOARD4、SW_SIM_BOARD。

具体的 I/O 板功能见表 6-4。

表 6-4　I/O 板功能表

I/O板名称	说　明
SW_BOARD1	点焊设备1对应基本I/O
SW_BOARD2	点焊设备2对应基本I/O
SW_BOARD3	点焊设备3对应基本I/O
SW_BOARD4	点焊设备4对应基本I/O
SW_SIM_BOARD	机器人内部中间信号

这种默认配置代表一台 ABB 机器人最多可以连接 4 套点焊设备。在本任务中，只配套一台点焊设备。采用 I/O 板 SW_BOARD1 的信号分配见表 6-5。

表 6-5　I/O 板信号分配表（SW_BOARD1）

信　号	类　型	说　明
g1weldstart	Output(输出信号)	点焊控制器启动信号
g1weldprog	Output(输出信号)	调用点焊参数组
g1weldpower	Output(输出信号)	焊接电源控制信号
g1reset	Output(输出信号)	复位信号
g1enable	Output(输出信号)	焊接信号
g1new	Output(输出信号)	点焊参数组更新信号
g1equalize	Output(输出信号)	点焊枪补偿信号

（续）

信　　号	类　　型	说　　明
g1closegun	Output(输出信号)	点焊枪关闭信号
g1warterstart	Output(输出信号)	打开水冷系统信号
g1pressuregroup	Output(输出信号)	点焊枪压力输出信号
g1processrun	Output(输出信号)	点焊过程状态信号
g1processfalse	Output(输出信号)	点焊过程故障信号
g1weldend	Input（输入信号）	点焊控制器准备完成信号
g1weldfalse	Input（输入信号）	点焊控制器故障信号
g1timerok	Input（输入信号）	点焊控制器焊接准备完成信号
g1opengun	Input（输入信号）	点焊枪打开到位信号
g1pressureok	Input（输入信号）	点焊枪压力没有问题信号
g1temok	Input（输入信号）	过热报警信号
g1flow1ok	Input（输入信号）	管道1水流信号
g1flow2ok	Input（输入信号）	管道2水流信号
g1airok	Input（输入信号）	补偿气缸压缩空气信号
g1weldcontact	Input（输入信号）	焊接接触器状态信号
g1gunok	Input（输入信号）	点焊枪状态信号

I/O 板 SW_SIM_BOARD 的常用信号分配见表 6-6。

表 6-6　常用信号（SW_SIM_BOARD）

信　　号	类　　型	说　　明
forcecom	Input（输入信号）	点焊压力状态信号
reweldpro	Input（输入信号）	再次点焊信号
skippro	Input（输入信号）	错误状态应答信号

二、示教目标点

机器人点焊最主要的应用是在汽车白车身生产线上，白车身焊装过程中要经历 3000~5000 个点焊步骤，下面简要介绍点焊示教的主要步骤。

1. 示教前的准备

1）启动伺服电源。

2）把动作模式设定为示教模式。

3）输入程序名。

新建例行程序，取名为“Test”。

2. 示教编程

点焊前后，采用 MoveL、MoveJ 等常规移动指令，在点焊位置采用 SpotL 和 SpotJ 等点焊指令，调用相应的点焊参数。

手动操作示教器移动机器人到目标点位置，然后将点登录到程序中。

程序示例如下：

```
MoveJ p10, vmid,z5, tServoGun/Wobj:=wobj0;
MoveL p20, vmid,z5, tServoGun/Wobj:=wobj0;
MoveL p30, vSmall,z5, tServoGun/Wobj:=wobj0;
SpotL p40, vSmall, gun1, spot1, tServoGun/Wobj:=wobj0;
SpotL p50, vSmall, gun1, spot1,, tServoGun/Wobj:=wobj0;
SpotL p60, vSmall, gun1, spot1, tServoGun/Wobj:=wobj0;
MoveL p70, vSmall,z5, tServoGun/Wobj:=wobj0;
MoveJ p80, vmid,z5, tServoGun/Wobj:=wobj0;
```

示教过程中要注意调整点焊枪的姿态，避免与被焊工件产生干涉和碰撞。

在本任务中，示教如下三个位置焊点及其周边运动点，如图 6-3~ 图 6-5 所示。

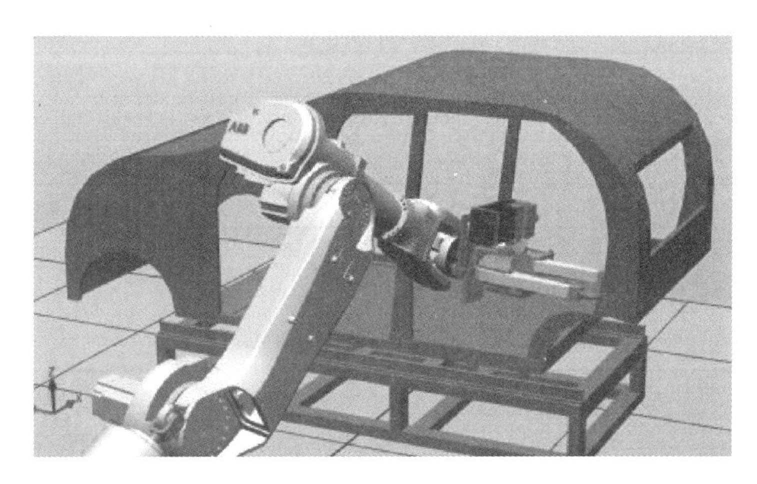

图 6-3　点焊第一个位置点

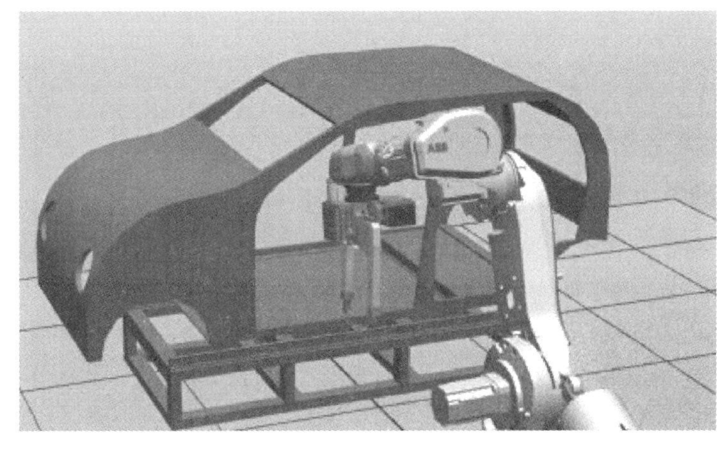

图 6-4　点焊第二个位置点

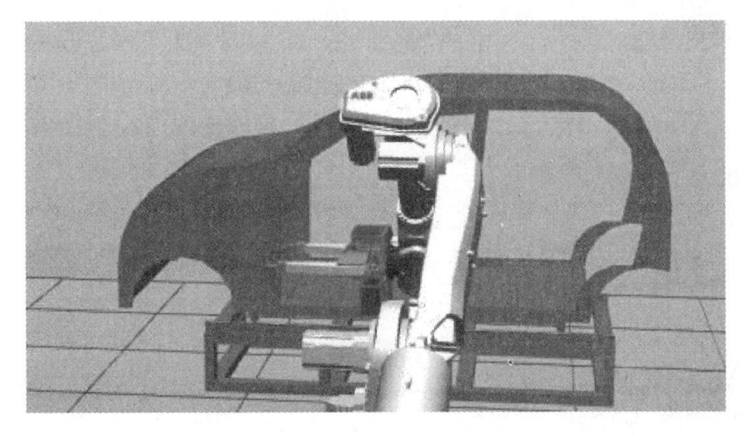

图 6-5　点焊第三个位置点

三、主要程序解析

主要程序如下：

（1）PROC main（ ）　主程序。用来初始化例行程序，并调用子程序来完成整个点焊过程。

（2）PROC InitAll（ ）　初始化例行程序。会在主程序中被调用。

（3）PROC SpotCar（ ）　点焊轨迹的例行程序。会在主程序中被调用。

（4）PROC gohome（ ）　机器人回到机械原点。

（5）PROC rGunClose（ ）　点焊枪关闭控制例行程序。

（6）PROC rGun（ ）　点焊枪动作控制例行程序。

具体的程序如下：

```
PROC main（ ）
! 主程序
InitAll;
! 初始化例行程序
WHILE TRUE DO
IF di_StartPro=1 THEN
! 当 di_StartPro 为 1 时，开始点焊的流程
Clkreset Timer;
! 复位计时器
ClkStart Timer;
! 开始计时
SpotCar;
! 点焊轨迹例行程序
ClkStop Timer;
! 停止计时
nCycleTimer：=Clkread(Timer);
```

```
！获取计时器数据
ENDIF
CycleCheck;
！点焊枪的磨损检查例行程序
ENDWHILE
ENDPROC

PROC InitAll（）
！初始化例行程序
Set g1reset;
！将故障复位信号置为 1
WaitTime 1;
！等待 1s
Reset g1reset;
！将故障复位信号置为 0
Rgunopen;
！打开点焊枪
Gohome;
！调用回等待位置的例行程序
ClkReset Timer;
！复位计时器
ENDPROC

PROC SpotCar（）
！点焊轨迹的例行程序
MoveJ pHome, vmid, fine, tServoGun\Wobj:=wobj0;
！第一处点焊位置
MoveJ p10, vmid, z50, tservogun\WObj:=wobj0;
MoveL p20, vmid, z50, tservogun\WObj:=wobj0;
MoveL p30, vsmall, z10, tservogun\WObj:=wobj0;
！移到点焊的准备位置处
SpotL p40, vsmall, gun1, spot1, tservogun\WObj:=wobj0;
！移动到点焊位置
Rgun;
！调用点焊枪动作控制例行程序
```

```
SpotL p50, vsmall, gun1, spot1, tservogun\WObj:=wobj0;
Rgun;
SpotL p60, vsmall, gun1, spot1, tservogun\WObj:=wobj0;
Rgun;
MoveL p70, vsmall, z10, tservogun\WObj:=wobj0;
MoveJ p80, vmid, z50, tservogun\WObj:=wobj0;
! 第二处点焊位置
MoveL p90, vmid, z10, tservogun\WObj:=wobj0;
MoveL p100, vmid, z10, tservogun\WObj:=wobj0;
MoveL p110, vsmall, z10, tservogun\WObj:=wobj0;
! 移到点焊的准备位置处
SpotL p120, vsmall, gun1, spot1, tservogun\WObj:=wobj0;
! 移动到点焊位置
Rgun;
! 调用点焊枪动作控制例行程序
SpotL p130, vsmall, gun1, spot1, tservogun\WObj:=wobj0;
Rgun;
SpotL p140, vsmall, gun1, spot1, tservogun\WObj:=wobj0;
Rgun;
SpotL p150, vsmall, gun1, spot1, tservogun\WObj:=wobj0;
Rgun;
MoveL p160, vsmall, z10, tservogun\WObj:=wobj0;
MoveJ p170, vmid, z50, tservogun\WObj:=wobj0;
! 第三处点焊位置
MoveL p180, vmid, z10, tservogun\WObj:=wobj0;
MoveL p190, vmid, z10, tservogun\WObj:=wobj0;
MoveL p200, vsmall, z10, tservogun\WObj:=wobj0;
! 移到点焊的准备位置处
SpotL p210, vsmall, gun1, spot1, tservogun\WObj:=wobj0;
! 移动到点焊位置
Rgun;
! 调用点焊枪动作控制例行程序
SpotL p220, vsmall, gun1, spot1, tservogun\WObj:=wobj0;
Rgun;
SpotL p230, vsmall, gun1, spot1, tservogun\WObj:=wobj0;
```

```
Rgun;
SpotL p240, vsmall, gun1, spot1, tservogun\WObj:=wobj0;
Rgun;
MoveL p250, vsmall, z10, tservogun\WObj:=wobj0;
MoveJ p260, vmid, z50, tservogun\WObj:=wobj0;
ENDPROC

PROC rGunOpen ( )
! 点焊枪打开控制例行程序
Reset g1closegun;
Set g1opengun;
WaitDI g1opengun, 1;
ENDPROC

PROC rGunClose ( )
! 点焊枪关闭控制例行程序
Reset g1opengun;
Set g1closegun;
WaitDI g1closegun, 1;
ENDPROC

PROC rGun ( )
! 点焊枪动作控制例行程序
WaitTime1;
rGunClose;
WaitTime2;
rGunOpen;
ENDPROC
```

任务实施

1. 解压工作站

2. 设置 I/O 信号

根据必备知识中所述内容，进行 I/O 信号设置。

3. 示教目标点

首先根据程序，在车身的 3 个部位进行示教目标点的练习；完成整个程序示教运行之后，可以尝试车身其他位置的焊接。

4. 试运行程序并调试

扩展知识

汽车焊接的柔性化生产线

汽车市场竞争的日益激烈，加快了汽车产品换型的步伐，缩短了换型周期。因此，如何既经济合理又快速可行地生产出更新换代的新产品、新车型，是需要研究的实际重大课题。

汽车换型最主要的是改造焊接生产线。采用机器人可提高汽车焊接生产线的通用性，使多种车型能共线生产，改造量降至最小，是降低汽车换型投资成本的主要措施之一。

汽车换型改造中，涂装和总装生产线一般具有良好的通用性，改造量较小。增加新车型冲压模具和焊接工装夹具虽然必不可少，但是汽车换型最主要的问题还是改造焊接生产线。

1. 各种工业机器人在汽车制造中的应用

在整车制造的四大车间中，机器人广泛应用于搬运、焊接、涂覆和装配作业。

（1）机器人搬运　由机器人曹组抓手或吸盘，快捷抓取零件，包括准确移动大型零件。

（2）机器人点焊　机器人可以操纵重达 150kg 的大型焊钳对底板等零件进行点焊。也可以利用微型焊钳对车身进行总体拼装。

（3）机器人弧焊　机器人可以很方便地完成薄板的多种位置焊接。

（4）机器人激光焊接　在一些中高端轿车生产中，车身骨架焊接采用激光焊接方法。激光焊接对焊接位置和零件配合要求较高。

（5）机器人螺栓焊接　机器人可操纵螺栓焊枪对螺栓进行焊接，也可以进行空间全方位的焊接。

2. 点焊机器人的柔性工作站

焊接机器人系统的柔性化最终成就了生产线的柔性化。所谓柔性化，就是指具有适用于不同零件的焊接夹具；能短时间内快速调换气、电信号，快速改换配管、配线；控制程序必须能预置和快速转换，最大限度发挥机器人的特点，从而使一套机器人系统能根据需要焊接多种零件和适应产品多样化和改进的要求。

柔性生产线系统一次重新调整所造成的劳动生产率损失比专机自动生产线要小很多。因为个别的柔性生产系统重新调整后，可以立即投入生产，不需要等待所有系统调整完毕再投产。因此，可以说机器人系统是实现焊接生产线柔性化的关键。

复习思考题

1. 点焊的 I/O 配置是怎样的？都有哪些种类的信号？

2. 本任务中 I/O 设置的流程如何？

3. 主程序的执行流程是怎样的?

4. 焊接程序执行流程是怎样的?

项目小结

点焊机器人在汽车生产中占有重要地位,考虑到实训室配备的限制,本项目采用虚拟训练方式,在 RobotStudio 中完成示教和程序编辑。通过本项目学习,掌握点焊机器人及系统组成、掌握点焊的常用数据和指令,能够手动操作点焊机器人并完成典型焊接示教。

细心的读者可能已经注意到,点焊机器人示教过程中需要关注点焊钳的位置和姿态,注意避免机器人超行程或出现奇点。通过勤加练习,读者就可以做到熟练操控点焊机器人完成示教。

参考文献

[1] 李荣雪. 弧焊机器人操作与编程 [M]. 北京：机械工业出版社，2011.

[2] 叶晖. 工业机器人典型应用案例精析 [M]. 北京：机械工业出版社，2013.

[3] 叶晖，等. 工业机器人实操与应用技巧 [M]. 北京：机械工业出版社，2010.

[4] 兰虎. 焊接机器人编程及应用 [M]. 北京：机械工业出版社，2013.

[5] 胡绳荪. 焊接自动化技术及其应用 [M]. 北京：机械工业出版社，2007.

[6] 蒋力培，等. 焊接自动化实用技术 [M]. 北京：机械工业出版社，2010.

[7] 刘伟，等. 焊接机器人离线编程及仿真系统应用 [M]. 北京：机械工业出版社，2014.

[8] 刘伟，等. 中厚板焊接机器人系统及传感技术应用 [M]. 北京：机械工业出版社，2013.

[9] 刘伟. 焊接机器人操作编程及应用 [M]. 北京：机械工业出版社，2017.

[10] 杜志忠，等. 点焊机器人系统及编程应用 [M]. 北京：机械工业出版社，2015.

[11] 胡伟，等. 工业机器人行业应用实训教程 [M]. 北京：机械工业出版社，2015.